新潮文庫

鳥類学者 無謀にも恐竜を語る

川上和人著

JN150107

新潮社版

10954

Dedicated to my beloved parents who raised me to be an ornithologist.

はじめに

鳥類学者は羽毛恐竜の夢を見るか

Do Ornithologists Dream of Feathered Dinosaurs?

世のなかには2種類の人間がいる。恐竜学者と鳥類学者だ。そして、私は鳥類学者だ。それ以外の人？　……些細《ささい》なことは気にしないでいただこう。

ここ10年ほどの恐竜学の進展はめざましい。そのなかで特に注目されるのは、羽毛恐竜の頻々《ひんぴん》たる発見と、それにともなう鳥類と恐竜の類縁関係の再考だ。もはや鳥類が恐竜なのか、恐竜が鳥類なのか、渾然一体《こんぜんいったい》としてわからなくなってきているほど彼らの関係は親密である。現代社会において、鳥類が恐竜から進化してきたことを疑うことは容易ではない。というか、疑ってもらっては困る。なぜならば、この本は鳥類が恐竜から進化してきたことを大前提に書いているからだ。

恐竜学の魅力は、未知なる巨大生物への憧憬《しょうけい》だ。その一方で、骨の化石を元にそのすべてを類推するしかないという弱点も孕んでいる。これに対し、鳥類学には、形態や行動をつぶさに観察することができるというアドバンテージがある。そんな恐竜と鳥類に、浅からぬ縁があったことは、お互いにとっての幸運なる邂逅《かいこう》といえよう。

　恐竜の生活を類推するためには、現生種で最も近縁と考えられていたワニと比較することが多かった。しかし、半身浴をしながら地面に這いつくばるワニと、二足歩行で悠々と闊歩《かっぽ》する恐竜を同じ俎上《そじょう》で議論することには、誰しもいささかの疑問を感じていた。そこに、直系の子孫である鳥類が登場したわけだ。「貴方の子供よ」と突然現れる美人恐竜学者とその腕に抱かれるニワトリ、目に見えてうろたえるティラノサウルス、という一幕が頭によぎる。モンタギュー家とキャピュレット家の和解ほどの衝撃的できごとである。恐竜の生活を推測する上で、重要な生き証人が現れたわけだ。

　さて、図1の骨格標本を見てほしい。くちばしの先端が鉤型《かぎがた》に曲がっている。

　足の爪は小鳥たちを震え上がらせるべく鋭利だ。バフンスよく長い脚は、小鳥や獣を

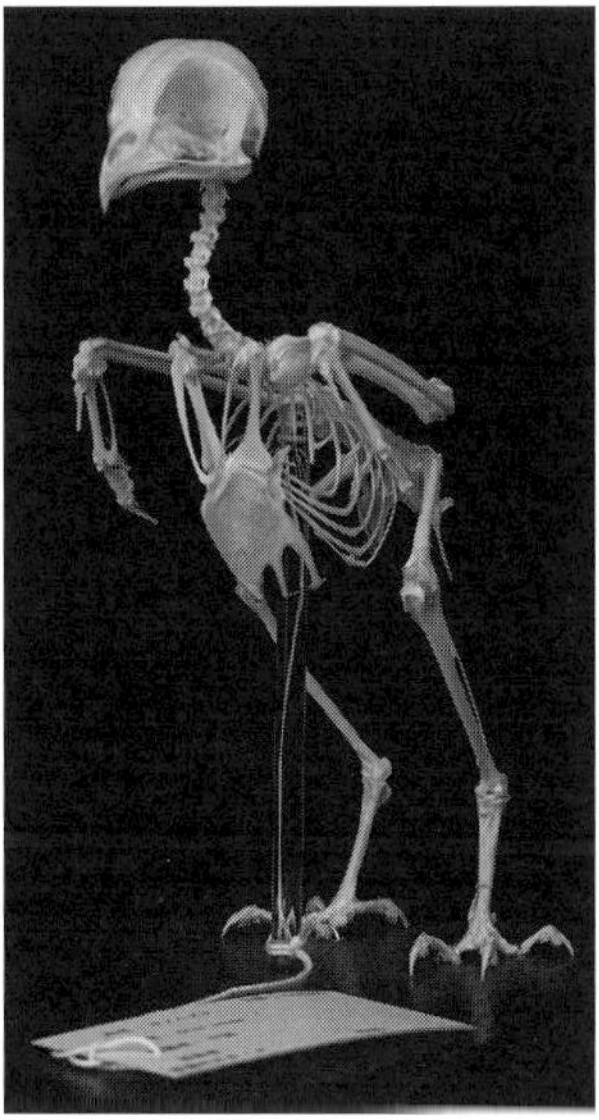
図1

図2

容赦なく捕まえる筋肉質を想像させる。その体に潜んだ攻撃的な装備から、タカの仲間だと推定される。しかし、わかるのはここまでだ。体にまとう羽毛の色もわからない。鋭いくちばしが引き裂いたのが、小鳥だったのかネズミだったのかもわからない。タカと考えると、無難なところで図2のような姿が想像されるだろう。

ごめんなさい、ウソをつきました。この鳥はタカではなく、フクロウの仲間のコノハズクです。無邪気な目をクリクリさせて、母性本能をくすぐる愛嬌《あいきょう》まみれの鳥類である。しかし、この鳥が絶滅した遠い未来に化石を発掘したおり、図3の姿を復元図で描くに至る、勇気ある科学者はなかなかいないだろう。想像力が豊かね、でも現実を直視しなくちゃだめよ、と美人教師に優しくたしなめられるのが関の山だ。コノハズクの姿は迷宮入りとなり、数学におけるリーマン予想の隣あたりに席を用意されることになるだろう。

化石からの推定では埋めることのできない現実とのギャップ、すなわち図2と図3のギャップこそが、恐竜学の魅力ともいえる。真摯《しんし》な恐竜学者から見れば、いい迷惑かもしれない。しかし、外見や行動、系統関係など、生物として興味深い津々浦々について、化石という断片的な証拠は決定的な解答を与えてくれない。だからこそ、私のような門外漢がしたり顔で妄想を語り、だってそうかもしれないジャン！と開き直ることも可能となる。この包容力こそが、恐竜人気の真髄である。恐竜学には、誰もが解釈に参加したくなる深い懐《ふところ》がある。

図3

本書の主題は、鳥類と恐竜の緊密な類縁関係を拠《よ》り所とし、鳥類の進化を再解釈することと、恐竜の生態を復元することである。

ただし、私はあくまでも現生鳥類を真摯に研究する一鳥類学者である。おもむろに鳥を捕まえ、ことごとく計測し、容赦なく糞《ふん》分析し、美女をこよなく愛する中肉中背の研究者だ。むろん、恐竜学に精通していないと胸を張って公言できるし、古生物学会にも地質学会にも入っていない。恐竜学という広大な海を横目に、ホテルのプールサイドでフライドチキンをむしゃむしゃ食べている程度の関係だ。このため、この本では断片的な事実から針小棒大、御都合主義をまかり通すこともしばしば見受けられる。あくまでも、鳥の研究者が現生鳥類の形態や生態を介して恐竜の生活をプロファイリングした御伽噺《おとぎばなし》だと、覚悟して読んでほしい。いうまでもないが、この本は恐竜学に対する挑戦状ではない。身の程知らずのラブレターである。

序章ではまず、そもそも恐竜とはどのような存在かを紹介した。第1章では、本書を読み進めるにあたっての基礎情報を共有するため、鳥と恐竜の関係について述べた。ここまでは前座なので、どうしても本を一冊読み切る自信のない人は、この次から読みはじめてもらってもかまわない。第2章では、恐竜との類縁関係に基づいて、鳥類の進化を解釈した。第3章では、現代の鳥の生活に基づき、恐竜の生活を想像している。第4章では、生態系のなかでの恐竜の役割について妄想した。くれぐれもいっておくが、これは教科書的恐竜本ではないことを忘れずにいてほしい。私が興味のあることにだけ言及しており、決して網羅的に書いているわけではない。恐竜の真の姿が知りたければ、ぜひとも他社の図鑑を片手に読み進めてほしい。

最後に、本書を楽しむ秘訣《ひけつ》を伝授したい。

本の楽しみ方には、二通りある。批判的読法と、協力的読法だ。科学的書物には前者が適している。そこに書かれていることは真実だろうか。根拠から結論への到達に誤謬《ごびゅう》はないか。これは、構築された論理の合理性を楽しむ方法といえる。本格推理小説を読む際にも、同じ楽しみ方をしていることと思われる。

協力的読法は対極にある方法だ。筆者のいわんとしないことまで深読みし、矛盾には気づかないふりをし、例外という例外をすべて許容する。ホントにそうだったらおもしろいかもね、と空想を楽しむ方法だ。同じ阿呆なら踊らなければ損だ。

この本には、まちがいなく後者の読法が適切である。包括的な大いなる愛をもって、ほころびに目をつぶり無批判に読み進めてほしい。愛とは、信じることと許すことである。言い訳と開き直りは、もう充分にお伝えできたはずだ。薫り高いコーヒーをドリップし、ロッキングチェアに腰掛けたら、いよいよ本編のはじまりである。鳥類学者の目から見た恐竜の姿を、気楽に楽しんでもらいたい。

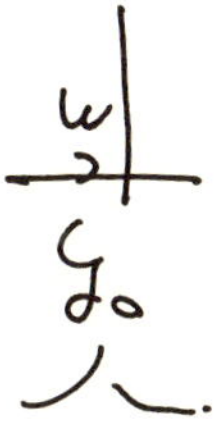

目次

鳥類学者　無謀にも恐竜を語る

序章◉恐竜が世界に産声をあげる

想像して欲しい。ベランダの手すりに寄りかかり、空を見上げると目の前を恐竜が飛んでいったとしたら。荒唐無稽《こうとうむけい》な話ではない。古生物学者によると、我々のよく知る鳥たちは、恐竜の末裔《まつえい》であるという。それが真実か否か。恐竜と鳥類の関係を探る前に、序章として恐竜という生物について俯瞰《ふかん》する。

Section 1

恐竜とはどんな生物か

恐竜と聞くと、だいたいの姿が想像できる。巨体で異様な生物群だ。しかし、実際にその定義はなにかと問われると、いささか心許ない。ここでは、恐竜の概念をおさらいし、恐竜とはどんな生き物なのか、その基本情報と生物としての背景を再確認したい。

これが恐竜だ

恐竜と聞けば、誰しもいくつかの具体的な姿が目に浮かぶだろう。ティラノサウルス、トリケラトプス、ステゴサウルスなどは、消しゴムや塩ビ人形に姿を変えて、ガシャポンのケースのなかでもご尊顔を拝することができる。ここではまず、本書を読むにあたっての基礎情報として、恐竜とはどういうものなのかを見ていきたい。

恐竜の基礎情報
このあたりの話は、子供向けの恐竜図鑑の最初の10ページくらいに絵入りで楽しく解説されている。息子さんの図鑑を参照してもらった方がよいかもしれない。もちろん、娘さんのものでもかまわない。

まず、恐竜には大きく分けて二つのグループがある。鳥盤《ちょうばん》類《るい》と竜盤類《りゅうばんるい》だ。この二つのグループは、昔は爬虫類《はちゅうるい》のなかのまったく別のグループだとされることもあった。しかし現在では、この二つが恐竜という一つの系統にまとまっていると考えられている。これらの二つは、骨盤の恥骨《ちこつ》の向きによって区別することができる。

鳥盤類には、角竜類《つのりゅうるい》（トリケラトプスなど）、堅頭竜類《けんとうりゅうるい》（パキケファロサウルスなど）、鳥脚類《ちょうきゃくるい》（ハドロサウルスなど）、剣竜類《けんりゅうるい》（ステゴサウルスなど）、鎧竜類《よろいりゅうるい》（アンキロサウルスなど）が含まれる。これらは基本的に植食性の恐竜である。竜盤類には、大きく分けて竜脚形類《りゅうきゃくけいるい》（アパトサウルスなど）と獣脚類《じゅうきゃくるい》（ティラノサウルスなど）が含まれる。竜脚形類は、竜脚類にその祖先形を加えたグループだ。

本書の主役の一人である鳥類は、獣脚類のなかから進化してきたと考えられている。獣脚類は、肉食性の種を中心とする二足歩行をするグループである。鳥と恐竜に関連性があるとする結論に至る経緯については、後のセクションに譲るが、とりあえず無条件に「鳥類は恐竜から進化した」と信じてもらいたい。

ところで、鳥盤類や鳥脚類というグループには鳥という漢字が入っているが、系統的には鳥類とは関係ない。獣脚類も「獣」とついてはいるが、哺乳類《ほにゅうるい》とは関係がない。豚と真珠くらい無関係なのだ。あまりにもまぎらわしいので名づけ親には一言物申したくなる。ついでに、トゲナシトゲトゲと、クロサギの白色型もまぎらわしさでは引けを取らない。みんなまとめて正座させて説教してやりたいものである。

なにが「恐竜」だ?

さて、いきなり話がそれるが、ここで「恐竜」という言葉について、便宜上の定義をしたいので聞いてほしい。

一般に、恐竜は中生代三畳紀に地球上に誕生し、白亜紀の

トゲナシトゲトゲ
ハムシ科の甲虫。トゲのあるトゲハムシの仲間ながら、この種にはトゲがないことから、トゲナシトゲトゲという和名がつけられている。まぎらわしいので、ホソヒラタハムシという別名で呼ばれることもある。

クロサギの白色型
ペリカン目サギ科の鳥類。海辺の岩場などにくらす。名前の通りに黒い黒色型と、全身白い白色型が混在して生活している。さらにまぎらわしいことに、クロサギという魚類もいるので注意されたし。

末に絶滅したとされている。しかし、鳥類が恐竜から進化したものだと考えると、彼らは恐竜の一味ということになる。したがって恐竜は絶滅しておらず、鳥類として現代に生き延びている、といわれるようになった。このこと自体には、違和感はない。しかし、恐竜は絶滅したと聞かされ続けてきたため、頭のなかにそのことが刷りこまれている。左脳が理性的に受け入れているにもかかわらず、右脳は平気で恐竜は絶滅したと口を滑らせてしまう。だからといって、いまさら鳥を「恐竜」と呼ぶのも抵抗がある。それに花鳥風月は日本人の心であり、花竜風月ではあまりにも趣《おもむき》がなさすぎる。

実際のところ鳥類が恐竜かどうかは、長い間大論争となってきた。多くの恐竜学者の研究と血のにじむような努力の末、最近になって、ようやくこれが正しいと受け入れられるようになったわけだが、そこで一つ大きな問題に気づく。もう、「恐竜は絶滅した」とか、「恐竜の色はわからない」とかいっちゃダメなのか？　これでは、話をするときに混乱するんじ

中生代
地質時代を古生代、中生代、新生代の3つに大きく分けたときの一時代。中生代はさらに三畳紀（約2億5200万年前〜約2億100万年前）、ジュラ紀（約2億年前〜約1億4500万年前）、白亜紀（約1億4500万年前〜約6600万年前）に分けられる。

花鳥風月
草花や鳥、自然にあるさまざまな風物を楽しもうとする心、風流。日本人の、自然を愛でる感性を表した言葉として使われる熟語。

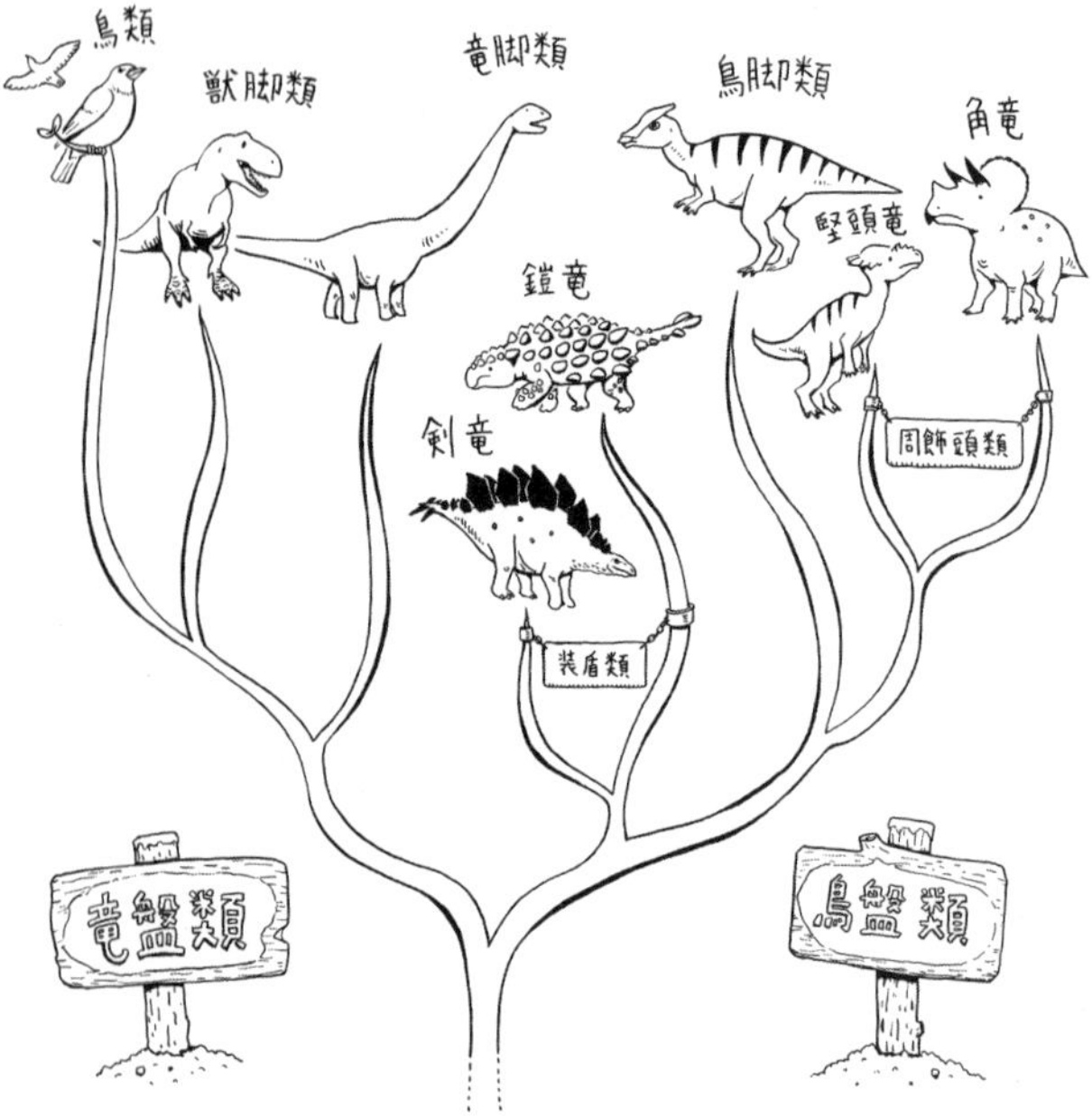

恐竜の大まかな系統

恐竜は、竜盤類と鳥盤類という、大きな二つのグループに分類されている。角竜と堅頭竜、剣竜と鎧竜は比較的近い仲間である。鳥は竜盤類のなかの獣脚類から進化したと考えられている。

ゃないか？　ということだ。

このため、最近の恐竜の本には、しばしば次のような一文がついている。

「ここでは、非鳥類型恐竜のことを〝恐竜〟と呼ぶことにしたい」

鳥が恐竜であると認められるよう、多くの研究者が努力を重ねてきた。その結果、言葉上の不便が生じ、「わかりやすくするため、従来通りに鳥以外の恐竜を〝恐竜〟と呼ぶことにさせてもらえまいか？」という、かえってわかりづらく、かつ切なるお願いが生じたのだ。まさにブーメラン効果である。

ここで改めて私からもお願いする。もちろん鳥は恐竜の一部だというのがこの本の大前提だが、ここでは鳥以外の恐竜を〝恐竜〟と呼ぶことにさせてもらえまいか？

早い段階で「恐竜」という言葉について快い同意が得られ

ブーメラン効果
行動が結果的に行為者に負の効果をもたらす現象。

たようだ。

ほっとした。ご理解に感謝し先を続けることにします。

恐竜は、主竜類である

次に、恐竜を取り巻く動物との関係を見ていこう。恐竜が爬虫類であることは、発見当初から異論がなく認められてきたことだ。クラゲの仲間だと思っていたという人には、この本の内容は衝撃的すぎるので、ここで本を閉じてもらいたい。しかし、単純に爬虫類といっても、さまざまな種類がある。たとえば、古代の大型爬虫類としては、魚竜《ぎょりゅう》や首長竜《くびながりゅう》、翼竜《よくりゅう》などがいる。彼らはしばしば図鑑などで恐竜といっしょに語られるので、恐竜と思っている人も多いのだが、じつはそうではない。

身近な爬虫類であるトカゲやヘビは、鱗竜形類《りんりゅうけいるい》というグループに含まれる。このグループには、モササウルス類や魚

モササウルス類
モササウルス類はオオトカゲ類に近縁とされる白亜紀の海棲爬虫類。

イクチオサウルス
ジュラ紀の海棲爬虫類。魚竜。

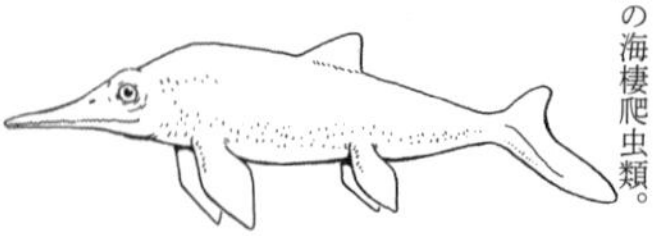

竜、首長竜も含まれる。魚竜は、イクチオサウルスに代表される海棲《かいせい》爬虫類、首長竜は、日本で見つかったフタバスズキリュウを含む水棲爬虫類。ドラえもんの映画『のび太の恐竜』で主役を演じ切ったピー助は、フタバスズキリュウだ。つまり、残念ながらピー助は恐竜ではない。さらに、のび太はタイムふろしきで化石の卵を孵化《ふか》させるが、最近の研究では首長竜は卵生ではなく胎生の可能性が指摘されている。科学は、ときに子供の夢を壊す悪魔になる。

　魚竜も首長竜もモササウルスも、恐竜と同時代に生き、水中を制していた。哺乳類でも鳥類でも、水中に進出している種がいるにもかかわらず、恐竜では見つかっていない。これは、魚竜などの巨大水棲爬虫類がすでに君臨していたためだろう。水中では、ゼウスもポセイドンにかなわないのである。

鱗竜形類は、恐竜に近縁ではない。恐竜は、主竜類《しゅりゅうるい》という

フタバスズキリュウ
学名はフタバサウルス・スズキイ。学研ひみつシリーズ『化石のひみつ』での、フタバスズキリュウ発見譚は胸が熱くなる展開であった。

のび太の恐竜
筆者も子供相手に「あれは恐竜じゃないんだぜ」なんて大人気ないことをいってしまうが、映画の完成度には関係ない。あれはよい映画だ。

映画
映画を見ていると、たまに生物学的におかしい描写がある。それがよい映画だと、なおさら気になって、純粋に映画にのめりこめなくなる。世のなかには少し心の煤けた視聴者もいるので、映画の科学考証はぜひしっかりとお願いしたいところだ。

別のグループに含まれる。現生の爬虫類としては、ワニが主竜類だ。鳥類を除くとワニは恐竜に最も近い現生動物であり、恐竜の生態を推測する上で、ワニがしばしば比較対象となった。

現生爬虫類として、まだ名前が挙がっていないのは、カメである。カメは、爬虫類のなかで最も原始的な仲間から進化してきたと考える説が浮上してきた。しかし、最近のＤＮＡ分析の結果からは、主竜形類と考えられている。主竜形類は、主竜類を含むもう少し大きなグループだ。

中生代の空を飛んでいた爬虫類、翼竜は、この主竜類のなかで、特に恐竜に近い系統と考えられてきた。しかし、２０１２年に発表された研究では、形態の再検討の結果、主竜形類ではあるが主竜類ではないとする説が示されている。古代に絶滅した動物では、ＤＮＡによる系統分析ができないため、誰もが納得する結論に至るのにはまだ時間が必要なようだ。ＤＮＡは時間の経過とともに分解されてしまうため、中生代

ポセイドン
ギリシャ神話における海を司る神。兄弟に天空と地上を司るゼウス、冥界を司るハデスがいる。三叉の矛がトレードマーク。一度ゼウスの妻ヘラらとともにクーデターを起こしたが失敗。1年間リストラされる。

の化石から抽出することは困難である。このため、絶滅した爬虫類を含む系統関係については、しばしば修正が加えられるので、注意が必要だ。

ここではとにかく、翼竜、魚竜、首長竜などは、恐竜ではないということだけ、覚えておいてもらえれば結構だ。

下を向いて生えよう〜二足歩行ライフ〜

さて、さまざまな爬虫類がいるなかで、恐竜は独特の特徴をもって進化してきた。二足歩行は、恐竜の重要な特徴であり、鳥類の進化まで受け継がれていく。有名な恐竜であるトリケラトプスやアパトサウルスは、確かに四足歩行だ。しかし、これは二次的に四足になっただけで、祖先は二足歩行だと考えられている。最初期の竜盤類であるエオラプトルやエオドロマエウス、恐竜の祖先に近縁なラゴスクスなどは、前肢が後肢に比べて十分に短く、二足歩行をしていたと考えら

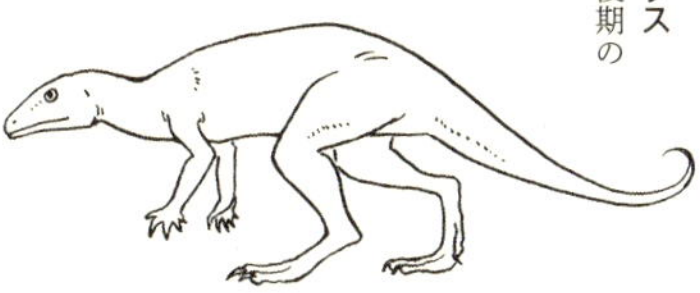

ラゴスクス
三畳紀後期の爬虫類。

れている。

恐竜が、二足歩行を実現することができたのは、それ以前の爬虫類と異なる脚のつき方を進化させたからだ。

ワニやカメ、トカゲなどでは、体から横側に張り出すように脚がついている。このため、彼らは基本的にガニ股である。一方で恐竜の脚は、体から下向きについている。二足歩行では、片足を上げたとき、軸足の接地面の上付近に重心が来ないと転んでしまう。ガニ股で体の横側に脚が出ていると、二足歩行時に片側の足上に重心をもってくるのは容易ではない。力士が土俵入りで行う雲竜型の四股《しこ》を踏み続けながら歩いて行く生物は、いかにも効率が悪いし、想像しづらい。

そうでなければ、ゆっくり歩くことは諦《あきら》めて、バランスを崩す前に次の脚をつくという自転車操業しかない。エリマキトカゲやバシリスクは、これを採用していると考えられる。しかし、この方法では、猛スピードで走り続けるしかなく、日常的に使える方法ではない。やはり、二足歩行には、下向

下向きに
三畳紀からは、恐竜に分類されない主竜類やワニのなかにも脚が下向きについているものが発見されている。恐竜の脚が下向きに伸びるにあたり、さまざまな進化の過程があったことを感じさせる。

二足歩行
カッパも二足歩行するが、両生類なのでまた別の話だ。子供のときは、ウーパールーパーみたいなエラが首の横に飛び出していたのだと思う。

きの脚が有利だ。下向きについた脚は、長距離を移動するにも有利で、恐竜が世界中に生活圏をひろげた要因の一つともされている。

恐竜は体が大きいことも、多くの人に認められている特徴だ。もちろん、小型恐竜もいたが、恐竜展の花形はなんといっても大型恐竜である。頭骨だけで1・7メートルもあるギガノトサウルスや、全長15メートルを超えるスピノサウルスが、捕食者として徘徊《はいかい》していたからこその魅力だ。竜脚類のスーパーサウルスでは、体重が40トンとも考えられている。これほどの巨体を支えられたのも、脚が体の下についていたからだ。脚が横についていたら、あまりに重い体はもち上げられなくなるので、巨大化には限度があっただろう。

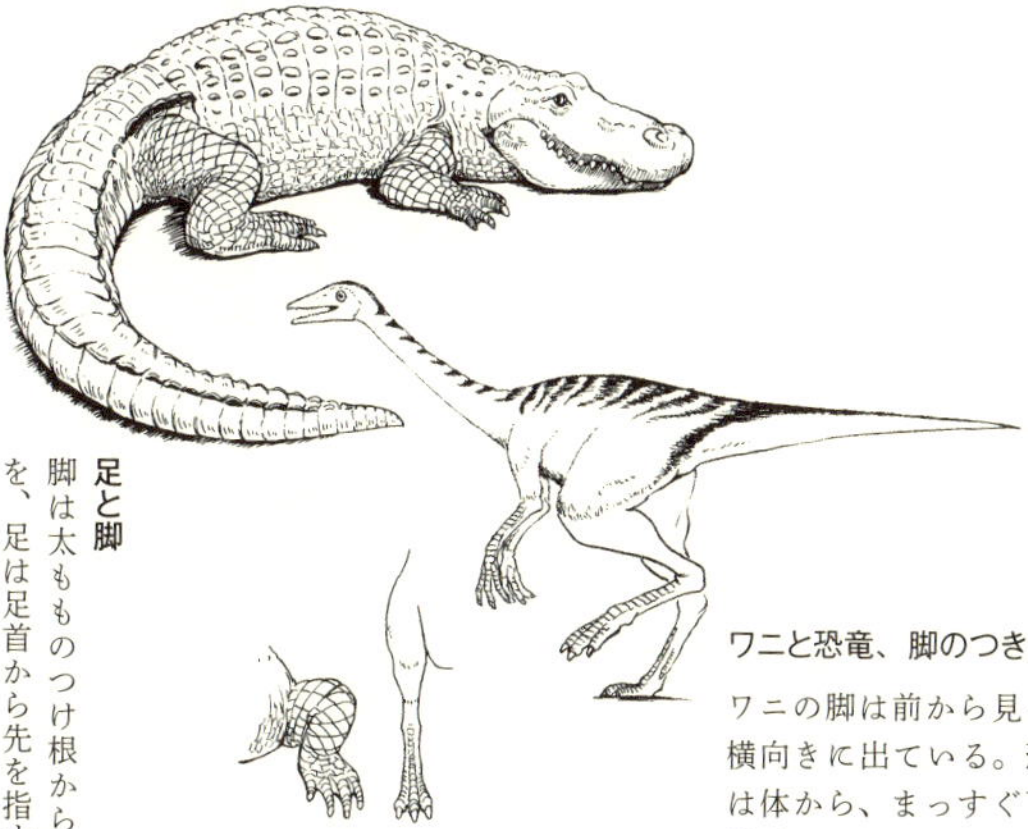

ワニと恐竜、脚のつきかた

ワニの脚は前から見ると横向きに出ている。恐竜は体から、まっすぐ下に伸びている。

足と脚

脚は太もものつけ根から下を、足は足首から先を指す。決して表記が不統一なわけではない。

強者どもは夢のなか

恐竜と呼ばれるグループについての、基礎的な情報共有はできたかと思う。ここで、もう一つ共通認識をもっておきたい。私たちがイメージする恐竜像は、じつは非常に儚《はかな》いものだということだ。

恐竜研究の進展は日進月歩だ。毎年のように新発見があり、次々に過去の説が覆《くつがえ》されていく。この本の執筆中にも続々と新たな研究成果が発表されている。私たちが恐竜と呼ぶものは、化石として発見されるわずかな骨に基礎を置くものであり、行動も外見も、ほとんどが推測に過ぎない。ゆるぎない事実は、「ある場所である骨が出土した」ということだけである。これに対して、地層から年代を推定し、一部の骨から全身を推定し、全身の骨から外部形態を推定し、形態から行動を推定する。証拠が少ない以上、さまざまな仮説が林立することになる。図鑑で目にする姿と解説文は、あくまでも有力な仮説の一つでしかない。

もちろん、仮説にもルールがある。科学的解釈には、合理性が必要だ。たとえば、飛ばない恐竜を祖先とする鳥類だが、現在はアメリカでも日本でも空を飛んでいる。このとき、両国の恐竜が、日米という別々の場所で独自に飛ぶように進化したとしたら、進化が2回必要だ。これに対して、祖先が一度飛行を進化させ、その後に日米に分布を広げたとしたら、進化は1回ですむ。何度も同じ進化が起こる確率は低い。このため、進化の回数が少なくなるよう、節約的に考えるのがルールだ。

ただし、これはあくまでも確率の問題であり、現実が常に節約的とは限らない。進化が何度も起き、ゴールまで最短距離を通らないこともある。もし飛べる鳥のことを誰も知らず、恐竜とダチョウだけが知られていたら、恐竜が飛べないままダチョウに進化したと考えるのが節約的だ。しかし実際には、鳥類として飛行能力を進化させ、それを消失するという2回の進化があったというのが正解だ。

もちろん研究者たちは、自説を信じそれを証明するために日夜努力を続けている。しかし、恐竜は実際に生きている姿を見ることができないということが障壁となり、生物学のほかの分野に比べると、不確実性が高いことは確かだ。ちょっとかっこよく、「恐竜学的不確実性」と名づけよう。しかし、この不確実性こそが想像力を刺激し空想を羽ばたかせる、恐竜の最大の魅力となっている。この本の読者は、恐竜を研究する者ではなく、その成果を見守る紳士淑女だろう。限界を認識しながら、想像を絡《から》めて楽しむのが、恐竜学の聴衆の流儀だ。

改めて断っておくが、私は恐竜研究者ではなく、紳士的な聴衆の一人である。ここから先は、恐竜学的不確実性を心の片隅に留め置きながら、いっしょに楽しんでもらえれば幸いである。

Section 2

恐竜学の夜明け、そして…

人は恐竜に惹《ひ》かれ、恐竜を研究する。少年少女は図鑑に心奪われ、博物館では巨大な骨格標本に吸いよせられる。そこにあるのは、科学的探求心か、未知なるものへの憧れか。恐竜研究の歴史を追いながら、恐竜学の今を知る。

ここに恐竜学がはじまる

私たちは、子供の頃から「恐竜」という言葉を知っている。これは、英語のダイナソーの日本語訳である。現在では、誰もが知っているこの言葉だが、この単語がイギリスで生まれてから、まだ200年も経《た》っていない。

恐竜化石が歴史に現れるのは、1824年のことである。世界ではじめて学名が与えられた恐竜は、メガロサウルスだ。

ただし、この時点ではまだ、巨大な爬虫類という認識であり、恐竜という概念は成立していなかった。メガロサウルスとは、「巨大なトカゲ」という意味である。この化石は、イギリスのストーンズフィールドで見つかったもので、ウィリアム・バックランドにより種を記載する論文が書かれた。ここで発見されたのは、下顎骨《かがくこつ》や脊椎骨《せきついこつ》など断片的な化石だったが、バックランドはそれが巨大な爬虫類のものであることに気づいたのである。最近の研究により、ここでメガロサウルスとされた骨には、少なくとも2種の恐竜のものが含まれていることがわかっている。バックランド本人も、これらの骨には、異なる年齢と大きさの個体のものが含まれていることを記述していた。

次なる恐竜化石の発表は、医師ギデオン・マンテルによるものだった。これは１８２５年に記載されたイグアノドンである。こちらは「イグアナの歯」という意味で、その名の通り、イグアナに似た歯をもつ化石が見つかったのである。続

恐竜学
古生物学の1カテゴリー。古生物学は、古脊椎動物から、無脊椎動物まで、多岐にわたる。地学、古環境学、現生の生物学などと関連しつつ古い時代の生物や生命進化を論じる学問である。

ウィリアム・バックランド
イギリスの地質学者、古生物学者。オックスフォード大学の教授であるとともに、当時のイギリス地質学会の会長でもある。

ギデオン・マンテル
イギリスの医師。地質学、古生物学の研究でも知られる。後の彼の人生は幸福だったとはいいきれないが、それはまた別の話。

いて彼は、１８３３年にヒラエオサウルスという巨大爬虫類の化石を発表している。

こうして、太古の世界に巨大爬虫類が生息していたことが、明らかになってきたのだ。そして、１８４２年、ついに古生物学者リチャード・オーウェンが、「恐ろしいトカゲ」という意味のディノサウリア＝恐竜亜目という言葉を提案した。彼は、メガロサウルス、イグアノドン、ヒラエオサウルスの化石を詳細に検討し、それがほかの爬虫類とは明らかにちがった特徴をもつことに気づいたのである。そこで挙げられた主要な特徴は、５つの椎骨《ついこつ》が癒合《ゆごう》した仙骨、頑強な脚の骨、巨大な体などであった。ここに恐竜学がはじまる。

はじめは4本足、やがて3本足から2本足へ

この当時の恐竜の復元図は、哺乳類に近い四足歩行の巨大な爬虫類という姿で描かれている。見たこともない巨大な爬

イグアノドンの歯
実際に見つけたのは、マンテルの奥さんである、という説がある。化石が発見されたのはメガロサウルスより早かった。

1800年代の博物学
19世紀は博物学の黄金時代といわれている。大航海時代以降、世界中へ進出したヨーロッパ人は、競ってさまざまな標本を収集し記録した。博物学は民衆の間でも流行し、新たな発見を歓迎した。生物学はこの時代より、分類群ごとの学問として細分化した。

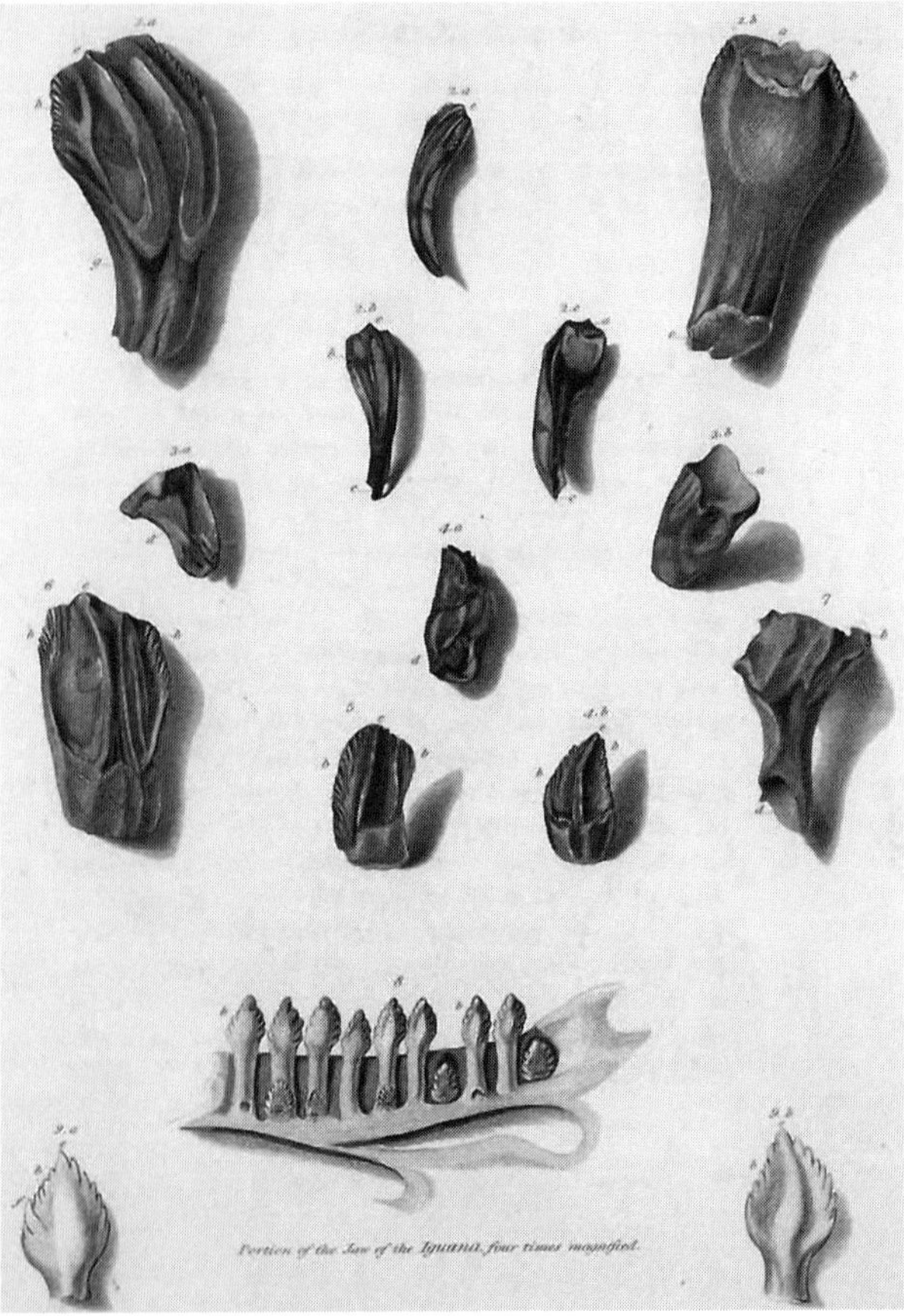

マンテルの論文に記載されたイグアノドンの歯

虫類の骨で、しかも全身の骨がくまなく見つかったわけではない。現生爬虫類からの延長でこのような姿で描かれたことも、やむを得ないことといえよう。

恐竜の発見は、多くの人に驚嘆をもって迎えられた。当時想定されたメガロサウルスの体長は12メートル、イグアノドンは18メートルである。18メートルといえば、ガンダムである。私たちは、子供の頃から恐竜図鑑にも巨大ロボットにも親しんでいるから免疫ができている。しかし、西洋の紳士たちが普段目にしていた最大の動物といえば、

恐竜研究黎明期に復元されたイグアノドン

四足歩行で大きな口、長い尾を引きずり、鼻先には角があったと考えられた。この鼻先の角は、じつはイグアノドンに特徴的な親指の爪がなにかわからずにつけられたものである。

せいぜい馬ぐらいだろう。突然ガンダムサイズの生き物が四つん這いで歩いていたといわれたら、それはそれは驚いたにちがいない。

１８５１年に、マンテルはイグアノドンが二足歩行をしていた可能性を記している。１８５８年には、アメリカの古生物学者ジョセフ・ライディがハドロサウルスの化石について論文を書き、前肢《ぜんし》が後肢《こうし》に比べて小さいことから、二足歩行が可能だったと推測した。１８６８年に、彼の指導の下で作られたハドロサウルスの骨格標本は、尾で体を支えて２本足で立つ三点支持歩行スタイルだ。その後、前肢が小さい恐竜が多数見つかるようになり、恐竜の絵を二足歩行で描くことが主流になってくる。また、当時はハドロサウルスは水陸両用の恐竜と考えられていた。

１８６１年には、ドイツのゾルンホーフェン地方のジュラ紀の地層から、シソチョウの化石が見つかることになる。オーウェンは、シソチョウを現生鳥類と同様に、完全な鳥類

尾で体を支えた
筆者が子供の頃の恐竜は、尾で体を支える、いわゆるゴジラ型であった。

と結論づけている。シソチョウが見つかる直前の1859年には、チャールズ・ダーウィンが著書『種の起源』を出版し、進化論が世に呈せられていた。ダーウィンの進化論を擁護《ようご》するトーマス・ハクスリーは、恐竜と鳥類が近縁だと主張したが、この当時はまだ、鳥類と恐竜の関係はそれほど注目されなかった。

恐竜の存在がヨーロッパで知られると、1800年代後半には開拓時代のアメリカで、競って恐竜化石の発掘が行われるようになる。北アメリカで最初に報告された恐竜が、先述のハドロサウルスである。これを皮切りに、アメリカ各地で精力的に発掘が行われた。有名なのは、エドワード・コープとオスニエル・マーシュによる発掘戦争だ。ときは西部開拓時代、ウエスタン活劇の

古い復元による
ハドロサウルス

尾を引きずり、まっすぐに立っていたと考えられていた。

時代である。ティラノサウルスやアンキロサウルスなど、我々がよく耳や目にする代表的な恐竜の多くがこの頃に発見されて、博物館に送られ、記載されていった。

１９００年代に入ると、アメリカの自然史博物館から、中国やモンゴル、アフリカなどに探検隊が派遣され、さらに新たな恐竜が見つかっていく。ヴェロキラプトルやプロトケラトプスなどが、この時代に発掘された恐竜の代表格だ。ゴビ砂漠では、オヴィラプトロサウルス類の卵と巣の化石も見つかり、大いに注目された。しかし、１９２９年にウォール街から生じた世界大恐慌《きょうこう》と、その後の第二次世界大戦のため、恐竜学の勢いは衰退していく。この頃、恐竜学は真冬の時代を迎える。

しばし雌伏のときを過ごした１９６４年、ジョン・オストロムらにより、ディノニクスが発見された。恐竜学にとって次の大きな波の訪れであり、後に「恐竜ルネッサンス」と呼ばれる時代の訪れである。オストロムはディノニクスを俊敏

発掘戦争
19世紀後半にエドワード・ドリンカー・コープとオスニエル・チャールズ・マーシュの間で、新種の化石の発掘、記載をめぐって勃発した争い。通称「Bone Wars」。ネイティブ・アメリカンにライバルの発掘隊を襲わせたり、銃撃戦による死者が出たり、発掘場所を破壊したりなど戦争といっていいほど激しいものだった。

な捕食者であると考えた。それまで恐竜は動きの鈍い爬虫類の延長線上のものとされ、活発に活動するとは考えられていなかった。オストロムにより、恐竜が恒温《こうおん》動物だったとする説が世に放たれたのである。

　ハドロサウルスなど、水陸両用とされた恐竜も、陸上専門だったと考えられるようになり、恐竜像がにわかに変化していく。オストロムが1969年に書いた論文のなかで、弟子のロバート・T・バッカーが尾を地面に垂らさず、

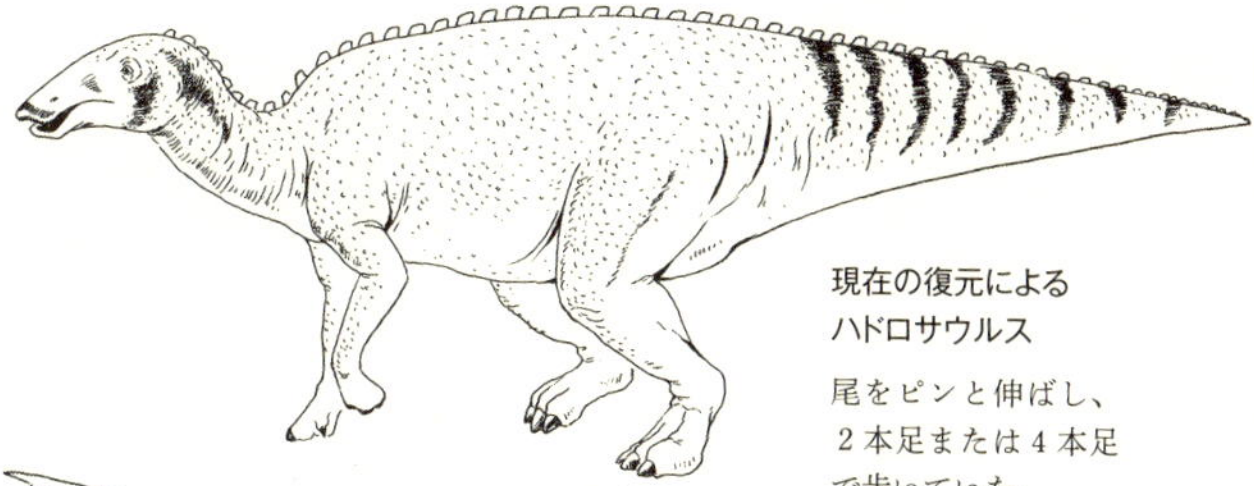

現在の復元による
ハドロサウルス

尾をピンと伸ばし、2本足または4本足で歩いていた。

ディノニクス

北アメリカで発見された、獣脚類ドロマエオサウルス科の恐竜。ディノニクスの趾には、大きな鋭い鉤爪がついていた。植食恐竜テノントサウルスの化石のそばから複数発見されたことから、集団で狩りをしたとする説もある。映画『ジュラシック・パーク』に登場のラプトルは、このディノニクスがモデル。

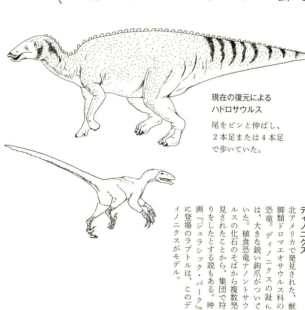

体の後ろに水平に保った状態で疾走するディノニクスの復元図を描いている。活発に行動していたと考える以上、ずるずると尾を引きずっている場合ではない。現代では当たり前に描かれるその姿勢だが、当時は容易に受け入れられたわけではなかった。その後も、１９７０～80年代の図鑑では、まだ恐竜の尾は地面に垂れ下がっていた。時代がオストロムに追いつくにはもう少し時間が必要だった。

オストロムは、ディノニクスとシソチョウの骨格を比較し、それらが非常に似ていることを示した。そして、１９７０年代には、恐竜は鳥類の祖先だという説を主張するようになった。ハクスリーからじつに１００年ぶりの主張だ。新しい考えは、多くの人の興味を再び恐竜に向けさせることとなる。１９９６年には、ついに中国で羽毛の生えた恐竜、シノサウロプテリクスの化石が見つかり、鳥類と恐竜の関係性が強化されていく。おかげで最近の恐竜は、みな毛むくじゃらになった。恐竜は恒温動物だったのか、鳥類の祖先だったのか、

ロバート・T・バッカー
アメリカの恐竜学者。テンガロンハットと長いひげがトレードマーク。『ジュラシック・パーク』に登場する恐竜学者のモデルともいわれている。著書『恐竜異説（原題 THE DINOSAUR HERESIES）』は、恐竜恒温動物説を唱えるなどセンセーショナルな一冊であった。

なぜ絶滅したのか、さまざまな論争が巻き起こり、新たな発見が次々に報告されている。

誰がために恐竜を掘る

恐竜ルネッサンス以後は、研究者たちの努力と興味深い報告の数々のおかげで恐竜に対する一般の関心は不動のものとなり、もはや一過性のブームではなくなった。多くの小説が、漫画が、映画が、恐竜を登場させていくことになる。

しかし、改めて考えると、恐竜の化石がなんの役に立つのだろう。なぜ私たちは、こんなに恐竜に熱狂してきたのだろうか。恐竜化石でダイエットに成功する。否。恐竜化石で病気が治る。否。恐竜化石で女性にモテる。否。恐竜化石でクリーンエネルギーができる。否。正直なところ、恐竜化石は実利的にはなんの役にも立たない。世界大恐慌や第二次世界大戦の時代に、恐竜学が停止したのは、その証拠である。恐

毛むくじゃら
羽毛むくじゃらというのかもしれない。恐竜が鳥類の祖先だと考えた元祖、ハクスリーもここまで羽毛まみれにするつもりはなかっただろう。

映画
『ゴジラ』は、ゴリラとクジラの名を合わせたとされるが、モチーフは恐竜からのものである。ゴジラの映画が公開されたのは、恐竜ルネッサンスより前、１９５４年のことである。世界が恐竜に対する興味をもち直す前に、時代を先取りしていたのだからたいしたものである。

恐竜化石で病気が治る
漢方薬では「竜骨」と称し、大型の哺乳類の化石などを処方することがある。

竜学は、生活に余裕がないと発展できない、平和のバロメータのような分野なのだ。

もちろん、化石を研究することで、科学に貢献することはできる。過去にどのような生物がいたのか、地球の太古の歴史を復元する大切なパズルのピースになる。ただそれも、なんの役に立つのかと問われれば、難しいところだ。過去に生じた大絶滅の原因を詳しく解析することによって、将来人類に起き得る危機を未然に防ぐことは可能だろうか？　無理だろう。恐竜が絶滅した原因は、小天体の衝突といわれている。どう考えても防げない。

化石発掘を押し進める原動力は、ひたすら人間の好奇心である。どんな巨大な生物がこの大地を闊歩《かっぽ》していたのか。どれほど獰猛《どうもう》だったのか、なにを食べていたのか、パンダ模様のヤツがいたのか、カメレオンみたいに色を変えられたのか、トカゲのように尻尾が切れたのか、口から火炎放射を吐いたのか、それとも吐かなかったのか、人間の興味はとどまると

小天体の衝突
巨大な小天体の衝突の前には、恐竜学のみならず、現状、ほかのあらゆる学問を駆使しても防ぐことができないのはいうまでもない。

ころを知らない。
とめどなくあふれる好奇心から、多くの人間が恐竜のことをより知りたいと思う、図鑑を買う、博物館に行く、ジュラシック・パークに行って恐竜の襲撃に遭う。人間の純粋かつ高潔な探求心の上に、なんの役にも立たないはずの恐竜の骨を見つけることが社会に認められるようになったのだ。さらには、その行為が経済的基盤になるからこそ、恐竜の発掘は熱心に続けられてきたともいえる。誰も興味を払わない分野には、投資される資金も相応のものとなり、衰退を余儀なくされるのである。

1824年に巨大爬虫類としてのっしのっしと歩きはじめた恐竜は、いつしか尾を支えとして2本足で立ち上がり、やがて尾を上げて駆け巡り、今では羽毛にまみれる日々だ。わずか190年の間に、とんでもない成長を遂げている。この勢いで行けば、目から怪光線を発する日も遠くない。鳥類学者の私だが、偉大なるご先祖さまの類《たぐ》い稀《まれ》なる変貌ぶりが気にならないはずがない。恐竜と恐竜学について概観したところで、次章では恐竜と鳥類の関係について掘り下げていきたい。

いざ、恐竜学の世界へ！

第1章◉恐竜はやがて鳥になった

本書の主題は、恐竜と鳥類の関係性を背景とした鳥類進化の再解釈と恐竜の生態の復元である。この議論に入る前に、まずは基礎的な情報を共有したい。ここでは、生物学における種の認識と、恐竜と鳥類の具体的な関係について概説しよう。

Section 1

生物の「種」とはなにかを考える

「種」とは生物の分類上の一つの単位である。しかし、その定義は単一のものではないため、共通認識なく議論を進めると混乱を来すことがある。ここでは大前提としての「種」という概念と、生物の分類に対する考え方を確認しておきたい。

「種」という概念

種という言葉のもつ意味を理解しないと、恐竜を考える上で、大きな障害になってしまう。なぜならば、私たちは、生物を考えるときに、種を生物の一つのまとまりとして扱っているからだ。そのまとまりを作る基準が人によってちがっていれば、話はかみ合わなくなってしまう。

たとえば、日本には「スズメ」と「ニュウナイスズメ」という2種類のスズメがいる。この2種類は近縁な鳥ではあるが、前者では頰に黒い斑《はん》があり、後者にはない。これをきちんと分けて、「スズメ」の話をする人と、両方をまとめて「スズメ」と呼んでいる人がいっしょに議論すると、いったいなにについて話をしているのかがわからなくなってしまうだろう。これはどちらが正しいというわけではない。あくまでも、どういう範囲のものをその名前で呼ぶかという定義の問題だ。話をする前に、「スズメの仲間全体をスズメと呼ぶ」のか、「スズメの仲間は二つに分けて一方をスズメ

定義の問題

スズメの仲間をまとめて扱う場合「総称スズメ」などといったいい方をすることもある。カラスには、ハシボソガラス、ハシブトガラス、コクマルガラスなどがいるが、「カラス」という鳥はいないので、総称のことである。しかし、この場合もオナガやカササギなどのカラスの仲間まで含むのかどうかで曖昧である。「広義のカラス」「カラス類」「カラスの仲間」など、いろいろないい方があって複雑であるが、話の流れで言葉を選ぶしかない。

と呼ぶ」のか、という定義について理解しておけばよいのだ。「種」というものの概念は、私たち生物学者を悩ませる話題の一つでもある。現代の生物を扱う場合でも、種概念が問題になることがある。ましてや、すでにこの世に存在しない化石種を扱う場合には、より難しい問題となる。このセクションでは、この本のなかで「恐竜の種」を話題にするための共通の認識を確認しておきたいと思う。

ただし、注意してほしい。この話題は、少しわかりにくくて、つまらないかもしれない。だから、「ここを読んでつまらないから、この後は読むのをやめよう」と思いそうな人は、読まずに飛ばしてほしい。少しなら我慢できそうな人は、読んでほしい。ただし、どのくらいつまらないかは、読んでみないとわからないからやっかいである。

つまらない
ニーチェは「学ぶ意志のある人は退屈を感じない」といったとか、いわなかったとか。

種の分類の方法

私たちは、生物の種の名前を呼んで、その生物の話をする。そのためには、ある種が、ほかの種ではないまとまりをもっていると考えているわけだが、そのまとめ方というのは、じつは一通りではない。「交雑できるかどうかが、同種か別種かのちがい」と漠然と思っている人が多いだろうが、ことはそれほど単純ではないのだ。恐竜のことを考える前に、種をどうやって判別するか、ということを考えておこう。

　生物を考える上では、単に種だけでなく、どの種とどの種が近い仲間なのか、ということも重要だ。生物を分類する場合、似た種の集まりを「科」とし、似た「科」の集まりを「目」と呼ぶ。たとえば、スズメは、スズメ目スズメ科のスズメという種である。スズメ目にはカラスやムクドリの仲間なども含まれ、スズメ科には前述のニュウナイスズメも含ま

種の分類
研究者によって、種を分けよう分けようとする動きと、まとめようまとめようとする動きがある。体の特徴や生息（生育）している地域などの差違をどれくらい許容するかによる。

スズメ目
鳥類最大の種数をほこる分類群である。カラスの仲間やヒバリもスズメ目に含まれる。ちなみにサギの仲間はペリカン目、ニワトリはキジ目。分類を見ているだけで意外な発見があるので、おもしろい。

れる。種だけでなく、科や目も、なんらかの方法で分類し判定していかなくてはならないのだ。

まずわかりやすいのは、「形態学的種概念」に基づいた判別方法である。これは、似た形をもった個体は同種であると考える、ということだ。直感的で単純明快である。しかし、この考え方では、すべての種がうまく判別できるわけではない。たとえば二つの場所で、色のちがう鳥がいたとしよう。この二箇所だけを比べると、別の種に見えるかもしれない。しかし、その間に中間的な色の個体が連続して生息しているとすれば、それは地域的に色の変異があるだけで、同じ種だといえるだろう。日本には本州から九州まですんでいるヤマドリという鳥がいる。北の個体ほど体や尾羽の色が白っぽく、南に行くと赤茶色みが濃くなる。分布の端と端の個体を見ると、まったくちがう

ヤマドリ
キジ目の鳥。本州、四国、九州の森林内に生息する日本固有種。山にいるからヤマドリとは、あまりにも単純なネーミングだが、ほかにも山にくらす鳥類は多々いるので、なんとかならなかったものだろうか。

マレーグマ

姿に見えるが、その分布は連続的で、間には中間的な色の個体が分布している。

「グロージャーの法則」といわれる自然現象がある。南に行くほど生物の色が濃くなるというパターンのことだ。単純にいうと、南方では紫外線が強いため、黒色を表すメラニン色素をたくさん蓄えた個体の方が生き残りやすいということだ。前述のヤマドリなんかはこのパターンがあてはまる。また、「ベルグマンの法則」というのもある。

こちらは、北にすむ個体ほど、体が大きくなるというものだ。これは、寒いところでは小さい個体は体温が奪われやすいため、大きい個体が生き残りやすいために生まれるパターンだ。小さな湯飲みのお茶は冷めやすいが、風呂のお湯はなかなか冷めない

ホッキョクグマ

ツキノワグマ

ベルグマンの法則

熱帯にすむマレーグマよりも、温帯にすむツキノワグマの方が大きく、それよりも北極圏にすむホッキョクグマの方が体が大きい。

ということを思い起こしてほしい。これらの法則に従っている動物はたくさん見られ、地域によって連続的に大きさや色が変化することは珍しいことではないのだ。

逆に、見た目では見分けがつかないのだが、じつはまったく別の集団で、お互いの間では交配ができないという場合もある。私たちは、種概念によって形のちがいを論じたいわけではなく、生物の分類のために形態を利用しているわけである。たとえ形態学的には「同種」であっても、実際には別の特性をもった集団であれば、異なる集団として把握したいところである。このような種を隠蔽種《いんぺいしゅ》と呼び、昆虫や植物などで、しばしば見つかっている。

比較的よく受け入れられているのは、「生物学的種概念」に基づいた種の判別である。これは、交配可能な集団を同種と考えるというものだ。この考え方では、必ずしも集団のちがいをうまく説明できないこともある。たとえば、カモの仲間は、明らかに姿がちがう別種と考えられる2種の間でも、雑種ができてしまうことがある。マガモ（実際にはマガモを飼い慣らしたアヒルのことが多いが）とカルガモの雑種である通称マルガモは、河川敷などでもよく見られる。しかし、これら2種のカモは外見がまったくちがうため、同種とされることは金輪際ない。

　また無性生殖する生物では個体間での交配が必要ないので、片っぱしから別種になってしまう。日本にも分布するオガリワラヤモリという爬虫類がいるが、これは雌だけで卵を産む単為《たんい》生殖《せいしょく》のヤモリだ。このような場合は、交配可能もなにもあったものじゃない。

　また、輪状種《りんじょうしゅ》というものもある。時計の文字盤の上で分布を広げていく鳥をイメージしてほしい。1時のところで種が生まれて、2時に向かって時計回りに分布を広げていき、12時の所まで分布が広がる。隣り合う1時と2時、2時と3時の間では、もちろん繁殖をすることができる。し

オガサワラヤモリ
オガサワラヤモリは、いかにも小笠原諸島にいそうな名前だし、実際にいるのだが、いつのまにやら人為的にもちこまれた外来種である。

単為生殖
卵（らん）が受精せずに発生すること。単為生殖をする生き物は結構見られる。アブラムシでは、時期により単為生殖と有性生殖を両方行う。脊椎動物でも、サメの仲間やコモドオオトカゲなどで確認されている。鳥類でもシチメンチョウが単為生殖を行う場合があり、その際は雄しか生まれない。

かし、分布を広げる間に少しずつ性質が変わり、分布がぐるっと巡って、久しぶりに12時と1時で出会ったときには、その間ではもう繁殖ができず、別種といってもよいような状態になることがあるのだ。生物学的種概念を使うと、お隣り同士は繁殖ができるので同種となるが、端と端だと別種となってしまい、どうにもこうにもすっきりしない。

ＤＮＡはミラクルアイテム

さて、異なる集団同士を判別し「種」として囲いこむ方法として、形態や交配の可能性では、行き詰まってしまうということがわかってきた。そんななかで脚光を浴び、現代のスタンダードとなってきたのは、ＤＮＡを使った分類方法、すなわち分子分類である。

ＤＮＡとはデオキシリボ核酸と呼ばれる物質のことで、ここに生物の遺伝情報が書きこまれている。ＤＮＡの上には、

ＤＮＡ
デオキシリボ核酸。多くの生物において遺伝情報を記録する物質。二重らせん構造をとる。

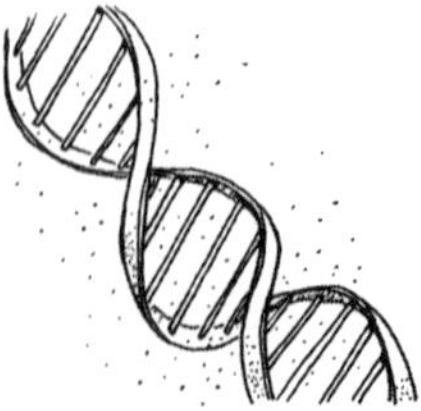

鳥類の系統樹

DNA を用いた Hackett ら（2008）の系統樹をもとに作成。
図の枝の長さは進化の程度を示すものではない。

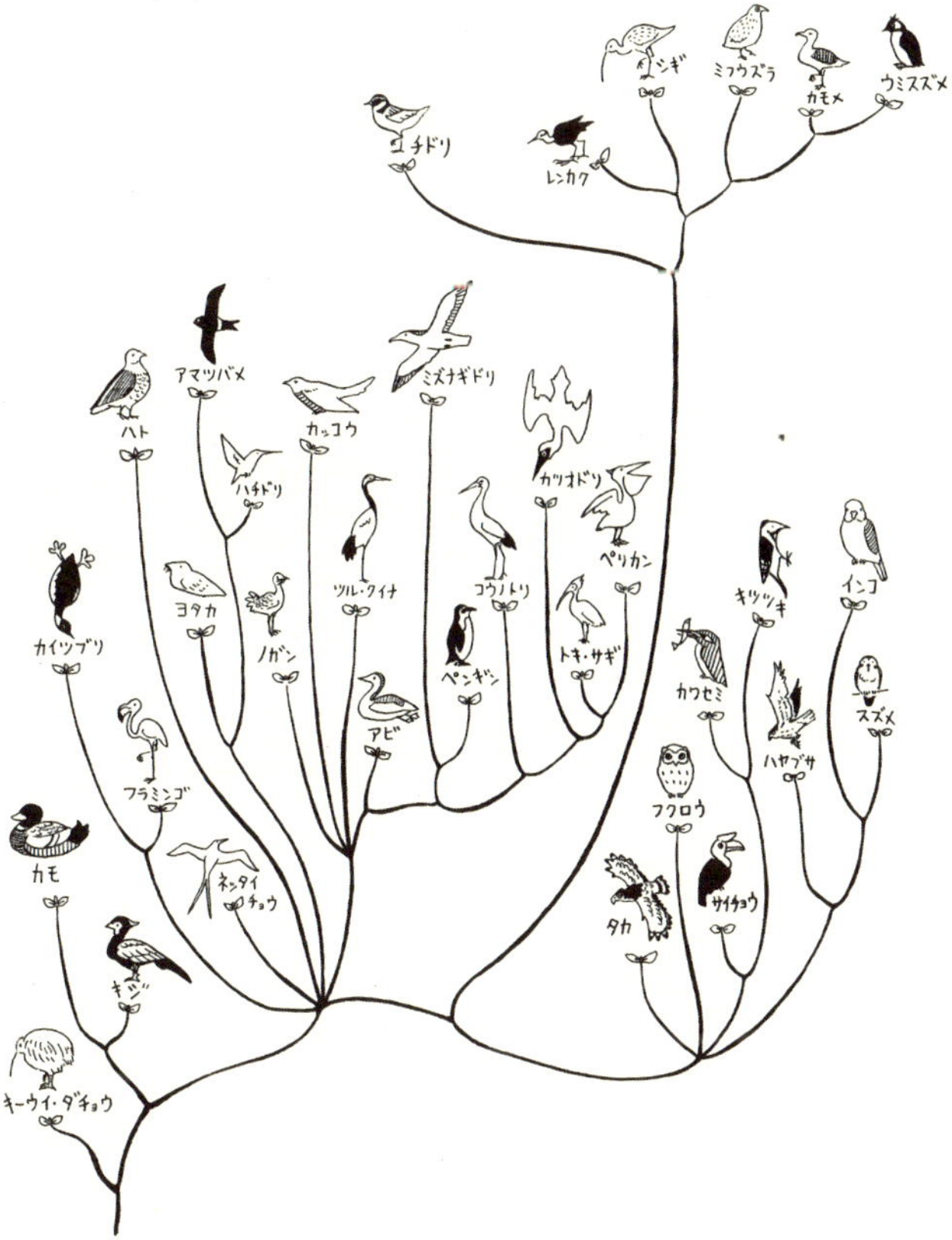

アデニン、チミン、グアニン、シトシンという4種類の塩基と呼ばれる物質が並んでおり、その配列によって情報が表現されている。この塩基の配列は、親から子へと受け継がれていくのだが、世代を重ねるうちに少しずつ塩基が入れ替わって、配列が変化していく。塩基の入れ替わりは一定の確率で偶然生じるため、長期間独立している系統ほど、独自性の高い配列をもつことになると仮定される。同じ集団のなかでお互いに交配していれば、集団内のそれぞれの個体はある程度似た配列をもつことになる。このようにして、所属している系統によって、種を判別しようという考えが、「系統主義的種概念」である。

実際に、最近の鳥類学では、DNAによる分類が進んできており、形態による分類は見直されてきている。たとえば、ハヤブサはタカの仲間だと考えられていたが、分子分類の結果、スズメやオウムと近縁で、タカの仲間ではないということがわかってきた。また、サギはコウノトリの仲間だと思わ

分子分類による種の判定
別種の場合は、ミトコンドリアDNAの一部分であるCOIという場所の塩基配列が2%以上異なることが多い。ただし例外もあり、たとえばスズメ目ヒタキ科の鳥アカハラとアカコッコは体色が大きく異なるが、COI領域の差は0・2%以下である。

アカハラ　アカコッコ

れていたが、DNAではペリカンに近いことがわかってきている。従来の形態分類で見抜けなかった、「他人のそら似」が暴かれつつある。

実物をじっくりと観察することのできる現生の生物であっても、種を判定するのが、容易ではないということがわかってもらえたかと思う。

Section 2

恐竜の種、鳥類の種

生物を種としてグループ分けすることは、ときとして非常に難しい。では恐竜学では、種はどのように語られているのか。恐竜の子孫となる鳥類の場合との間に差違はあるのか。これを認識せずして、恐竜の議論に参加することはできない。

恐竜学的種概念

前のセクションにて、現生生物を認識する上での種概念について、ねちねちと解説した。ある種が独立した種であると認識することが、いかにも難しそうな書きぶりをした。しかし、少なくとも鳥のことを考えると、実際に種の境界を認識するのが難しい場合は、それほど多くはない。一般には、直観的な見た目のちがいが、種の境界に一致していることが多い。スズメはスズメだし、ダチョウはダチョウだ。いちいち交配実験をしたり、DNAを取り出していたりしたら、バードウォッチングなんて趣味は成立しない。

直観的に種を認識することができるのは、ひとえに彼らが骨の上に軟部組織をまとっているからである。その体から羽毛を抜いてしまえば、種を見分けることは一気に難しくなる。さすがに、スズメとダチョウを見分けることはできるが、近縁な鳥同士、たとえばスズメとニュウナイスズメを見分けることは容易ではない。次に筋肉や内臓を取り除き、骨だけにしてしまおう。じつは、羽毛を抜いただけの状態よりは、骨にした方が種のちがいがわかりやすくなる。全身の骨がそろっていれば、体のバランスもわかるし、さまざまな箇所の形態的特徴から判断することができる。

さらに、その骨をバラバラにして、一本一本の骨から種を識別してみよう。これで、一気に難度が上がる。骨を見慣れている人でも、あらかじめ種がわかっている標本と見比べな

バードウォッチング
野生の脊椎動物をわりと手軽に観察することができる、と近所サファリ的なステキなホビー。双眼鏡、図鑑、フィールドノート。これだけあれば、ずいぶんと楽しめる。紳士淑女の趣味である。

くては、種を識別できなくなる。恐竜学における種の判定は、いわばこの状態で行っているのだ。いや、さらに難易度が高い。なぜならば、そこには参照すべき標本も図鑑もないのだから。

恐竜学における種とは、形態から判断される種である。化石からは、ある個体と別の個体が、交配可能かどうかを見いだすことは不可能である。また、恐竜の化石からDNAを取り出すことにはまだ成功していない。多くの場合DNAは速やかに分解されてしまうため、将来もどれほど成功するかはわからない。恐竜の化石から得られる判断材料は、あくまでもその形の情報だけなのだ。先に、現生の鳥は、たいがい形から区別することができるようなことを書いた。しかし、これはあくまでも羽毛という軟部組織をまとっていての話だ。骨の、しかも体の一部の骨の形態だけから判断する「種」とは、現代の私たちが現生生物相手にとらえている種というものとは、根本的にちがうものと考えるべきである。

標本
全体のなかから一部分を取りだし、調査対象とするもの。生物の新種を記載する際に、定義をするために使用した標本を模式標本、タイプ標本という。

図鑑
恐竜図鑑で参照できるのは当然ながらイラストである。古生物画家たちは化石資料や現生の動物との比較を元に、骨格をそろえ、肉づけし、ときに羽毛を生やして生体の姿を再現する。大変な苦労である。

恐竜の研究をする上では、「一部の骨の形態しかわからない」という非常に厳しい条件のなかで、種を判定することを強いられる。このため恐竜の種は、時代により、各研究者の判断により、変化していくことになる。実際に、多くの化石に名前がつき、そしてそれが論争になり、改められてきている。

たとえば、過去に見つかったことのない形態をもった骨が見つかったとしよう。これには種名Aが与えられる。しかし、その骨は恐竜の全身ではなく、脚の骨だったとしよう。次に、また別の場所で腕の骨が見つかり、新種Bとして記載される。そして、最終的にAの脚と、Bの腕をもつ完全な化石が見つかると、Bという独立した種は存在せず、ともにAだという結論になる。恐竜学の世界では、別種と思われていたものが、後に同種だとされることは、珍しいことではない。

生物の名前には、学名、英名、和名など、さまざまなものがある。英名や和名などは、同じ種に対して複数の異名がある場合もある。しかし学名については、1種に対して一つというのが基本ルールで、学術的に使える世界共通の名称となる。学名のつけ方には、国際動物命名規約というルールがある。同じ種に対して、別の名前で呼んでいては議論が成り立たない。そのような混乱をなくすため、世界中で同じルールに従って、名前をつけるのだ。

　ここでは、二名法という方式が採用されている。恐竜で一番有名な学名は、ティラノサウルス・レックスだろう。前半のティラノサウルスの部分が属名で、レックスの部分を種小名という。この二つの組み合わせで、特定の種を表すことになる。この場合は、ティラノサウルス属のレックスという種である。通常、恐竜の名前を~サウルスと呼んでいるが、これはじつは属の名前「属名」で呼んでいるのだ。

　ただし、せっかく学名を使うことで混乱を避けようとしても、それを日本語で片仮名書きにするときに混乱が生じる場合がある。たとえば、Citipatiという名の恐竜。最

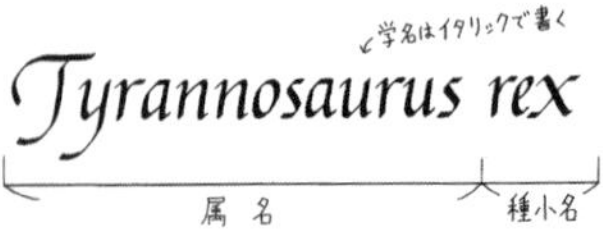

ティラノサウルスの学名
ティラノサウルスが属名、レックスが種小名である。私たちは通常彼らのことを属名で呼ぶことが多い。T-rexは愛称だが種小名まで入っている。

近は、これをシチパチと書くことが多いが、シティパティやキティパティと書かれている本もある。英語読みとラテン語読みで読み方が変わってしまうのだ。もちろん、これらは同じ恐竜を指しているわけだが、これだけ表記が異なると別の恐竜の話かと誤解しかねない。鳥類の場合は、日本鳥学会の発行する目録や、世界鳥類和名辞典により、標準的に使われる和名がリスト化されている。恐竜学は一般人が種名に接する機会の多い人気の学問なのだから、混乱を避けるために片仮名表記を統一してほしいところだ。

あるときはブロントサウルス、またあるときは……

同じ種に対して、二つの名前がつけられてしまうことがある。先述のように、別種だと思っていたものが、同種だった場合だ。こういうときには、先につけた名前を採用するのがルールだ。これは先取権の原理として国際動物命名規約にう

ブロントサウルス
筆者の子供の頃は、竜脚類といえばブロントサウルス。沼から長い首を出して水草をくわえた姿で描かれていた。名前の意味は「雷トカゲ」。竜脚類をカミナリ竜と記憶している方も多いだろう。

たわれており、同種につけられた異名のことを「シノニム」という。

有名な例は、ブロントサウルスである。この名前は、昔の恐竜図鑑にはもれなく登場するメジャー選手だった。しかし、昨今の図鑑ではお目にかかることがない。その代わりに、アパトサウルスという名前で登場している。ブロントサウルスの名前がついたのは、１８７９年である。これに対して、アパトサウルスは、１８７７年に名づけられていた。ブロントサウルスとアパトサウルスが、じつは同じ種だと考えられるようになったため、昭和世代の私たちに聞き慣れたブロントサウルスという名前は、なくなってしまったのだ。

別種と考えられていたものが、同種とされることは、それほど珍しいことではない。たとえば、トリケラトプスもそうだ。この恐竜が最初に新種として記載されたのは１８８９年だ。トリケラトプスの特徴は、頭の周りにある盾のようなフリルと角である。

アパトサウルス
「惑わすトカゲ」という意味である。

このフリルなどの形がちがうことを根拠に、過去に10種以上のトリケラトプス属の恐竜が記載されている。しかし、トリケラトプスのフリルの形状には個体差、齢差があるとして、最近では1種または2種にまとめられることが多い。さらに最近では、別属とされていたトロサウルスも、トリケラトプスのシノニムとする研究が発表されており、どこまでを同種とするかの議論が過熱している。

このような例は、枚挙にいとまがない。たとえば、小型の獣脚類であるナノティラヌスは、ティラノサウルス・レックスの幼体である可能性が指摘されている。ドラゴンと見まがうような角だらけの頭をもつドラコレックスやスティギモロクは、パキケファロサウルスの幼体である可能性があると考

トリケラトプスの頭の骨

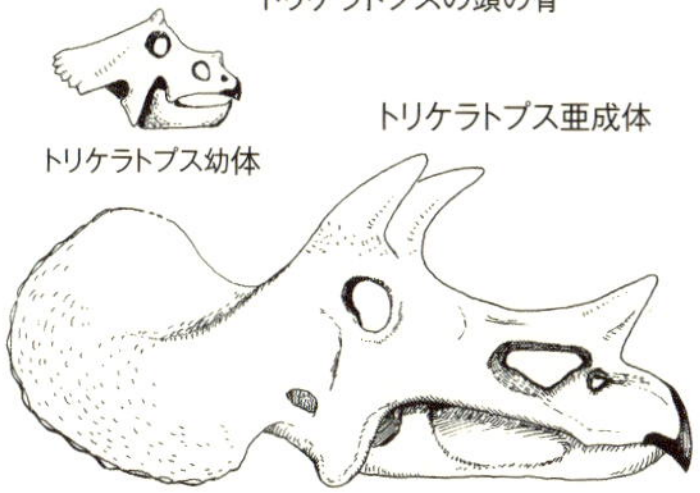

フリル
角竜類の最大の特徴でもある「えりかざり」。異性や同種へのアピールや敵への威嚇の役割があると考えられている。

トロサウルス
トロサウルスのフリルには、穴が開いている。それまで、トリケラトプスのフリルには穴が開いていないとされていたが、トロサウルスがトリケラトプスの成長過程だとすると、その前提は大きく崩れてしまう。ただし、トロサウルスがトリケラトプスの成長過程である説には異論もある。

ナノティラヌス
名前の意味はちっちゃいティラノサウルス。

えられている。鳥でも、子供のときと大人のときで大きくちがった形態を示すものがある。たとえば、南米にすむツメバケイは、子供の頃は翼に2本の爪があるが、成鳥になるとこれがなくなる。成鳥と幼鳥を別々に見たら、確かに別種と思うかもしれない。そのようなミスを犯さないのは、私たちが鳥の成長過程を確認することができるからだ。

ときには、雌雄で異なる形態をもつ鳥がいることは、多くの人が知っているだろう。たとえば、オオタカなどでは雌の方が体サイズが一回り大きい。サイチョウ類は、くちばしの突起の形が雌雄で異なる。キジやヤマドリ、ニワトリの仲間は、雄だけが跗蹠《ふしょ》に蹴爪《けづめ》をもっている。このように雌雄で大きさや形にちがいがある種では、化石からの判断では別種と考えてしまっても無理はないだろう。

そういうわけで、シノニムがある場合は古い名前が優先されるのだが、例外もある。国際動物命名規約第4版23条第9項に、優先権の逆転という項目がある。これによると、次の

パキケファロサウルス
鳥盤目周飾頭類に含まれる堅頭竜類の恐竜。ぶ厚い頭の骨と頭の周りの突起が特徴。この頭をぶつけ合って雄同士闘争していたと考えられていたが、頸に頭突きに耐えられるだけの強度がないとの指摘もある。

ツメバケイ

サイチョウ
サイチョウ目サイチョウ科の鳥。大きなくちばしに角のような突起がある。東南アジアの熱帯雨林に分布。

二つの条件を満たせば、慣用的に使われている新しい名前を使ってよいとされている。①古い名前が１８９９年以後に使用されていない。②新しい名前が、過去50年の間の10年間に10人以上の著者により25本以上の著作で使用されている。この二つである。

じつは、これが適用されている種がティラノサウルスである。ティラノサウルスの名前は、１９０５年にヘンリー・オズボーンによって記載された。一方で、１８９２年にマノスポンディルスという恐竜が、発表されていた。そして、約１００年後の２０００年、衝撃のニュースが駆け巡った。マノスポンディルスの発掘された場所を再発掘した結果、１８９２年の個体と同一個体と思われる化石が見つかったというのだ。そして、それを検討した結果、どうやらティラノサウルスと同種らしいというのである。この場合、順当にいけば、ティラノサウルスという名前はなくなり、マノスポンディルスという名前になったはずだが、前述の例外規定が適用され

跗蹠
趾（鳥類の指）とかかとの間。

蹴爪
ニワトリなどキジ目の鳥の脚に見ることができる鋭い突起。雄同士で争うときに、飛び上がって、蹴爪で相手をけるなどする。

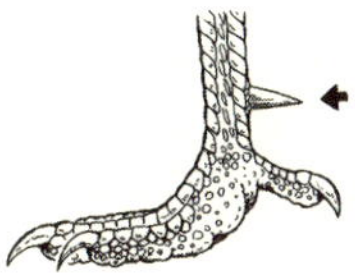

ティラノサウルス
最大級の獣脚類。白亜紀末の北アメリカに生息。完全に近い標本が30体近く見つかっており、研究者の間での人気も高いことから、最も研究され、わかっていることも多い恐竜である。

ており、現在もティラノサウルスはティラノサウルスである。

別種とされていたものが同種とされるのと同じように、同種と考えられている別の標本が、実際には別種であるということもあるだろう。これについては、検出することが非常に難しい。完全な別種であっても、骨の形さえ似ていれば、それは恐竜学の世界では同種と見なされてしまうのだ。

日本には、ミゾゴイというサギがおり、本州、九州、四国などの温帯域でしか繁殖していない。そして、その近縁種のズグロミゾゴイは、沖縄県から東南アジアにかけての熱帯・亜熱帯域で繁殖している。両者の形態はとても似ていて、名前の通りズグロミゾゴイの頭が黒いことが、外見のちがいとなっている。しかし正直なところ、骨だけで彼らを見分けることはできない。これが化石で出現すれば、温帯から熱帯までの広い範囲に分布する鳥が1種いた、と判断されるだろう。

ミゾゴイ
ペリカン目サギ科の鳥。夏鳥として日本に渡ってくる。暗い林を好み、首を長く伸ばして枝に擬態する。

鳥は視覚に頼る動物である。このため、お互いの種を認識するために、しばしば外見的なちがいを利用する。羽毛の色を一部分変えるだけで、鳥はお互いを別種と認識できてしまう。恐竜は鳥の祖先であることから、鳥と同様、色を識別することができたと考えられる。それならば、色や模様だけが異なり、基本的な形態に差がない別種というものも、珍しくなかったにちがいない。現在「同種」とされる恐竜のなかには、同じ骨学的特徴をもつ「別種」がそれなりの割合で含まれていることが予想される。

恐竜学的不確実性

化石の骨から種を判断することを難しくしている原因はなんだろう。それは、同種であっても、生物には個体差があるということである。人間に個体差があるように、恐竜でも大型の個体や小型の個体がいたはずだ。そして、性差がある。

雌雄で大きさや形がちがうことなんて、動物の世界ではとても普通のことだ。さらに、年齢差がある。巨大な恐竜であれば、最大サイズまで成長するのに、何年も時間がかかったはずで、小型から大型までさまざまなサイズの個体がいることになる。

このように、種内の個体差が、種間の形態差よりも大きくなることは、それほど珍しくない。それに加えて、種間のちがいが体色や模様のちがいによって表現されている場合は、種間の骨の形態差は、種内の個体差に比べてさらに小さくなってしまうだろう。

ある恐竜が、骨の形態の似た別の恐竜と、同種だったのか、別種だったのか、侃々諤々《かんかんがくがく》の議論になることがある。なぜそれほど議論になるのかというと、そこに明確な基準に基づいた結論を出すことが難しく、どちらのほうがもっともらしいか、という相対的な議論になってしまうからだ。真実の正解を誰も知らないなかで、どちらが正しいかを結論づけることは、容易でないことが想像できるだろう。

今、恐竜学のなかで同種とされている個体には、本当は別種である可能性があるものも含まれている。別種とされているものも、じつは同種であるという可能性もある。恐竜学において認識されている「種」とは、あくまでも骨の形態が似ているものの集まりでしかない。さらには、その骨の形態も、化石化する過程で変形することもあり、なにより全身の骨格がそろって発見されることが稀《まれ》であるため、現生生物を対象とした形態学的種概念よりも、さらに揺るぎある概念である。このため、現生生物に対して使っている「種」と、恐竜学で使っている「種」とは、まったく別のものだと考えた方がよい。

では、化石で発掘された骨に対して種名を与えるのは無駄なことなのだろうか。いや、そんなことはない。人間は、なんらかの方法で区別をしないと、対象をきちんと認識することが難しくなってしまう。もちろん、同種か別種かを識別す

化石
化石でやっかいなのは、化石化する過程で地殻変動の影響などにより、変形してしまうことである。ゆがんだ結果、左右で非対称になったり、上下につぶれていたりする化石はよくある。

ることが不可能なので、判定しないですます、というのは科学的には正しい方法の一つだ。実際に、種までは決めず、属までの判定で留め置く場合もある。しかし、すべてをそうしてしまうと、恐竜学の魅力は半減である。

骨の形態のみに頼る分類では、恐竜の種の判定に関して、真の答えを見つけることは、永遠にできないかもしれない。しかし、より可能性の高い説を提案していくことは、恐竜学の発展のためにも重要なことであるし、その結論を心待ちにしている多くの紳士淑女にとっても、興味深いことである。大切なのは、その種の認識の仕方が、現生の生物を扱う場合といささか異なっていることを、きちんと知っておくことである。この点がわかっていれば、恐竜の種の判定に関する議論が生じる根本的な理由がわかり、恐竜学をより深く楽しむことができるだろう。

Section 3

恐竜が鳥になった日

鳥類が恐竜から進化してきたことは、本書の大前提である。鳥と恐竜の類縁関係はいかにして明らかになったのか、その経緯を詳しく紹介したい。

まずは爬虫類からはじめよう

今でこそ、鳥が恐竜から進化してきたことは、多くの研究者の共通認識となっている。しかし、ここに至る道は平坦ではなかった。鳥類が恐竜起源だということは、鳥類は恐竜の一系統であり、恐竜は絶滅していないことになる。恐竜が生き残っていたとなると、それは非常にセンセーショナルなことだ。なにしろ、あの有名なフライド・チキンもフライド・

ダイナソーになってしまう。ＫＦＤだ。
『風姿花伝《ふうしかでん》』に、花は散るからこそ美しいと書いたのは、能役者の世阿弥《ぜあみ》だ。発見当初から、絶滅、絶滅といわれ続けて神秘性を誇った恐竜である。今更、じつは絶滅していませんでした、とはいいだしにくい。恐竜起源説が受け入れられるまで、多くの保守的な反論にさらされたのも無理のないことだ。恐竜のＤＮＡの抽出は成功しておらず、決定的な証拠を得ることは難しく、熱い議論が交わされてきた。

恐竜と鳥との関係を語るとき、やはり一番に想起するのはシソチョウだろう。シソチョウの化石は、１８６１年にドイツの片田舎で見つかったことは前述の通りである。シソチョウは、鳥と同様に羽毛をもつ一方で、爬虫類と同じく骨のある尾と歯のある口をもつ。これが恐竜起源説の発端となる。恐竜と鳥の類縁関係を最初に指摘したのは、トーマス・ハクスリーである。彼は１８６８年に書いた論文で、シソチョウと小型獣脚類コンプソグナトゥスの骨格が非常によく似てい

風姿花伝
世阿弥による能の伝書の最初の1巻。20世紀に入るまで秘伝の書とされていた。

シソチョウ
始祖鳥。学名はアルカエオプテリクス。筆者の世代では鳥と恐竜をつなぐのはシソチョウだが、現代の子供たちは、シノサウロプテリクスをはじめとする羽毛恐竜を思い浮かべるに相違ない。まさにジェネレーションギャップである。

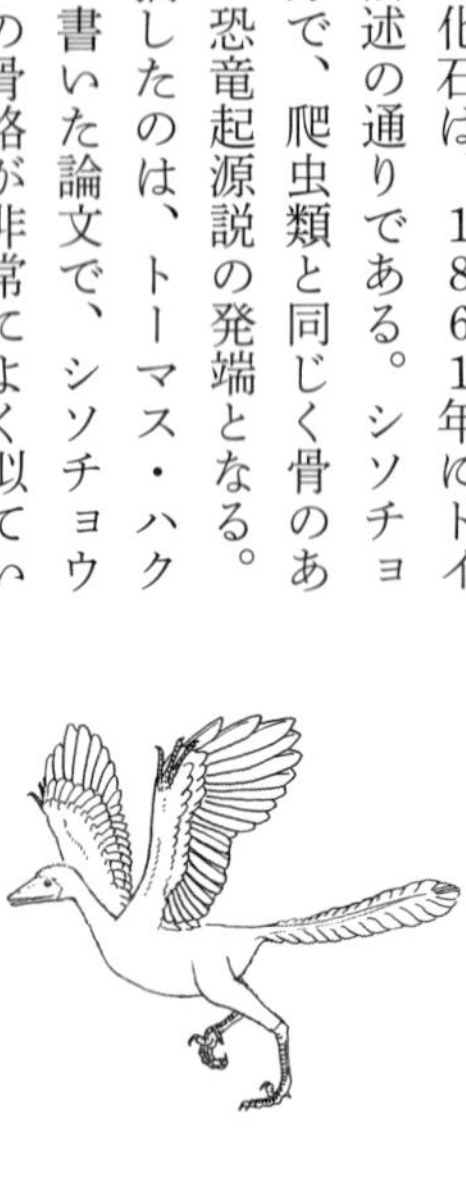

ることを指摘し、鳥と爬虫類が近縁であることを示唆した。ハクスリーは「ダーウィンのブルドッグ」と呼ばれており、進化論というこの時代の最新概念の信奉者だった。

　直前の１８５９年に、チャールズ・ダーウィンは進化論についての議論を示した『種の起源』を発行している。この本では、系統的に近縁なグループの間には、中間の特徴をもった種がいるはずだと主張されている。鳥と爬虫類は近縁と考えられていたが、中間型の種が見つかっていなかったので、ハクスリーの発見は、じつに都合のよい事例だった。１８７０年には、ハクスリーは別の論文で、シソチョウと鳥脚類のヒプシロフォドンなどの骨との比較を行っている。ここでは、特に後肢の形態から、恐竜が鳥の祖先だろうと主張している。

　しかし、鳥と恐竜の関係については、その後１００年ほど議論が停滞する。それは、恐竜からは叉骨《さこつ》が見つかっていなかったからである。叉骨とは、人間にもある左右二本の鎖骨が癒合してできたＶ字型の骨である。鎖骨は、ちょっと上向

進化論
生物が不変ではなく、進化するものだとする議論のこと。自然選択説や定向進化説など、そのメカニズムには多様な説が呈されてきた。

チャールズ・ダーウィン

種の起源
チャールズ・ダーウィン著。『種の起源』の初版本はシソチョウの発表以前に発行されたので、もちろんシソチョウの記述はない。しかし、１８６９年に発行された改訂第５版では、ハクスリーの主張に基づき、鳥と爬虫類の間に位置する生物として、シソチョウにも言及している。

き加減でシャワーを浴びたときに、首の横にできる水たまりを支える骨だ。叉骨は、鳥類に特徴的な骨で、上腕骨と胸骨の間を仲介し、しなやかにたわむことで翼の運動を助けている。恐竜からは、叉骨も鎖骨も見つかっていなかった。一方、原始的な爬虫類では、鎖骨をもつものが見つかっていた。このことから、鳥類は恐竜が分岐する以前の、原始的な爬虫類から進化してきたものと考えられるようになった。叉骨と鎖骨は同じ部位であり、読み方も同じなので混乱しやすくて迷惑である。

恐竜起源説、再興

１９６９年、ジョン・オストロムが獣脚類のディノニクスを発表し、恐竜ルネッサンスがはじまった。そして彼は、鳥と獣脚類では、手首の形態に共通する特徴があることを示し、獣脚類の恐竜が鳥の祖先だろうという主張を開始した。鳥は手首を横方向に動かすことができる。ほとんどの恐竜は、構造上この動きをすることができないが、ディノニクスなどの獣脚類では、同じ動きができることを突き止めたのだ。そして、恐竜起源説とアンチ恐竜起源説の間での熱い議論の火蓋が切られた。

まずは、叉骨問題を解決しなくてはならない。これについては、次々に新証拠が得られた。恐竜から叉骨が見つかったのである。恐竜の叉骨は小さく目立たなかっただけだったのだ。獣脚類のティラノサウルスでも、V字型の叉骨が見つかり、この形状の叉骨が、鳥になる前に進化したことも明らかになってきた。

次に立ちはだかったのは、１９８６年に発表されたプロトアビスの存在である。これは、テキサスの２億２５００万年前の三畳紀の地層から発見されたもので、シソチョウより７５００万年も古い時代のものだ。これが事実とすると、鳥の登場は、恐竜の登場時期とあまり変わらない。プロトアビス

鎖骨と叉骨
鳥の場合、特に叉骨と呼ばれる。翼を羽ばたかせるとき、バネのように動き補助となる。恐竜の叉骨の発見は20世紀の恐竜研究のターニングポイントの一つである。

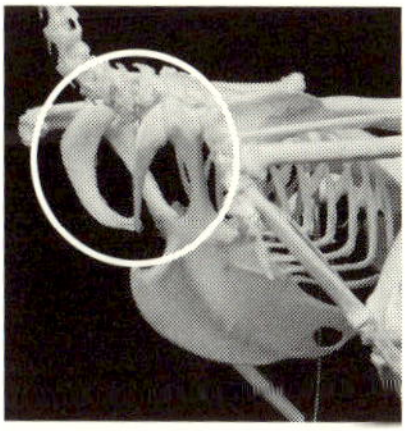

プロトアビス
三畳紀の地層より発見された小型獣脚類。シソチョウよりも鳥類に近いとされた。

が存在していたとすると、鳥類の登場は恐竜を祖先とするには早すぎるため、この発表は論争を巻き起こすことになった。むしろ鳥が先に存在し、そのなかから飛ぶのをやめたものが現れ、進化したものが獣脚類の恐竜だとするBCFと呼ばれる主張がされることもあった。しかし、プロトアビスの化石は断片的で、鳥と判断するに十分な試料は見つかっておらず、現在では2種の動物の化石が混ざったものだと考えられている。ほかに三畳紀から鳥の化石は見つかっていないこともあり、信頼性の低さから、このような鳥は存在しなかったと考えられるようになってきた。

プロトアビスがいなくとも、鳥の出現時期を考えると獣脚類起源説はおかしいという議論もあった。シソチョウが見つかったのは約1億5千万年前の地層だ。鳥が恐竜から進化してきたとすると、鳥に似た恐竜はこれより以前に出現していなくてはならない。これに対して、オストロムが鳥との近縁性を主張したディノニクスはそれより4千万年も新しい地層

BCF
Birds Come First の略。

から出現している。1990年代から次々に見つかった羽毛恐竜たちも、ほとんどがシソチョウよりも新しい白亜紀産のものであり、そこから鳥が進化してきたと考えるのは、時代が逆転してしまっている。

しかし最近では、シソチョウより古いジュラ紀後期の地層から発見されたアンキオルニスでも羽毛が発見され、この逆転現象は解消されつつある。また、鳥類に近縁でない系統の種でも羽毛が見つかりはじめており、さまざまな恐竜が原始的な羽毛をもっていたと考えられるようになってきている。

1986年には、シソチョウ捏造説《ねつぞうせつ》なんてものまで現れていた。この説を主張したのは、宇宙物理学者のフレッド・ホイルだ。シソチョウの化石に見られる羽毛の痕は、人工セ

シソチョウは羽毛恐竜より昔に生まれた

羽毛恐竜の発見がされたとはいえ、シソチョウはシノサウロプテリクスより古い時代のものにもかかわらず、鳥に近い形態だった。シソチョウ以前の羽毛恐竜の発表は2010年を待たなければならない。

メントに現生鳥類の羽毛を押しつけて作られたものだという のである。しかし、これに対しては、結晶のでき方や表面構造から捏造ではないことが証明されており、その後大きな問題にはなっていない。

恐竜起源説への反論が行われるなか、恐竜起源を支持する研究も進められてきた。たとえば、現生の動物では鳥だけがもつ気嚢《きのう》システムを、恐竜ももっていたと考えられる証拠が得られるようになってきた。気嚢とは、鳥の体のなかにある空気を入れる風船構造のことである。鳥の体には、首や腹、胸などさまざまなところに気嚢が仕込まれている。これは、体を軽量化すると同時に、効率よく呼吸することに役立っている。

この気嚢が、白亜紀に生息していた獣脚類のマジュンガサウルスにも存在したと考えられているのだ。気嚢自体は、薄い膜で覆われた軟らかい組織なので、化石として残ることは基本的にない。しかし、マジュンガサウルスの骨格を検証し

フレッド・ホイル
ちなみにホイルは、宇宙がビッグバンからはじまったとするビッグバン理論や、原始地球の海で有機物から生命が生まれたとするコアセルベート説にも、真っ向から反論している。じつにロックな生き様である。

た結果、脊椎骨の形態から、気嚢をもっていたと考えられるようになった。さらに、南アメリカで見つかったタワ・ハラエも頸に気嚢をもっていたと考えられている。タワ・ハラエは、三畳紀に生息した原始的な獣脚類である。このため、気嚢は鳥類が進化するより古くから、恐竜で進化してきたものと考えられるようになってきた。鳥類が気嚢をもつのは、恐竜からその性質を受け継いだからと考えられるのだ。

恐竜からＤＮＡを取り出し、

気嚢のしくみ

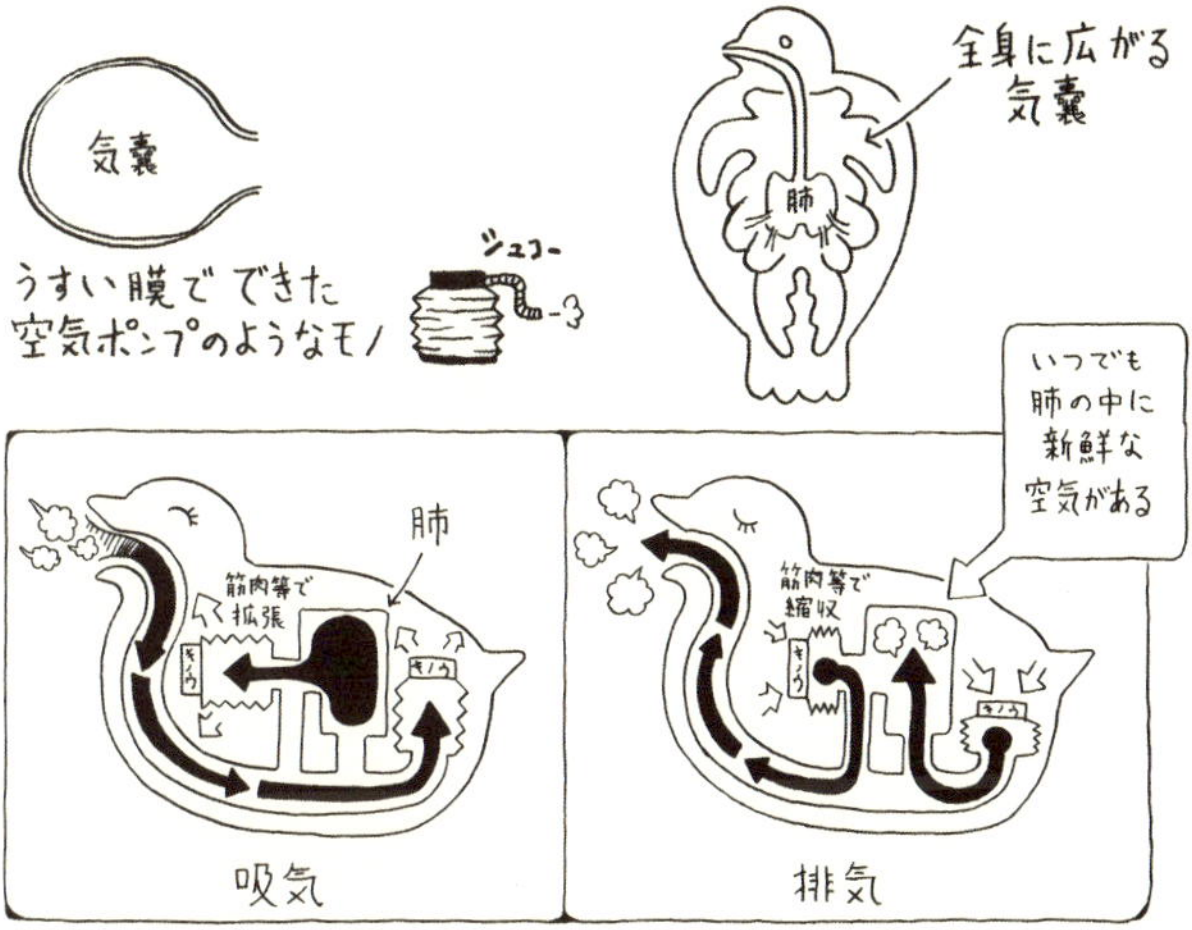

気嚢は鳥の全身に行き渡っていて、高効率なガス交換を行う。人間をはじめとする哺乳類の呼吸とちがい、肺に一方通行で空気が入るため、いつでも新鮮な酸素を取り入れることができる。酸素の薄い高高度の飛行を可能としている。

鳥と比較することには、まだ成功していない。しかし、DNA以外の分子を用いた研究は行われている。それは、ティラノサウルスの骨から抽出したコラーゲンを分析したものである。コラーゲンはタンパク質の一種で、多数のアミノ酸を含んでいる。2007年に、このアミノ酸の配列を分析した結果、ティラノサウルスは、ワニやトカゲよりもニワトリやダチョウと近縁であることが明らかになったのだ。この発見までは、鳥と恐竜の関係は形態に基づくもののみだったが、はじめて分子生物学的にも類縁性が示唆《しさ》されたのだ。

3本の指問題

じつは、恐竜と鳥類の間には前肢の指を巡る大きな相違点があり、恐竜起源説の唯一の弱点となっていた。これが解決されたのは、じつに2011年のことである。

原始的な獣脚類であるヘレラサウルスでは、前肢の指が5

本あった。しかし、そのうち第4指、第5指、つまり薬指と小指は、退化し小型になっていた。より進化した獣脚類では、指が3本で、これらは退化せずに残った第1指、第2指、第3指と考えられていた。一方、鳥の翼には、退化した指の骨が3本ある。ニワトリの胚《はい》の発生を追跡した結果、これは第2指、第3指、第4指、つまり人差し指から薬指であると考えられた。鳥が獣脚類から生まれたとすると、一度退化した第4指が再び現れ、第1指が退化するという複雑なイベントが生じなくてはならないのだ。

しかし、2011年に東北大学の田村宏治教授らの研究により、その謎が解き明かされた。ニワトリの指の発生を追跡したところ、最初に第2、3、4指の場所で生まれた指の

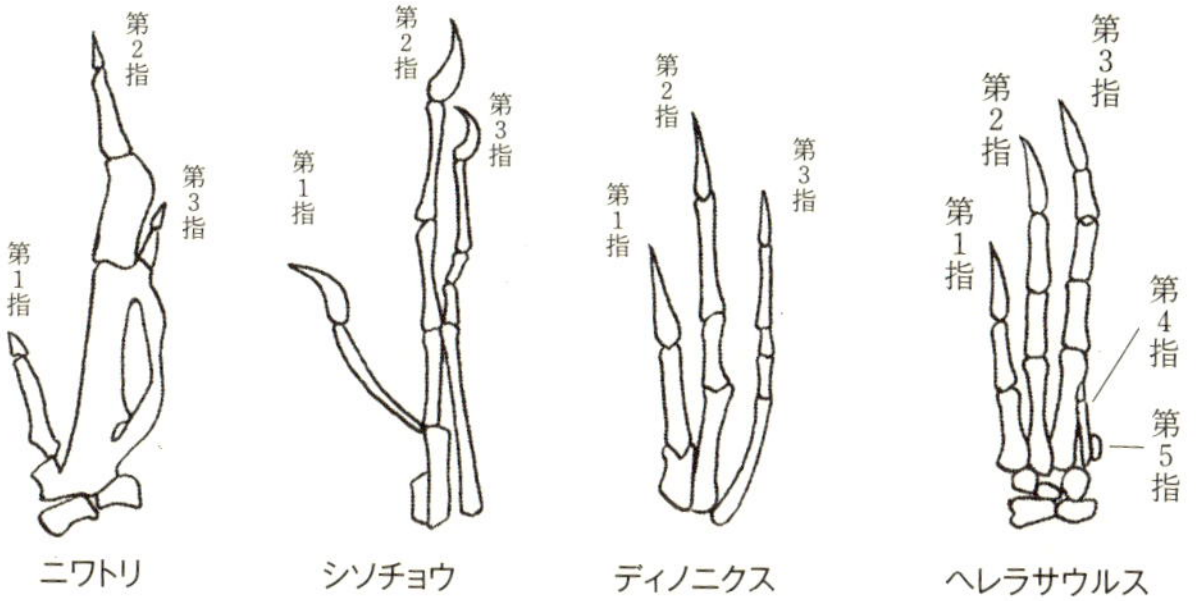

恐竜と鳥の指の比較

原始的な恐竜ヘレラサウルスには退化的な第4指、第5指がある。ディノニクス、シソチョウ、ニワトリでは2本は完全に退化してなくなっている。

原型となる細胞が、途中でずれて第1、2、3指の位置に移動して指になることがわかったのである。つまり、鳥類の3本指も、恐竜と同じ第1、2、3指だということがわかったのだ。ここに、恐竜起源説に不利な最大の矛盾が解決され、鳥は恐竜から進化してきたという考えがより広く浸透してきている。

さて、鳥と恐竜に類縁関係があるということに、どういう意味があるのだろうか。まず、冬の寒い日曜日に、家族みんなで水炊きを食べるとき、お父さんが息子に「これは恐竜なんだぜ」と語りかけることができる。家庭での会話が豊富になり、父親の権威が上昇することは、巡り巡って世界平和につながることなので、これはこれで重要である。しかし、それだけではない。もう一つ重要なことは、現生の鳥は、その行動を、成長を、外部形態を観察することが可能だということだ。恐竜は、いくつかの幸運な例を除いて、基本的に骨の形態しか知ることができなかった。しかし、鳥が恐竜の一系統であるとなると、現生鳥類を調べることによって、恐竜の生活をより信頼性高く類推することが可能となるということである。

系統関係が明らかになってくるにつれ、「鳥は恐竜である」という表現が使われるようになってきた。しかし、その行動や生活を考えていく上では、むしろ「恐竜は鳥である」という仮定に基づいて推測していくことになる。なにしろ、恐竜のことはわからないことだらけなのだから、鳥から類推するしかない。このことこそが、この本のテーマであり、ここから先の大前提である。今からでも遅くない、この大前提に賛成できない読者は、庭で飼育しているヤギにこの書籍を食べさせた末に、ヤギ乳でも飲み、健康増進に邁進《まいしん》すればよい。

改めて、ここに高らかに宣言しよう。恐竜は、鳥も同然と！

ヤギ
世界遺産小笠原諸島をはじめとするさまざまな島嶼で、人間により導入されたヤギによる食害が深刻視されている。ヤギが下生えを食べ、土が露出すると、簡単に土が流れ岩場になってしまうのだ。ヤギに罪はないのだが問題である。

Section 4 羽毛恐竜の主張

羽毛恐竜の発見とともに、鳥類と恐竜との類縁関係は熱烈に支持されるようになる。今ではある意味、常識となっているほどである。しかし、羽毛恐竜がもたらしたのは、単に恐竜と鳥類が近縁であるという話だけではなかった。

想定内と想定外

羽毛恐竜が恐竜学に与えた衝撃は、大きかった。同時に、鳥類学に与える影響も大きい。なにしろ、恐竜と鳥の間の境界線を曖昧《あいまい》にしてしまったのだ。目の前に、鳥類直前の恐竜と、恐竜直後の鳥類がいたときに、どちらが鳥なのかを判定することはできないだろう。

しかし、その発見は想定内のことともいえる。羽毛恐竜の

発見は想定内
かくいう筆者は、先ほどまで使っていたはさみを見失い、潤滑剤の雄、KURE5―56をあったはずと思いつつも発見できずに4本も買い直すような人間である。そんな私が、この発見を想定内とするのは確かにおこがましい。心から謝りたい。

発見以前から、鳥類と恐竜の類縁関係は指摘されていた。鳥類が恐竜から進化したと考える以上、羽毛恐竜は遅かれ早かれ見つかっておかしくなかった。もちろん、その発見にともなう血のにじむ努力は、想像を絶する。諦めずに発見に至ったことに敬意を表しつつも、これは予測を現実に証明した事例といえるだろう。そんな羽毛恐竜が明らかにした期待以上の成果が二つある。それは、羽毛の位置と羽色の特定である。

現代の鳥には、前肢に飛行用の羽毛である風切羽《かざきりう》がついている。その常識を覆したのが、ミクロラプトル・グイだ。中国の白亜紀前期の地層から発見されたドロマエオサウルス類の小型恐竜で、2003年に新種記載された。この恐竜では、前肢だけでなく、後肢にも風切羽がつき、合計4枚の翼をもっていた。鳥の前肢は飛ぶためのもので、後肢は歩くためのものというのは、小二男児でも知っている。まちがえて脚に翼を描いた子がいたら、「最近の子供は外で遊ばないからこうなるのだ」と知った風に社会問題に格上げしながら、迷

中国の白亜紀前期の地層
遼寧省にある。その後ミクロラプトルはいくつかの発掘サイトで発見されている。

社会問題に格上げ
もっともらしいが、本質的でないことが多い。

わず優しくたしなめるはずだ。

四枚翼は、進化史に残る大いなる実験生物だったのかもしれない。長い進化の歴史のなかではさまざまな構造をもつものが生まれ、それぞれの時代の環境に適応的でないものは進化史から消え去る。その数ある試作品の一つだろう。誰もがそう思った。しかし、四枚翼の系譜はミクロラプトルだけに収まらなかった。

2005年には、ペドペンナが記載された。こちらはジュラ紀後期のもので、シソチョウの祖先に近い。この化石は、脚しか見つかっていないが、そこには5センチ以上ある羽毛があった。2009年には、やはりジュラ紀後期の地層からアンキオルニス・ハックスレイが発見された。こちらも後肢から風切羽が見つかっている。ほかにも、シノルニトサウルスとミクロラプトル・ザオイアヌス、シソチョウ、エナンティオルニス類でも、後肢に長い羽毛があることが指摘されている。

複数の羽毛恐竜と原始鳥類から四枚翼が確認されてきた。このことは、現在の二枚翼が進化する前には、四枚翼の時代があった可能性を示唆している。

もちろん、後肢の風切羽の役割に熱い視線が注がれる。その機能について、空力学的な解析が行われ、いくつかの説が呈される。たとえば、複葉機説だ。すべての翼を同一平面上に展開するのが、素直な予想だ。しかし、そうではなく、後肢の翼を前肢の翼の下に配置し、複葉機のように2段構えの翼とするという説だ。Xウィング説もある。これは、横に伸ばした前翼に対し、逆V字に後翼を開く姿勢だ。正確には、Xではなくπだが、そんな小さいこと気にしていたら大物にはなれない。

現生の鳥類に四枚翼のものがいないため、いずれの飛び方が効率的なのかはまだよくわかっていない。わかっているのは、四枚翼は採用されず、二枚翼に落ち着いたということだ。もし4枚の方がすべての面で効率がよければ、そちらが進化

Xウィングミクロラプトル　　複葉機型ミクロラプトル　　複葉機

していただろう。そうならなかった以上、なんらかのデメリットがあったはずだ。それは、歩行時に邪魔になったからかもしれないし、飛行時の抵抗だったかもしれない。

ただし、一時的にせよ、この形態が採用されていたということは、その時点ではなんらかのメリットがあったのだろう。空に進出して間もない時期には、まだ前肢翼も飛行に最適化されていなかったはずだ。その状況では、後肢翼の補助が役に立ったのかもしれない。その後、前肢翼の高効率化にともない、後肢翼の役割が減少していったにちがいない。

四枚翼といえば扇風機である。四肢の関節がひどく柔軟で、左右の翼を前後逆にした姿を想像していただきたい。この状態で羽ばたけば、手裏剣のように回転しながら飛んでいくという寸法だ。回転飛行は、まだガメラとアダムスキー型UFOでしか採用されていない。物理学を専門としている方がいたら、ミクロラプトルがこの方法で飛ぶには、どのようなシステムが必要だったかをぜひ検討してほしい。

ガメラ
大映による怪獣映画ガメラシリーズに登場の架空の生物。初登場は1965年。亀をモチーフにしており、子供の味方である。1995年に平成3部作として復活。怪獣映画の金字塔である。

アダムスキー型UFO
ジョージ・アダムスキー氏の名前を冠したレトロな未確認飛行物体。

物理学
同じ理系とはいえ、生物学者には物理学を不得手としている者が多いように感じる。

飛べない翼は、ただの翼だ

羽毛の、真ん中の軸を羽軸《うじく》、両側の平面を羽弁という。この構造をもつ羽毛を正羽《せいう》と呼ぶ。羽毛には、綿羽《めんう》や糸《し》状羽《じょうう》など、正羽としての構造をもたないものもある。飛ぶための風切羽は、平面的な構造だったからこそ、飛行に適することができた。しかし、これを飛行ではなく、ディスプレイに使っていたと考えられる例もある。

エピデキシプテリクスは、ジュラ紀の獣脚類である。この恐竜では、飛ぶための羽毛はなかったが、尾に４枚の長い羽毛がついていたのが見つかった。体長40センチだが、そのうち20センチは尾の長さである。当然のことながら、尾羽だけでは飛べないので、これは飾りとしての役割をもっていただろう。

また、白亜紀後期の獣脚類オルニトミムスでは、成体の前

オルニトミムス
その姿形からダチョウ型恐竜と呼ばれる。実際足も速かったのではないかという研究報告も。

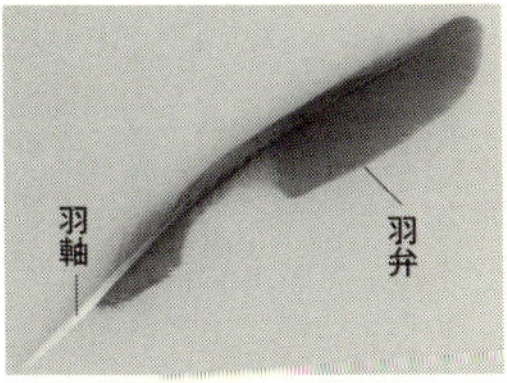

風切羽のつくり

肢の骨に正羽がついていたと見られる痕が見つかった。オルニトミムスは、鳥類とは系統が離れており、飛行はしなかったと考えられている。また幼体では正羽をもった証拠が見られなかったことから、成体が翼をディスプレイや繁殖行動に使ったものではないかと考えられている。ただし、成体で見つかったのは、翼羽乳頭《よくうにゅうとう》という風切羽が付着する骨上の突起の痕跡であり、風切羽そのものではない。翼羽乳頭がどんなものか興味のある人は、居酒屋で手羽先を頼んで、骨を見るとよくわかる。ただし、手羽先餃子《ギョーザ》は件《くだん》の骨を抜いてあるので、却下だ。

このオルニトミムスの研究では、鳥と系統の離れた飛べない恐竜でも、翼があったらしいことから、翼が飛行ではなくディスプレイや抱卵などの繁殖行動のために進化した可能性を指摘している。飛行にせよ、ディスプレイにせよ、初期の翼に関する化石証拠は、まだ見つかりはじめたところだ。今後見つかる新たな化石が、翼の進化の道筋を示してくれるは

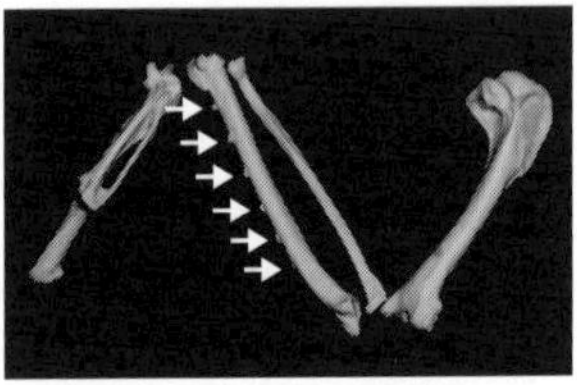

アオゲラの前肢の翼羽乳頭

ずだ。

色・鳥どり

羽毛恐竜がもたらした、もう一つの大きな成果は、恐竜の色を教えてくれたことである。鳥の羽毛の色は、色素または構造色によって表現されている。

色素は、色を発色する物質である。羽毛に含まれる主な色素は、メラニン、カロテノイド、ポルフィリンである。メラニンは黒や褐色、カロテノイドは赤や黄色、ポルフィリンは緑や紫紅色の発色に貢献する。最近の研究では、羽毛の化石を電子顕微鏡下で観察することにより、メラニンを含む細胞小器官であるメラノソームの存在を確認することができるようになった。メラノソームにも種類がある。細長いユーメラノソームは黒や灰色、球状のフェオメラノソームは赤褐色や黄色を呈する。

最初の成果は、シノサウロプテリクスだった。この小型獣脚類は、はじめて見つかった羽毛恐竜でもある。電顕による研究の結果、背から尾は赤褐色で、尾には白い縞《しま》があったことがわかった。アンキオルニスでは、全身の配色の推定に挑んでいる。やはりメラノソームを使った研究により、白黒の縞がある翼と、赤褐色のトサカがあることが明らかになった。また、ミクロラプトルでは、ユーメラノソームが整然と並んでおり、構造的に光沢を発していたと考えられている。これらの成果は、じつは驚異的なインパクトをもっている。なにしろ各社の恐竜図鑑で、一部の種とはいえ恐竜が同じ姿で描かれるという、かつてなかった事態をもたらしたのだ。

従来の恐竜アートは、いうなればほとんどが想像の産物だった。確かに一部の恐竜では皮膚やその痕跡が見つかっていた。しかし多くは、恐竜は皮膚す

アンキオルニス
中国遼寧省のジュラ紀後期の地層から発見された獣脚類。恐竜の色の傾向が示されたというニュースで、2010年の恐竜界の注目の的であった。

ら見つかっておらず外見の構造が不明だった。どこにどういう鱗《うろこ》があったのかもわからず、描かれている姿が図鑑によって異なるという状況が普通だった。しかし、羽毛恐竜はその状況に変革をもたらした。羽毛の発見は、まず外見上の形を教えてくれたのだ。そして、メラノソームの研究は、さらに色彩を加えてくれた。

しかし、まだ油断はできない。今のところ確実にわかっているのは、ユーメラノソームとフェオメラノソームの存在と、その並び方だ。しかし、鳥の色彩には、メラニン以外の色素も利用されていることは、前述の通りである。たとえば構造色は、羽毛表面の微細構造による光の干渉が生み出すものだ。カワセミが青く見えるのはこのためだが、このような青い構造色はまだ恐竜では見つかっていない。また、鳥はしばしば皮膚の色をディスプレイに用いる。ニワトリのトサカの赤色は皮膚をすかした血液の色だ。食用に血抜きした個体では、白くなるので、夕食の前に試してみてほしい。このような発色も、化石から見つけるのは至難の業である。

羽毛恐竜の研究は、まだはじまったばかりである。得られている成果は、断片的だが、潜在的な可能性は目の前に洋々と広がっている。ここ十年の羽毛恐竜の発見は期待以上のもので、今後の成果への期待に胸が膨らむ。22世紀頃には、すべての恐竜図鑑の絵が統一されるという前代未聞の事態が待っているかもしれない。それはそれで図鑑を見比べる楽しみが減ってしまい、いささか残念でもある。

今から150年前、シソチョウが発見された頃には、鳥類と恐竜がこれほど緊密な関係になることは予想されなかった。しかし、地道な証拠の積み重ねにより、鳥類が恐竜から進化してきたことは疑いようのない事実となった。今も、続々と羽毛恐竜が見つかっており、鳥と恐竜の関係は着実に強化されている。彼らの関係が明らかになってきた今、次に期待されるのは両者の研究成果のフィードバックである。

いささか残念
科学の進歩は、ロマンに対してときに非情である。まるで同窓会で数十年ぶりに会った初恋の人のように。

第2章◉鳥は大空の覇者となった

鳥は恐竜から進化してきた。その意義は、単なる系統関係の再構築だけにとどまらない。鳥類というグループを把握するにあたって、恐竜という直近の祖先の姿を参考にすることができるということなのだ。この章では、恐竜との相違点をヒントに、鳥類の進化を解釈していきたい。

Section 1 鳥たらしめるもの

鳥は最も身近な野生動物である。しかし、その中で一番身近な鳥がニワトリであるがゆえに、その真の姿が見えづらいところがある。鳥の体の構造、その飛翔に特化したボディープランとメカニズムを検証する。

鳥は翼でできている

鳥の最大の特徴は、空を飛ぶことだ。飛べない鳥もいるじゃないか、なんて指摘は盛り下がるばかりなので、問答無用で門前払いである。ここでは、鳥を鳥たらしめている体の特徴を、確認していきたい。

さて、鳥の体は、飛ぶためにできている。まずなによりも、翼がある。鳥の翼は前肢、すなわち人間でいえば腕に相当す

翼
鳥類または飛行機の前肢で、飛ぶための器官。コウモリの翼指や翼手も翼と呼ぶことがある。

収斂
イルカとサメ、魚竜が似た姿をしているのは、効率よく泳ぐという適応の結果。食虫植物のサラセニアとウツボカズラや、サボテン科とトウダイグサ科の多肉植物などさまざまな生物で見られる。

る部分だ。天使の翼は、腕とは別に背中から生じているので、天使の翼と鳥の翼は別の起源をもつ器官だ。おそらく肩胛骨《けんこうこつ》あたりが翼に進化した他人のそら似だろう。このように、似た機能をもつものが似た形態になることを「収斂《しゅうれん》」と呼ぶ。
サモトラケ島で見つかった勝利の女神ニケの像には、腕がなく翼があるので、鳥の翼と同じかと思いこんでいた。しかし、あれは腕の部分が折れているだけらしい。調べてみると、人型有

ハルピュイア
ハーピーとも呼ばれる。ギリシャ神話に登場する半鳥半人の魔物。

ニケ
ニケはギリシャ神話に登場する勝利の女神。スポーツメーカーのナイキの社名の由来ともいわれる。エーゲ海のサモトラケ島から出土のニケ像は有名。

ニケ　　ハルピュイア

翼文化的生物で、腕の代わりに翼をもつものはほとんどいない。天狗も迦陵頻迦《カラビンカ》もデビルマンも、腕と翼が両方ある。翼だけなのはせいぜいギリシャ神話の怪物ハルピュイアくらいだ。両方を欲する人間はじつに貪欲である。

効率よく空を飛ぶためには、体が軽くなくてはならない。このため、鳥の体は恐ろしく軽量化されている。たとえば、鳥の脚は非常に細い。鳥は、人間でいえば爪先立ちの姿勢で歩いているのだが、かかとから先にはほとんど筋肉がついておらず、骨に直接皮が被っているような状態だ。鳥の趾《あしゆび》は、脚の根元の筋肉からつながる腱《けん》で操作されていて、足先の筋肉は省略されているのだ。足先だけでなく、太ももや脛《すね》も、ダイエットに励むＯＬがうらやむほどスリムだ。翼も、胸筋で発生させた力を、腱を介して伝えることで羽ばたくので、筋肉もあまり多くない。

賢明なる紳士淑女たちは、「ちょっと待てぃ！　信じがたき無知蒙昧《むちもうまい》！　肉屋に行って鶏肉をしかと見よ‼」と思うか

趾（あしゆび） 鳥の足の指は特に趾と呼ばれている。

もしれない。私たちが普段目《ま》の当たりにするリアルな鳥の肉体といえば、なにはさておき鶏肉だ。モモ肉はクリスマスに欠かせないし、手羽元は我が家のおでんの定番で、唐揚げもうまい。いずれにせよ肉がたっぷりなのは事実だ。

しかし、それは鶏肉の特徴であって、鳥肉の特徴ではない。ニワトリは確かに最も身近な鳥だが、品種改良の末に筋肉量が増やされ、なにより空をほとんど飛ばない。このため、空を飛ぶ生物としての特徴が顕著ではなく、飛翔を生業とする鳥類の代表としてはあまりにもふさわしくない。我々にとって最も身近な鳥は、同時に鳥のなかで最も異端な存在でもあるのだ。

さて、ニワトリが否定された今、鳥の肉の色を思い出してもらいたいといわれても、多くの人が困惑するだろう。鶏肉なら、満場一致で淡いピンク色だが、ほかの鳥は思い浮かぶだろうか。グルメで清楚な美女は、カモ肉やハト肉なんかを思い出すにちがいない。そして、脳裏に浮かぶ肉の色は、ピ

おでんの定番
関東ではおでんといえば練り物が主体だが、関西では牛すじや手羽元など、肉類のおでんが見られる。とろとろでとても美味。

鶏肉
我々が食べている鶏肉の主な部位は左図のとおり。

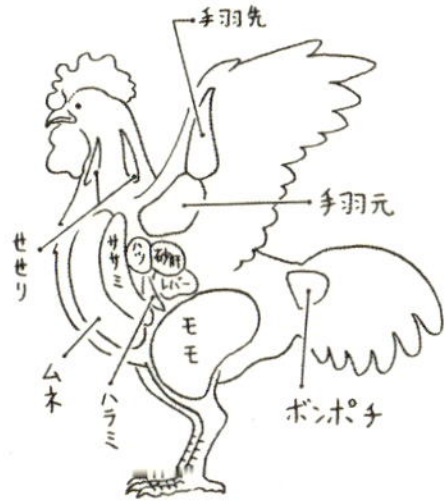

ンクではなく、赤だ。

鳥は、空を飛ばなくてはならない。飛ぶためのエネルギーを発生させるには、酸素が必要である。筋肉のなかには、ミオグロビンというヘモグロビンに似た赤い色素がある。ミオグロビンは、酸素と結びつき貯蔵する性質がある。空を飛ぶ鳥は、筋肉に多くのミオグロビンをもつため、飛翔に必要な酸素を蓄積でき、それゆえに赤い筋肉をもつ。長距離を回遊するマグロの筋肉が赤いのと基本的に同じ理由だ。空を飛ばないニワトリには、ミオグロビンがそれほど必要ないため、肉の色が薄いのである。飛翔を常とする鳥の筋肉は、赤いことを覚えておいてほしい。

では、ニワトリ以外の飛ばない鳥はどうなのか？　素直な疑問だ。ダチョウの肉は真っ赤だ。彼らは飛ばないがよく走るので、運動のためにやはり筋肉にミオグロビンが多い。では、ペンギン。その筋肉は、赤を通り越して深紅を呈する。酸素のない海のなかで長時間泳ぎ回るのだから、飛翔よりも

ニワトリ
キジ科の鳥類。東南アジアに分布するセキショクヤケイから改良されたといわれている。ウコッケイ、チャボなど、さまざまな品種が作られている。有名なブロイラーは本来育成方法であり品種名ではない。

異端な存在
じつは有名な恐竜は、そのグループのなかで異端な存在であることも多い。たとえば、トリケラトプスだけフリルに穴がない、とか、剣竜の多くは、ステゴサウルスのような大きな背中の板はもっていないなど。

さらに酸素が必要なのだ。鶏肉の薄い色は、飛ばないだけでなく、しんどい運動をしないことが原因なのである。

軽い体にはワケがある

鳥の軽量化における最大の特徴は、骨にある。まず鳥の骨の数は少ない。たとえば、かかとから趾のつけ根（跗蹠《ふしょ》）を考えてみよう。人間の足なら、そこには指に連なる足根骨《そっこんこつ》や中足骨《ちゅうそくこつ》など、多数の骨が並んでいる。鳥の跗蹠では、それらの骨が癒合して、一つの骨となっている。このため鳥の趾は人間ほど複雑な動きはできないが、骨の数を減らして軽量化しているのだ。

骨の癒合は、軽量化だけではな

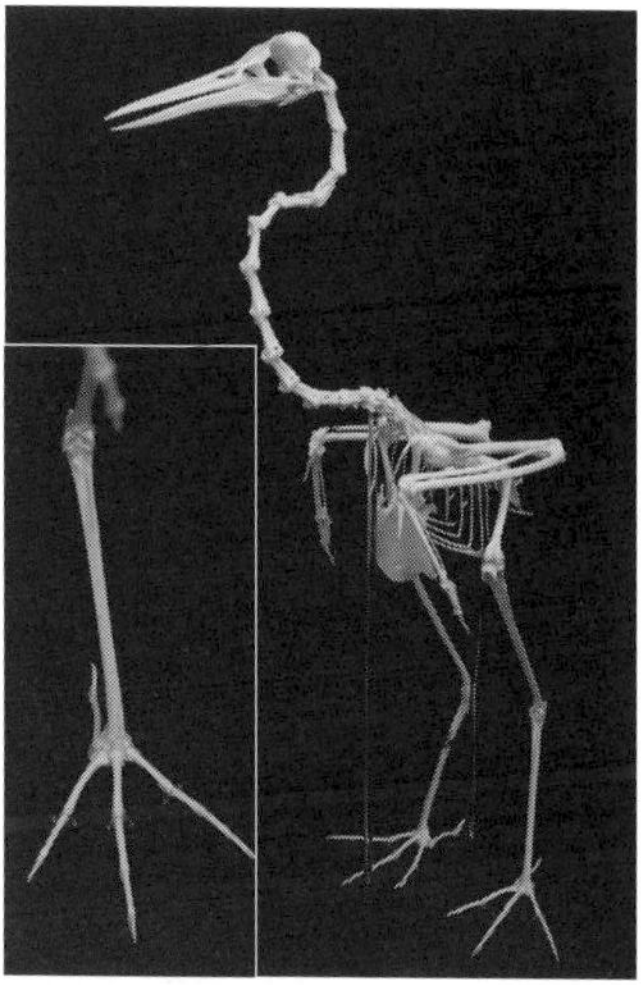

コサギの跗蹠の骨

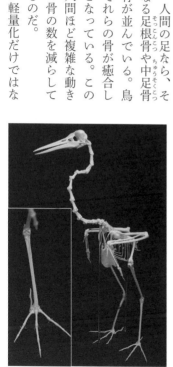

く、頑健性にも役立っている。細く小さな骨の集まりでは、個々の骨は脆弱《ぜいじゃく》だろう。しかし、癒合して一本になると、頑丈な太い骨になる。少し教訓めいたよい話だ。骨の省略は、跗蹠だけではない。腰にある椎骨はまとまって複合仙骨となっている。手首から先の骨も多くの骨が癒合して、手根中手骨《しゅこんちゅうしゅこつ》という頑丈な骨になっている。骨の数を減らすことで、軽量化と頑健性を達成するという設計思想である。

工夫はそれだけではない。骨を中空にする努力もしている。私の上腕骨を切ってみよう。まず骨の壁自体がぶ厚い。そしてその内側には骨髄がつまっており、結果としてズッシリ重くなる。

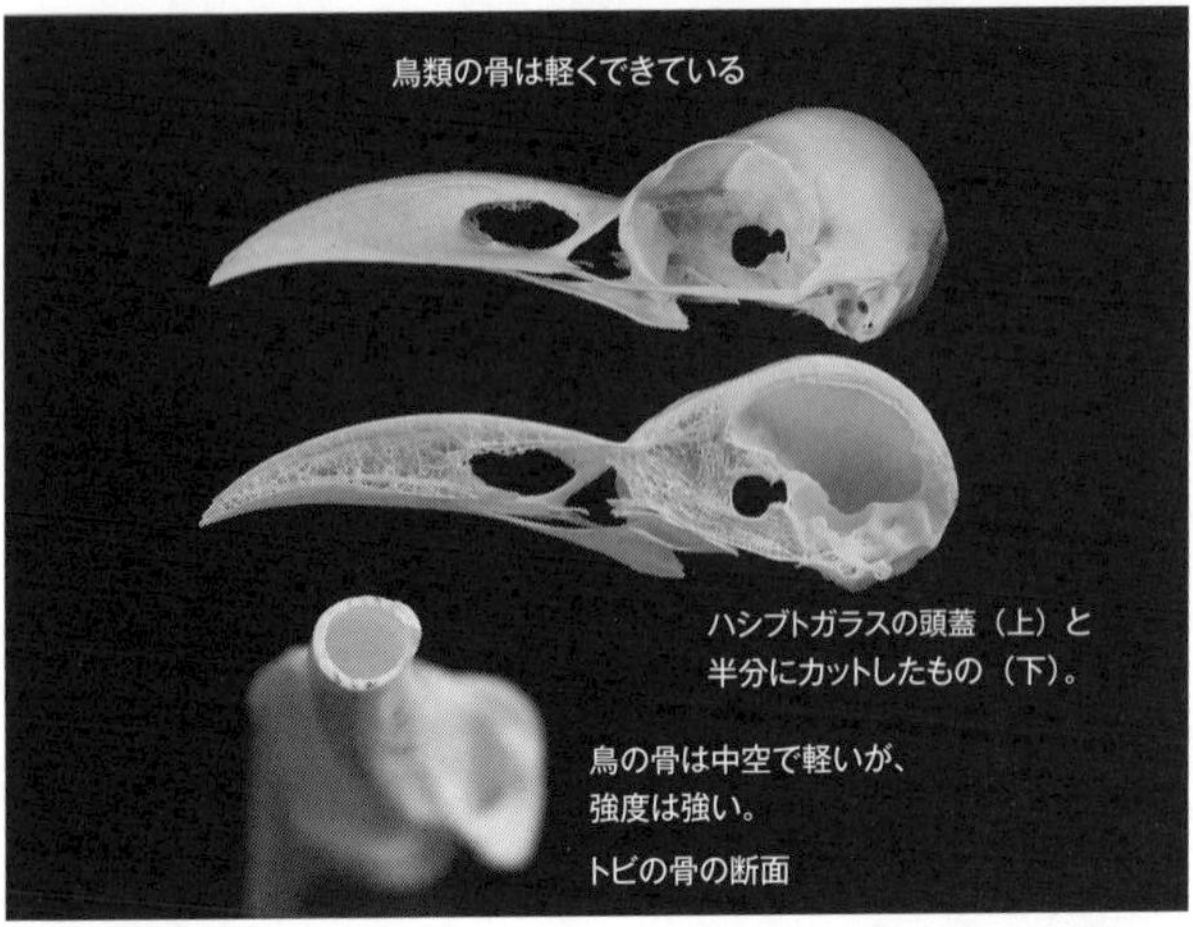

鳥類の骨は軽くできている
ハシブトガラスの頭蓋（上）と
半分にカットしたもの（下）。
鳥の骨は中空で軽いが、
強度は強い。
トビの骨の断面

しかし、鳥の上腕骨は基本的に壁が薄く中空だ。この骨のなかには気嚢が入りこんでいる。気嚢とは、鳥の体のなかにしこまれた風船のようなもので、頸や腹など体内の随所に配置されている。薄い膜の内側に、空気が取りこめるようになっており、軽量化に役立つのだ。

試しに、手元にあるモモイロペリカンの上腕骨を計測すると32センチで42グラムだ。これに対してイノシシは17センチで113グラムだった。鳥の骨の軽さがわかってもらえるだろうか。

軽量化の努力はくちばしにも見られる。ハシブトガラスの太いくちばしも、切るとなかは空っぽで、海綿骨《かいめんこつ》と呼ぶささやかで繊細な骨がふわふわしているだけだ。サイチョウという鳥には、くちばしの上に、サイの角を彷彿《ほうふつ》とさせる大きな飾りがついている。これも、なかは空っぽで軽量。彼らの肩がこる心配はないので大丈夫だ。

教訓めいたよい話
戦国時代の安芸広島の領主で中国地方を席巻した大大名といえば毛利元就である。二本の矢の逸話で有名なように、一族の結束を重要視した。

サイチョウ
東南アジアの森林にくらす鳥。雌雄ともに鮮やかな大きなくちばしをもつ。

成長する鳥、成長しない人間

鳥の特徴は、彼らの成長の過程にも隠されている。鳥は卵を産む。これは、空を飛ぶものにとって有利な性質だ。卵生の場合、受精卵をとっとと体外に出すことで、早期に軽量化することができる。もし鳥が胎生だったらそれはなかなかの苦労である。ある程度の大きさまで成長させてから、巣立ち、じゃなくて「腹立ち」させるのでは、体が重い期間が長く、飛翔者には不利だろう。実際に、卵を産まず胎生を維持しているコウモリは、不利が崇《たた》ったような生活をしているではないか。

鳥の成長に関する重要な特徴は、そのスピードの速さである。たとえば、メジロなんて、卵から孵《かえ》って2週間で親と同じ大きさになってしまう。彼らの寿命を5年とし、ヒトの寿命を80年とする。単純計算だと、ヒトが8か月で大人サイズ

不利が崇ったような生活
コウモリは普段、頭を下にしてぶら下がっているが、出産時には前肢の爪でぶら下がるなど、苦労している。小型のコウモリでは主にねぐらに子供を残して採餌に行くが、オオコウモリでは子供を抱いたまま飛んでいくことが知られている。

になるようなものだ。成長の早さは、飛翔生活には有利な性質である。もちろん、鳥は十分なサイズに成長しないと飛ぶことができない。飛べない期間が長くなれば、それだけ捕食者に襲われやすくなる。飛翔生活に至るため、大人の階段を一足飛びで登って行かなければならない。ちなみに南大東島《みなみだいとうじま》にすむメジロでは、生後約半年で繁殖した例もある。こちらも単純計算するとヒトなら8歳だ。ともあれ、鳥の成長が非常に速いことだけ覚えておいてほしい。

鳥の進化は、重力との戦いの歴史である。全身を覆う羽毛や、骨がなく羽毛だけでできている尾も鳥の特徴だ。これらも、飛翔ととても深い関係がある。鳥は、羽毛をもったからこそ、翼を発達させることができたといえる。軽い尾は、飛翔時の姿勢調節の機能を維持しながら軽量化に貢献する。くちばしをもつことや、二足歩行をすることも、鳥の特徴だ。

現代に生きる動物だけを対象とすると、鳥は、ほかの動物とはまったく異なる形質をもっている。だからこそ、人は鳥が鳥だとわかり、見分けることができる。「翼があり、肉にミオグロビンが多く、骨が軽量化され、卵を産み、成長が早く、羽毛があるもの、なーんだ」と問いかければ、幼稚園児だってそれが鳥のことだとわかる。なにか引っ掛け問題なんじゃないかと勘ぐりたくなるほど、わかりやすい。

しかし、恐竜が祖先だったことがわかり、鳥の鳥らしさの独自性はあやふやになってくる。鳥が恐竜から進化するとき、突然現代の鳥が現れたわけではない。それぞれの特徴がゆっくりと時間をかけて進化してきたはずで、典型的な恐竜と、典型的な鳥の間には、連続的な変化があったにちがいない。このため、進化の途中段階を考えると、どの形質が鳥の特徴なのかを指摘することは意味がなくなってくる。

次は、鳥のさまざまな特徴が、どのように進化してきたのかを考えていこう。

Section 2
羽毛恐竜は飛べるとは限らない

羽毛の存在は、もともと飛翔のためではなかった。初期の羽毛は、飛ぶための機能をもつほど複雑な形態ではなかった。羽毛は恐竜にどのような利点をもたらし、どのように飛翔するまでに進化したのかを探る。

羽毛の進化はなんのため?

現在世界に存在する動物のなかで、鳥を際立たせているものはなんだろうか。翼は、コウモリだってもっている。くちばしは、魚にだって似たような口のやつがいる。二足歩行は、人間だってやっている。卵は、カモノハシだって産んでいる。鳥を鳥たらしめているのは、なにを隠そう羽毛である。誰がなんといおうと羽毛である。

羽毛は、ケラチンというタンパク質でできている。人間でいえば、髪の毛や爪と似たような素材だと思ってもらえればよい。羽毛は、爬虫類の体を覆っていたウロコと同じ起源からできたものと考えてもらいたい。すべての鳥には羽毛が生えている。ダチョウのように地上を走り回ろうが、ペンギンのように海を泳ぎ回ろうが、みんな羽毛が生えており、羽毛をもたない鳥は存在しない。

羽毛は、なによりもまず飛翔に欠かすことができない大切な器官である。翼に生えた長く大きな風切羽は軽くて丈夫で、羽ばたきや滑空により揚力を生み出し、鳥が自在に空を飛ぶ原動力となる。現代の鳥にとっての羽毛は、なによりもまず空を飛ぶための道具である。

現生動物において羽毛をもつのは鳥類だけであり、鳥類独特の器官だと考えられていた。そして、かつては恐竜が羽毛をもつとは考えられていなかった。しかし、鳥の祖先となる獣脚類の一群であるコエルロサウルス類の恐竜たちからも、

ケラチン
硫黄分を含んだタンパク質の一つ。ウシの角の鞘やサイの角もケラチンでできている。

コエルロサウルス類
獣脚類の1グループ。鳥類はこのグループから進化したと考えられている。

羽毛の化石が見つかるようになってきた。最近では、新たな化石の発掘により、コエルロサウルス類のみでなく同じ獣脚類であるメガロサウルス類のスキウルミムスなどについても、原始的な羽毛と見られる化石が見つかってきている。また、獣脚類だけでなく、鳥との類縁関係が遠い鳥盤類のティアニュロングでも、羽毛に似た器官の化石が見つかっている。

　鳥にとって独特の特徴だと思っていた羽毛は、恐竜時代に発達したと考えられるようになり、現在の恐竜学のなかでは、多くの恐竜に羽毛が生えていたことは共通認識となってきている。じつは羽毛は、鳥類だけではなく、さまざまな恐竜にとって普通の器官だったかもしれないのだ。

　現代の鳥類にとって羽毛は、空を飛ぶために必要不可欠な部品である。しかし、最初から空を飛ぶための道具として進化したわけではないだろう。今では飛翔に適した羽毛をもつ鳥類だが、祖先は空を飛ぶことができない獣脚類の恐竜であった。恐竜が進化のなかで羽毛を獲得したとき、初期の羽

ティアニュロング
中国で発見された全長70センチほどの鳥盤類。化石の尾の部分より、繊維状の構造が見つかっている。

毛は飛翔に使えるようなしっかりとした器官ではなかったはずだ。もちろん、将来子孫が進化して空を飛べるようになることを予見して、その時点では役に立たない羽毛を発達させはじめたというわけではない。初期の羽毛は飛翔のためではない、別の理由で進化してきたと考えられている。

鳥の体は体羽に覆われており、体全体を怪我や衝撃、寒さなどから守っている。外からは見えないが、その下には綿羽と呼ばれる綿毛のような羽毛が生えており、保温の役割を担う。そして、羽毛にはさまざまな色がついており、ときには捕食者からのカモフラージュのため、ときには繁殖のディスプレイのためにも活躍する。じつは、このような飛翔以外の機能こそが、初期の羽毛がもっていた機能だったのだろうと考えられている。

最初は、飛翔以外の機能のために進化してきた羽毛の一部が、だんだんと大型で丈夫になることによって、それが飛翔にも役に立つものになってきたのだろう。このように、進化

羽毛の進化

羽毛は単純な突起から、複雑なものに進化してきた。

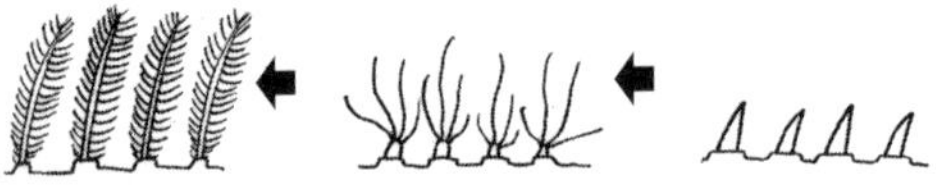

の結果としてある機能をもったものが、その前の段階では異なる機能に適応して発達していた場合に、この元の状態を指して「前適応」と呼ぶ。

これまでの化石証拠では、特に小型の恐竜において羽毛が見つかることが多かった。体の小さな生物は、体温維持により多くのエネルギーが必要になる。このことを考えると、初期の羽毛は体の保温を主な機能として進化してきた可能性が高い。ただし、最近の中国からの発掘では、ユウティラヌスと名づけられた大型の恐竜でも原始的な羽毛の痕跡が見つかっている。この恐竜は、体長9メートルと推定された大型のティラノサウルス類の一種である。ユウティラヌスが生きていた白亜紀初期は、比較的気温が低い時代だったともいわれる。また、地域によ

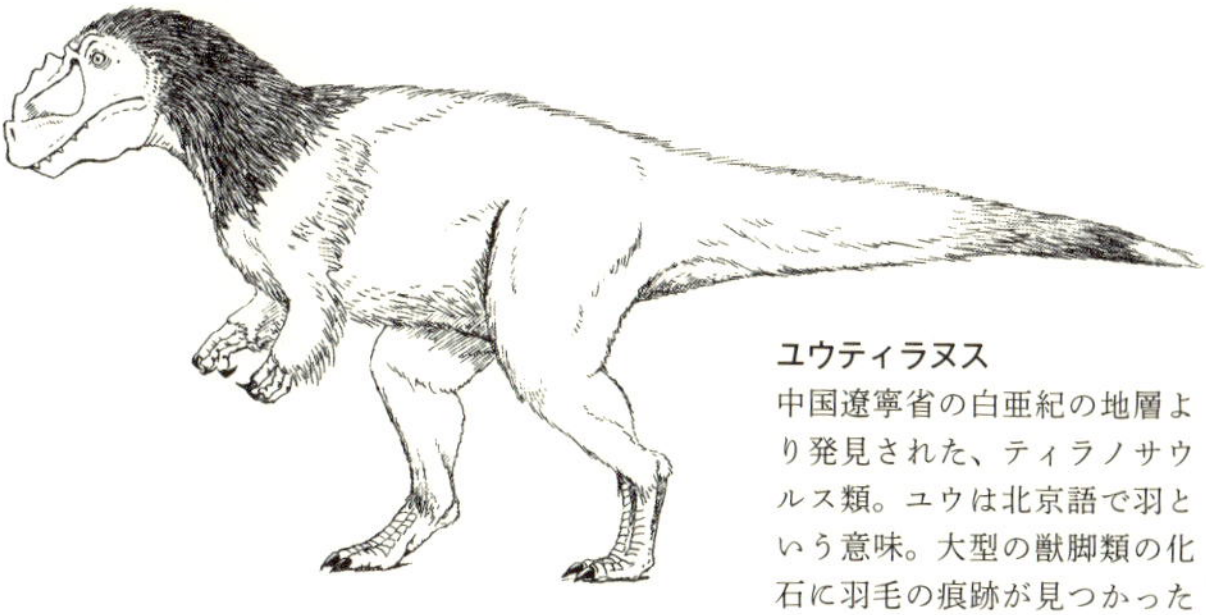

ユウティラヌス
中国遼寧省の白亜紀の地層より発見された、ティラノサウルス類。ユウは北京語で羽という意味。大型の獣脚類の化石に羽毛の痕跡が見つかったという点で、2012年の大きな話題になった。

って寒暖のちがいもあっただろう。もしかしたら、保温だけでなく抱卵《ほうらん》やディスプレイなど、別の機能ももっていたかもしれない。生物の器官や行動が、複数の意義をもって進化することは珍しいことではない。

世界で最も有名で人気のある恐竜ティラノサウルス・レックスはどうだったのだろう。この暴君恐竜の原始的な仲間、グアンロンなどの化石からも羽毛が見つかっていることから、この種も羽毛があっただろうと考えられることがある。その一方で、ティラノサウルスほど大型の恐竜では、保温のための羽毛は不要だったとも考えられている。このような事情もあり、ティラノサウルスは子供時代のみ羽毛が生え、親になるとウロコに覆われている姿で描かれることがある。体サイズが小さい間は、保温のために羽毛があり、体が大きくなると体温を維持しやすくなるため羽毛がなくなるということは、それなりに説得力のある説ではあるが、まだ想像の域を出ていないことを忘れてはならない。

グアンロン
中国で発見された獣脚類。全長約３メートル。頭部や歯にティラノサウルスの仲間の特徴を示すが、指が３本であることなど、原始的な特徴も備えている。

羽毛は誰のものなのか

羽毛の進化がたった1回だけ起こり、その後の子孫がすべて羽毛をもっているのか、異なる系統で何度も羽毛をもつ進化が起きたのか、真実はまだ不明だ。よく、進化というのは単純な1本の線上で語られることが多いが、実際の進化はより複雑である。枝葉のように分かれ、進化しては環境に適合できずに生命の歴史上から姿を消していく形質が多々ある。獣脚類でしか羽毛が見つかっていなかった頃には、恐竜から鳥類に連なる系統のなかで、羽毛が一度だけ進化したものと考えることが一般的に認知されていた。しかし、最近では鳥盤類でも羽毛状の構造が見つかっているため、羽毛が一度だけ進化をしたと考えると、恐竜は鳥盤類と竜盤類が分岐する前の非常に原始的な時代にすでに羽毛をもっていたことになってしまう。迷える子羊たる私たちは、どう考えればいいのだろう。

最近の恐竜の復元図を見ると、多くのコエルロサウルス類が羽毛の生えた姿で描かれている。コエルロサウルス類とは、ティラノサウルスや現生鳥類に連なる恐竜たちを含む仲間である。ただし、すべてのコエルロサウルス類において羽毛があったことが確認されているというわけではない。この仲間のなかでも、比較的古い時代に枝分かれしたディロングの化石において羽毛が見つかっていることから、それ以後に進化したものはすべて羽毛があると考えられているのである。前述のティラノサウルスの幼体も、この前提の元に描かれている。

序章でも述べたが、進化は「節約的」に考えることがルールとなっている。いろいろな種類で同じ進化が何度も独立して起きたと考えるより、共通の祖先が一度だけ進化したと考える方が、より確からしいという考え方だ。進化は偶然の産物なので、偶然同じことが何度も起きる可能性は低いというわけである。このため、古い時代の恐竜に羽毛が見つかると、それ以後の子孫はみな羽毛をまとった姿に描かれることになるのだ。

ただし、実際の鳥を見ていると、場合によっては同じような進化が何度も起きることもある。たとえば、足に水かきのある鳥を思い浮かべてもらいたい。人により、カモ類、アホウドリ類、カモメ類など、いろいろな鳥が

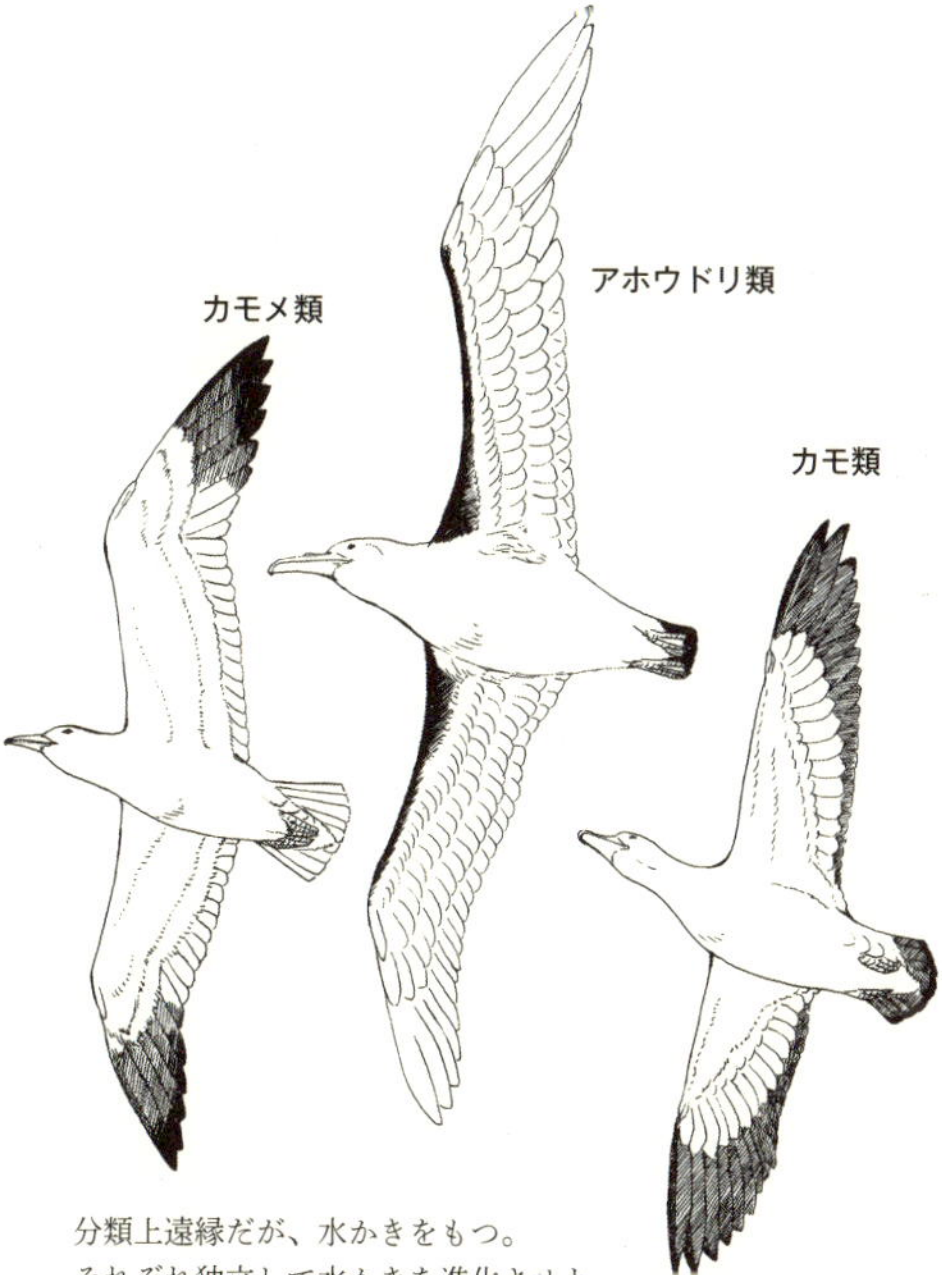

分類上遠縁だが、水かきをもつ。
それぞれ独立して水かきを進化させた。

頭に浮かぶだろう。この3つのグループは、系統的にはまったく異なるグループであり、それぞれが独立して水かきという器官を進化させてきたものと考えられる。このように、条件さえそろえば同じ進化が何度も起きることだってある。羽毛は、体を守るために非常に役に立つ優秀な器官である。このような有用な器官は、長い恐竜の進化の歴史のなかで、複数回生じることもあるかもしれない。何十回も起きたとはいわないが、別系統で数回くらいなら多くの人に我慢してもらえるのではないだろうか。

もちろん、コエルロサウルス類のなかで、羽毛が進化した回数が1回だけというぐらいであれば、比較的素直にうなずける。しかし、恐竜が鳥盤類と竜盤類に分岐する以前に羽毛を獲得していたとなると、ちょっと保守的になってしまう。だいたい、恐竜時代は約1億5千万年もの期間にわたっているのだから、同じような偶然が何回か起こっても不思議ではないだろう。昔の話だが、旅先で何気なく声をかけた妙齢の

体を守るために優秀な器官
某有名避暑地の池に、たびたび脱走を企てるコブハクチョウが飼われていた。あるとき、軽トラと衝突した場面に出くわしたが、ちょっとびっくりしたくらいで平然としていた。羽毛と脂肪はあなどれない。

女性が、偶然大学の教官の娘だったことがある。短い人生のなかでそんな偶然が起こる世界なのだから、1億5千万年あればいろいろあったはずだ。

一方、すでに存在する器官を失うことは、新たな器官を獲得することよりも容易である。よく退化という言葉で表現されるが、これもまた退行的進化という進化の側面の一つだ。たとえば、飛翔性と共に胸骨の竜骨突起を小型化または消失させる系統は、ダチョウだけでなくクイナなどの仲間で後を絶たない。同様に、一度獲得した羽毛を体の一部または全部から退化させた恐竜がいても、まったく不思議ではないだろう。特に、初期の羽毛が保温性のために進化したのだとしたら、大型種ではその用がなくなったとしても別段おかしくはない。獣脚類のカルノタウルスでは、皮膚の印象化石からゴツゴツとした皮膚をもっていたことがわかっており、祖先に羽毛まみれのものがいたからといって、子孫までおめおめと従う必要がないことを示している。

クイナ
日本が誇る飛べない鳥ヤンバルクイナが有名だが、クイナの仲間には飛べないものが多く、また飛ぶのが不得手なものも多い。それなのに、世界中に分布している不思議な鳥。

カルノタウルス
白亜紀前期に南アメリカにくらしていた獣脚類。名前の意味は「肉食のウシ」。鼻面の短い頭にはその由来である2本の角がついている。

進化を考える上で、どんなことでも起こり得ると考えると御伽話となってしまう。しかしだからといって、いつもいつも最も合理的かつ節約的に考える必要はない。生物進化の実像に迫るためには、節度あるバランス感覚をもって単純な合理性の向こう側にある真実を探求していく必要があるのだ。

羽毛が羽毛らしいとは限らない

ここまで羽毛、羽毛と書き散らしてきたが、一般に羽毛と聞いて想像するのは、葉っぱみたいな形をしたものだろう。真ん中に軸があって、その両側に平たい部分が広がっているやつだ。現生鳥類において、空を飛ぶのに使っているのは、確かにこのような形をしたものだ。しかし、羽毛恐竜が見つかった！とニュースになっているものには、じつはそれほど「羽毛っぽくないもの」が多数含まれている。

コエルロサウルス類のユウティラヌスでは、15センチにもおよぶ長い羽毛が発見されて話題になった。しかし、これは毛のような筋状のもので、原文ではフィラメント（繊維）様の羽毛と表現されている。「ほら、羽毛が見つかったよ！」と興奮気味に見せられても、普通の美人は「ホントだ！　素敵！　結婚しましょう！」とはならず、微妙な表情を浮かべて愛想笑いをしてしまいそうな形状だ。鳥盤類のティアニュロングで見つかったのも、同様に毛のような繊維状のものだ。多くの羽毛恐竜を擁するコエルロサウルス類の一種シノサウロプテリクスは、中国語で中華竜鳥と書かれ、いかにも鳥っぽいイメージを期待させる。しかし、ここで見つかっているのも、軸のない繊維状のものである。いわゆる羽毛らしい羽毛が見つかっているのは、基本的により鳥に近縁なマニラプトル類より進化したものに限られている。

　つまり、羽毛恐竜といっても、多くの場合は、現生の鳥類がまとっているような、あったかほわほわとした羽毛に包まれているわけではない。どちらかというとぼさぼさとした毛

羽毛の形いろいろ

現生の鳥類もいろいろな種類の羽毛をもっている。

が生えている姿をイメージしてほしい。羽毛といっても、まずは、毛のような繊維状のものが生まれ、進化的な時間を経過した結果、段々とほわほわしてきたというのは、想像できるだろう。

現在の羽毛のような複雑な器官が、何度も進化してきたとは考えにくい。しかし、原始的な糸状の器官であれば、独立して複数回進化していたとしてもそれほど不思議ではない。これまでの化石証拠の状況を考えると、いくつかの恐竜で、原始的な羽毛をもつ種が生まれたが、そのなかから現在の羽毛のような複雑な器官を発達させたのは、コエルロサウルス類のマニラプトルの仲間より新しい種のみだったというぐらいが、しっくりいく気がする。また、繊維状の原始羽毛は現生羽毛に比べて機能も少ないため、無用の長物として退化させてウロコに戻った系統も多数いたはずだ。より古い近縁種で見つかっているからといって、見つかっていない恐竜まで羽毛にくるんでしまわなくてもよいのに、と思う今日この頃である。

図鑑で描かれる図は、文章よりも心に残る。むやみに羽毛に包まれた姿を見続けるとついつい洗脳されてしまうので、要注意である。とはいいつつも、羽毛が一度だけの進化をしたと考えることを否定する堂々たる根拠があるわけではない。単にまだ気持ち的に受け入れられないだけかもしれない。現代は、恐竜の羽毛に対する認識が変わりゆく過渡期にあるといえる。羽毛に関する化石は今後も無闇矢鱈《むやみやたら》と蓄積されていき、そのうち恐竜は出現初期から羽毛に包まれていたことが示されるかもしれない。いずれ充分な化石証拠がそろった暁には、本当は最初からそう思ってましたよと自信満々に手のひらを裏返す準備もまた万端である。

Section 3

二足歩行が鳥を空に誘った

恐竜の特徴である二足歩行は、鳥類の大きな特徴でもある。二足歩行と飛翔との間には、深いつながりが見いだせる。立ち、歩き、そして飛び立つまでになにが起こったのだろうか。

鳥と恐竜、どうちがうか

私の大学の後輩に、理学部の人類学教室に所属しながら鳥の歩行について研究していた藤田祐樹君という人物がいる。彼の研究発表ではいつも「人類と鳥類は、共に二足歩行である」という前置きからはじまっていた。現生の脊椎動物において、日常的に二足歩行を行うのはヒトと鳥類とカンガルーとエリマキトカゲぐらいのものであり、動物の運動を考える

直立二足歩行

まぎらわしいのだが、恐竜の本にはときどき、脚が体からまっすぐ下に伸びることを称して「直立二足歩行」と書いてある。しかし、これは脚と体幹を垂直にして歩くことなので、恐竜にはあてはまらない。

上では重要な共通点である。そして、恐竜も基本的に二足歩行を行う動物だ。四足歩行を行う恐竜も確かに多く、アパトサウルスやトリケラトプス、ステゴサウルスなど、有名どころがいくらでもいる。しかし、恐竜はもともと二足歩行の共通祖先から進化し、そのなかから四足歩行のものが二次的に進化してきたと考えられている。最も原始的な恐竜としては、ヘレラサウルスやピサノサウルスなどがいるが、彼らはすでに二足歩行だったと考えられている。首の長い四足歩行の竜脚類でも、体重の大部分は後肢にかかっていたと考えられており、その点で二足歩行の面影を残している。二足歩行は、鳥類と恐竜の大いなる共通点なのだ。

　鳥は恐竜から進化してきているので、その間は連続的であり、鳥と恐竜のちがいをバッサリと分かつことはできない。鳥になる直前の恐竜は、すでに鳥っぽい特徴をもっていたであろうし、鳥になった直後の鳥は、まだ恐竜っぽい特徴を残していたと考えられる。しかし、いわゆる鳥と、いわゆる恐

カンガルー
オーストラリアに生息する有袋類。二足歩行といっても、両足をそろえて飛ぶ跳躍であり、足を交互に出すわけではない。マダガスカル島にくらすキツネザルの仲間ヴェローシファカも地上を二足で移動するが、彼らの主な生息場所は樹上なので、日常的な行動ではない。

エリマキトカゲ
オーストラリアやパプアニューギニアに生息するトカゲ。一属一種である。主に樹上性だが、移動のときなどに地上に降りて直立して走る。1984年に自動車のテレビコマーシャルに登場し、一大ブームを巻き起こした。

竜の間には、多くの相違点と共通点があるといえる。鳥と恐竜の最大の相違点は、鳥が空を飛べることにあるといっても、それほど大きな反対意見はないだろう。誰がなんといおうと、飛行こそが鳥を特徴づける最大のポイントである。そして、鳥が空を飛ぶように進化したことは、そもそも祖先である恐竜が二足歩行動物であったことと大きな関係があると考えられる。

「鳥は空を飛ぶことを選んだため、ものを扱うことのできる便利な道具である腕を犠牲にして進化した」といわれたら、信じるだろうか。私は、あまり信じていない。鳥の祖先が自由にものを扱うことのできる器用な腕をもっていたなら、そこから得られる利益はとても大きかっただろう。大きな利点があったなら、それを犠牲に翼を進化させることなんかはなかったはずだ。もし目の前の池のなかから女神様が現れて、「今のままの腕と、空を自由に飛べる翼と、どちらでも好きな方をあげましょう」といわれたら、私は迷わず今のままの腕を選ぶ。もちろん、「腕はそのままに背中に翼をつけてあげましょう」といわれれば、そちらを選ぶ。なにしろ、この器用な腕がなければ、ポテチも食べられないし、ピアノも弾けないし、不便きわまりない。

先に述べた通り、人が過去に描いた人型有翼生物のほとんどが、翼と共に腕を維持している。このことも、腕という有用物が翼と等価交換するには価値が高すぎることを裏づけている。

今でこそ翼は自

ピアノ
正直にいうと、筆者はピアノはもともと弾けないのだが、それはまた別の話だ。

女神様は問う。翼か腕かと。

由に空を飛ぶことのできるとても便利な道具だが、進化の初期には少し滑空を助けてくれる程度の、つまり落下する速度を少し遅らせてくれる程度の、ちょっとした補助器具としての機能しかもっていなかっただろう。鳥類直前の先祖が、もしとても便利で器用な腕をもっていたとしたら、初期の翼を得ることは、その機能を損なってまでも、あまりある価値を与えてはくれなかったと考えられる。もちろん、器用さはそのままに、徐々に翼の機能を付加してきた可能性もあるが、器用であればあるほど、その便利さは退化しにくかったはずだ。

人間の腕は、二足歩行をすることで歩行器官としての役割から解放された。このことにより、私たちは自由に手を使ってさまざまな道具を作り出し、現在に至る栄華を極めることができた。これは、人間が「直立」二足歩行をしているということと関係があるだろう。二足での姿勢を維持するためには、両足の接地部分に囲まれたエリアの近辺に重心がなければならない。そうでないと転んでしまう。そして、足と足の間の上に体重の主な部分が乗っている方が、バランスがよいと考えられる。人間は直立しているため、胴体や頭などの主要な器官が足の間の直上にある。そして、肩から下に生えた腕も胴の間際にあるため、真上から見ると体全体がだいたい両足幅の上に乗っている。このため、それなりの質量をもった立派な腕を進化させることができたと考えられる。

　同じ二足歩行とはいえ、恐竜の体は直立していない。足に対して胴体が横向きになっている。このため、人間とは重心に対する体のバランスが異なっている。足の前側には胴体と頭が伸び、その重さとバランスをとるための尾が後ろ側に伸びているのだ。そして、鳥の直接の祖先となる獣脚類の仲間のなかには、腕が退化して小さくなっているものが確認されている。世界で最も人気のある恐竜であるティラノサウルスは、代表的な獣脚類であるとともに、腕が小さいことで有名だ。その小さな腕の機能については、獲物を食べるときの補

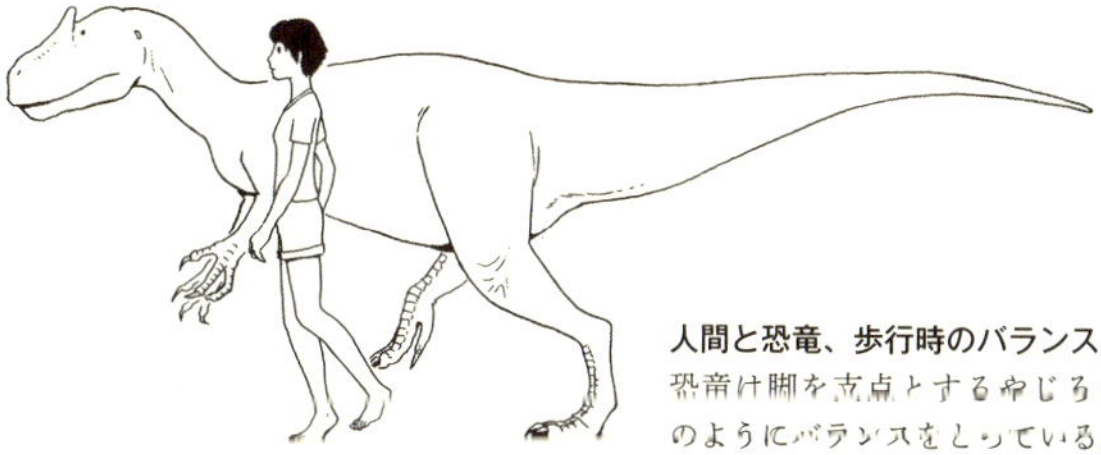

人間と恐竜、歩行時のバランス
恐竜は脚を支点とするやじろべえのようにバランスをとっている。

助的な道具だの、地上から立ち上がるときの支えにしただのといろいろな説があるが、なにしろ小さくてたいした役には立っていなさそうなことが想像できる。また、モノニクスでは、腕が短く退化すると共に指の数も少なくなり、役に立つ指はたった1本しかなくなってしまった。これもアリの巣を壊すのに役に立ったとかいわれることがあるが、とうてい器用とは見え難く、将来性の乏しい器官として退化している方向性が見て取れる。

機敏な二足歩行をするためには、重心から遠いところに余計な器官がぶら下がっていては、バランスを保つために得策とはいえない。彼らは、ものをつかんだり引きちぎったりする腕の機能を、発達した口に委ねることにより、重心を維持する上で邪魔となる大きな構造物、すなわち腕を退化させていったのにちがいない。人間は前述の通り、恐竜から比べると、体サイズに比して大きな腕をもっている。しかし、近縁の類人猿と比べると腕は小さいというのが事実だ。これは、腕が大きすぎると走行時に重心が安定せず、効率的な運動ができないため、エネルギーを効率的に使うために軽量化したものと考えられている。二足歩行の進化は、同時に腕の小型化を促進することになるのである。

鳥の祖先が獣脚類のなかから枝分かれしてきたのは、獣脚類たちが積極的に前肢を小型化させていくよりも古い時代と考えられる。獣脚類では、もてあます前肢への対処方法として、小型化と翼化の二つの道筋があったということだ。つまり、鳥の祖先は、翼をもつことと引き替えに腕という便利な重要器官の機能を失ったのではなく、体のバランスを保つために退化していく腕という黄昏《たそがれ》の器官を、飛翔という別の用途に転用していったのではないかと考えられる。鳥が空を飛ぶという偉業を成し遂げることができたのは、不要器官のリサイクルというちょっとエコな感じのする進化の道をたどったからなのだ。

Section 4

シソチョウ化石のメッセージ

鳥類と恐竜を結びつけるきっかけとなった化石鳥類シソチョウ。この恐竜と鳥類の特徴を併せもつ生物を調べると、見えてくるものがある。シソチョウの化石に秘められた古代のメッセージをひもとく。

シソチョウ的代理戦争

シソチョウは、世界で最も有名な化石鳥類である。試しにシソチョウを世界最大の検索サイトで検索したところ、ヒット数は約58万ヒットだった。私が心血を注いで研究してきた対象、小笠原諸島の固有種のメグロでは……約57万ヒット。これには目黒製作所の作っていたバイクのメグロや、東京の地名も含まれて水増しされているだろうに、負けてしまった。

じつに悔しい限りである。なお、ニワトリでは１０３万ヒット。つまり、シソチョウは、我々が毎日顔を合わせている超メジャー家禽《かきん》の半分以上の知名度をもつのだ。ちなみにこれまでに論文として発表されているシソチョウの骨格化石は10個体でしかない一方で、ニワトリは日本では１日に推定２５０万個体ほど消費されている。１個体あたりのヒット数では、シソチョウ５・８万ヒット、ニワトリ０・４ヒットで、シソチョウの圧勝だ。

　シソチョウは、鳥と恐竜の関係を最初に気づかせてくれたという点で、非常にシンボリックな鳥である。10個体の標本はすべてドイツのゾルンホーフェンで、約１億５千万年前の地層から見つかっている。その全長は50センチ程度だが、長さの約半分は尾だ。風切羽の生えた翼が印象的で、現生鳥類ではすでに退化した指が翼角《よくかく》の位置についている。くちばしはなく歯があり、尾にも骨があるのは、恐竜の形質を引きずっている証拠だ。

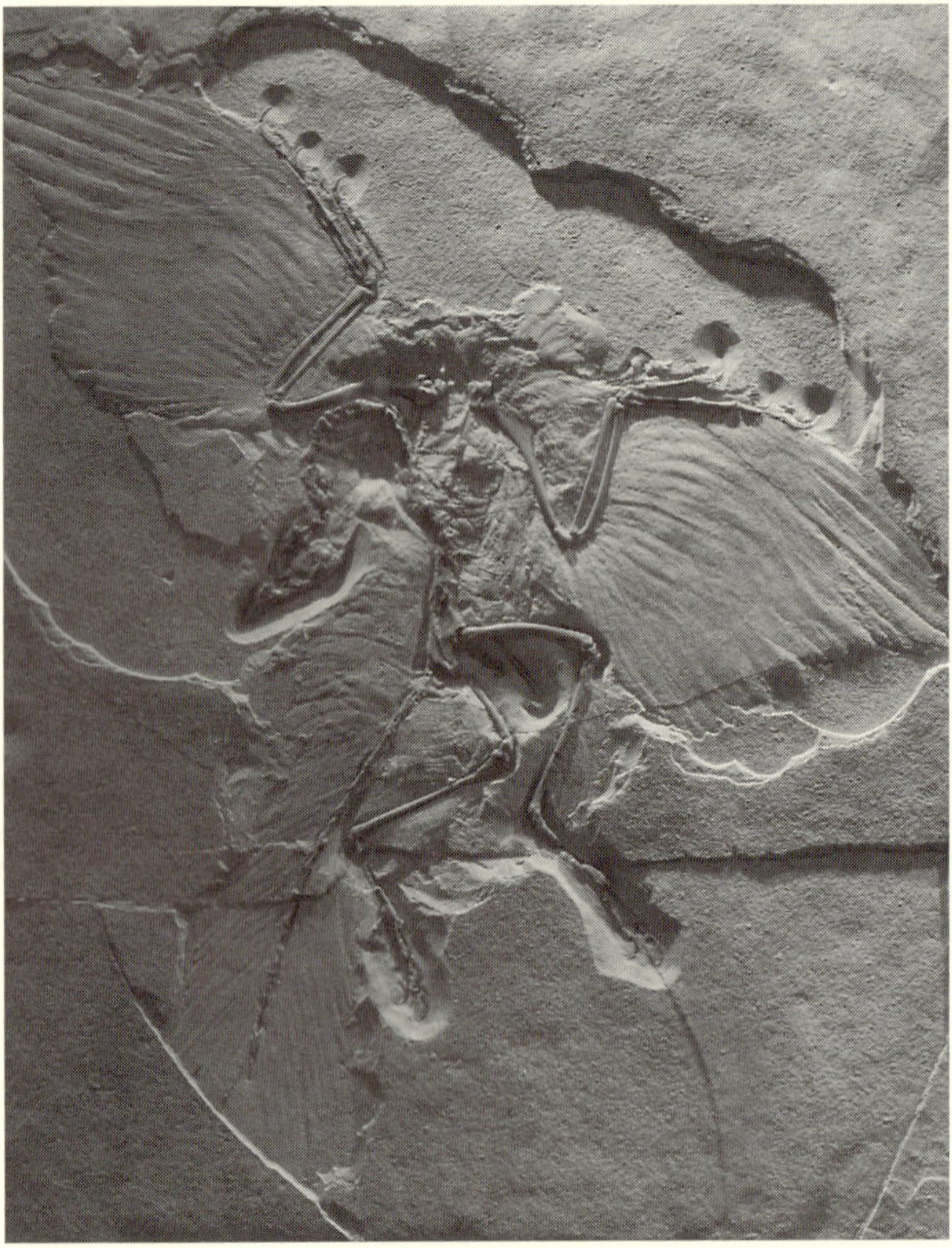

シソチョウ

いわずと知れた始祖鳥のこと。属名はアルカエオプテリクス。近年、現生鳥類の直接的な祖先ではないと考えられている。最近は後発で発見された羽毛恐竜や化石鳥類に人気がうばわれた感があるが、指標的役割があるのには変わりない。

シソチョウは、恐竜から鳥への過渡的な形質をもった原始的鳥類である。ただし、これが現生鳥類の直接の祖先であったと考えられているわけではない。シソチョウは、現生鳥類との共通祖先から分岐した別のグループの鳥類と考えられている。

過去150年にわたり、シソチョウが大いに注目され、論争の的になってきたことはご存知だろう。シソチョウは、最も古い鳥類の一つとされている。このため、この鳥を調べることにより、鳥類の進化史をひもとくことができると考えられているのだ。最近では、シソチョウが登場する以前に、すでに翼をもった羽毛恐竜が登場していたことがわかっている。たとえば、アンキオルニスなどがそうである。しかし、その発見の歴史的価値の高さも手伝って、シソチョウの注目度は非常に高く、その標本を用いた研究が精力的に行われてきている。

特に、シソチョウが空を飛べたのか、そして樹上利用をしていたのか、ということがしばしば争点になる。その背景には、鳥の祖先が地上生活から直接飛行生活に入ったのか、樹上利用するようになってから飛行しはじめたのか、という議論がある。鳥の祖先形に近いシソチョウの生活を知ることで、初期の鳥類の行動をある程度推測できると考えられるからだ。シソチョウの議論は、鳥類の飛行生活の背景を探る代理戦争でもあるのだ。

さて、シソチョウは飛べたのだろうか。確かに翼があるが、その翼は現生鳥類のものと比べると洗練されていない。また、胸にはまだ竜骨突起がない。竜骨突起とは、羽ばたくための筋肉である胸筋が付着する部分で、胸骨の真ん中に垂直に張り出している。竜骨突起で筋肉を支えることで、飛翔に必要な強い力を発生させるのだ。ハトが鳩胸なのは、この竜骨突起が大きいからである。ダチョウなどの飛翔性を失った鳥類では竜骨突起が退化して消失しており、エミューやキーウィなどと合わせて、平胸類《へいきょうるい》とも呼ばれている。

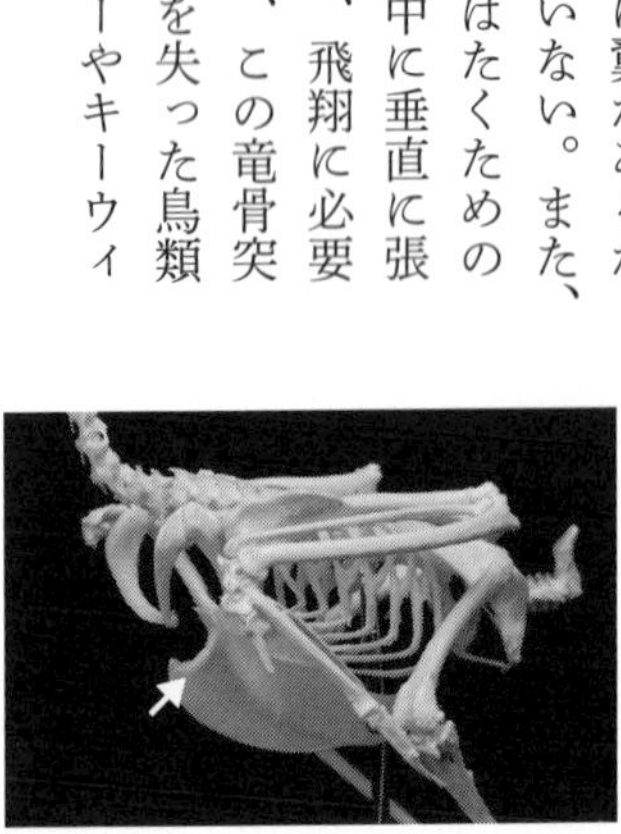

竜骨突起
鳥類の胸骨に特徴的な突起。羽ばたきのための胸の筋肉が付着する。

竜骨突起の発達具合は、現代でも飛翔性の指標となる。沖縄が誇る飛ばない鳥であるヤンバルクイナでは、飛翔性のクイナ類に比べると明らかに竜骨突起が小さい。また、ダチョウなどの平胸類と近縁だが、空を飛ぶことができるシギダチョウの仲間には、立派な竜骨突起が発達している。飛ばない鳥は、世界中に多数いるが、完全に竜骨突起を失っているのは平胸類の仲間だけだ。それ以外の仲間では、小さいだけで竜骨突起自体がなくなっているわけではない。そう思うと、竜骨突起がまったくないシソチョウは、飛べなかったと判断されるのも不自然ではない。

しかし、外見から

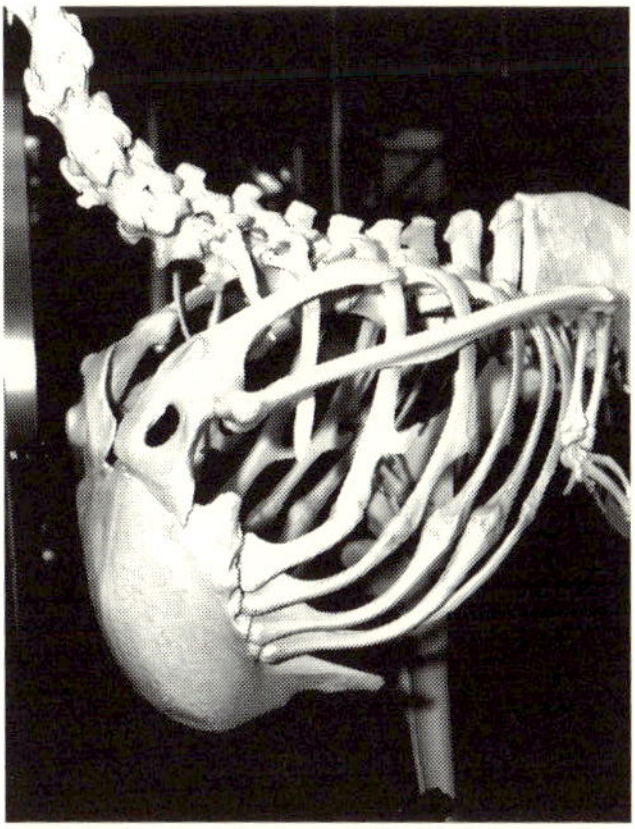

ダチョウの胸骨

竜骨突起が失われている。その上、ダチョウは雄同士で争うときに胸をつきあわせて体当たりをするために、ぶ厚くなっている。

エミューやキーウィ

両者ともオセアニアの鳥だが、タカへやフクロウオウムなど、オセアニアには飛べない鳥が多い。キウイフルーツはキーウィに似ていることから名がついた。

シギダチョウ

シギダチョウ目シギダチョウ科。南北アメリカ大陸にくらす。飛翔は苦手、走るのは得意でも、長距離は苦手という生粋のスプリンター。

すると、あれだけ立派な翼をもっているのである。しかも飛ぶための羽毛である風切羽は、飛行に適した左右非対称の形をしている。また、脳の形態を現生鳥類と比較した結果からも、飛翔を充分に制御する能力があったと考えられている。このような翼や骨格の形態を背景として、シソチョウは羽ばたきは無理でも滑空はしていたであろうと考えられることが多い。現代の鳥類を観察している立場から見ても、あの格好で飛べなかったら詐欺だ。科学的論拠はさておき、私はシソチョウは飛べたと直感的に信じている。うん、我ながらじつに科学的でないが、ときには直感も大切な判断材料であることをご理解いただきたい。

鳥が先か、卵が先か

鳥の形態と機能を考えたとき、どちらが先に進化をするかという問題がある。たとえば、風切羽は飛翔のための機能をもっている。しかし、羽毛の平面的な基本形態は、飛ぶために生じたものではない可能性がある。この場合は、機能より先に形態が生じ、飛行機能が追随することで、形態がブラッシュアップされたと考えられる。これに対して、先に機能、言い換えれば必要性が生じ、それに見合う形態が進化していくこともある。竜骨突起の場合は、立派な胸筋を付着させる以外にこれといった機能はない。この場合、先に飛行という必要性が生じ、それにあわせて形態が進化する方向を考えるのは、特に差し支えないだろう。

胸筋は、最初は竜骨突起のない胸骨に直接付着していただろう。この頃には、まだ羽ばたきのための強い力は発生できなかったにちがいない。しかし、翼を支える筋力がまったくないわけではない。現生平胸類のレアでも、飛翔はできないが、他個体への攻撃や走行時の推進補助に翼を使うくらいの筋力はある。シソチョウも、たとえば滑空９割、ときどき羽ばたきくらいの生活はしていたとしてもおかしくない。もちろんこれは想像2割、期待8割の相変わらず根拠のない話だ。シソチョウに限らず、飛翔は竜骨突起がない状態からはじまり、しだいにより効率のよい形態が進化したというのが妥当なところだろう。

こう考える理由として、鳥の行動には柔軟性があり、たとえ形態がある行動に最適化されたものであっても、それ以外の行動も可能だという事実がある。形態が行動に適していない場合でも、がんばればその行動ができてしまうのだ。生物学のなかでは、形態と行動の結びつきを過剰に強く表現していることもあるが、必ずしも形態と行動は1対1に対応するわけではない。

日本にはヤブサメという鳥が繁殖している。この鳥は、とても小さく、体長約10センチ、体重わずか7〜8グラムほどしかない。チロルチョコと同じくらいの重さだ。そして、翼が丸く短いのも特徴だ。彼らは名前の通り藪《やぶ》のなかを生息地とする。障害物の多い藪での生活には、尖って長い翼よりも

ヤブサメとチロルチョコ
ヤブサメは高い声でシシシシシシ…と秋の虫のような声で鳴く。この周波数は年をとると聞こえづらくなる。悲しい話である。

丸くて短い翼の方が適している。一方、開放地で長距離飛ぶ鳥の翼は、長く尖る傾向がある。体がとても小さく、丸く短い翼では、長距離渡りが適しているはずがない。しかし実際には、ヤブサメは海を越えて1千キロ以上移動し、東南アジアで冬を過ごす渡り鳥だ。死体だけを見たら、私はこの鳥は長距離移動せず、一生を藪のなかで過ごす鳥と判断してしまうだろう。彼らは、年に2回の長距離移動時の困難には目をつぶり、藪に体を最適化しているといえる。

シソチョウにどの程度の飛行能力があったかについては、しばしば意見が割れる。最近の趨勢《すうせい》では、羽ばたきは難しかったが、樹上からの滑空は可能だったとすることが多く、私もその方向を支持したい。現代の鳥類の翼の風切羽は一重構造だが、シソチョウの風切羽は複数を重ねて強度を補う構造だったとする研究が最近発表された。シソチョウがあまり飛べなかったとする根拠としては、羽毛が現代鳥類に比べて貧弱であることが挙げられることがあったが、多層構造ならその弱点はある程度は克服できただろう。当時は、現代と空気密度などの環境も異なっていた可能性もあり、飛べたと考えるとどのような条件が必要だったか、ということを検討していくことが建設的である。とにかく、鳥の行動を考える上で、最適＝必要条件というわけではないのだ。

ついでながら、絶対に飛びそうもない形態なのに竜骨突起をもつモノニクスという小型の恐竜もいる。この恐竜は鳥類との形態的類似も指摘されていたが、現在は鳥とは別系統のアルヴァレスサウルス類の恐竜と考えられている。現生鳥類では、胸筋を支える竜骨突起の主体である胸骨は、胴体部の長さの半分以上を占める大きなものである。しかし、モノニクスの胸骨は胴体の1割ほどの長さしかなく、竜骨突起があるにしても、付着できる筋量はごくわずかだったはずだ。このため、同じく竜骨突起があるとはいえ、現生鳥類のものとは趣が異なっている。そして、この恐竜の腕は非常に小さく、1本の太い指しかないのも特徴の一つだ。この小さな腕に強

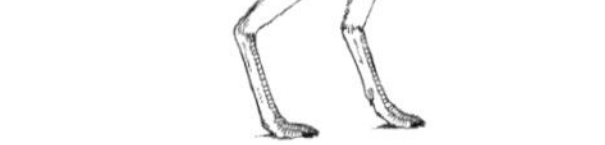

モノニクス
モンゴルで発見されたアルヴァレスサウルス科の獣脚類。前肢には太い1本の爪がある。

い筋力を発生させ、アリ塚のようなものをグリグリと破壊していたのではないかと考えられている。アリ塚に限らず、朽ち木などを破壊することができれば、材に潜む昆虫類を捕食することができただろう。いずれにせよ、飛行のため以外に胸筋および竜骨突起が進化することもあると考えられるわけだ。「竜骨突起がない≠飛べない」と同時に、「竜骨突起がある≠飛べる」ということもいえよう。

おだてられれば、木にも登れる

次は、樹上性の可否について考えよう。樹上利用が発達していたなら後は飛び降りるだけでよいので、滑空しやすい条件といえるが、樹上を利用できず地上を歩き回っていたのであれば、強い風やお手頃なスロープがない限り、滑空のチャンスは少なかったろう。

多くの鳥の趾は、基本的には4本だ。3本が前向きで、親指が後ろ向きに対向している。よくわからない人は、駄菓子屋にダッシュで、森永チョコボールをゲットで、おもむろにキョロちゃんをチェックだ。それくらい常識的な形態である。第一趾《し》がほかの趾と向かい合うつき方は、木の枝をつかむのに適しているといわれており、地上生活を主とする恐竜では見つかっていない。

前向き3本に後向き1本を基本形態としながらも、現生鳥類の趾のつき方は多様である。樹上利用をしない種では、第一趾が退化することがある。ダチョウやエミューはもちろんだが、カモやカモメ、シギ、チドリ、ミズナギドリなど、地上や水上に適応したグループでは、第一趾が小型

木に登り滑空するシソチョウ

化または消失する方向にある。地上を前に進むためには、地面を後ろに蹴る方向に脚を動かす。このときに、後ろ向きの第一趾は役に立たないどころか、引っかかると邪魔なだけである。このご時世では、役に立たない社員はリストラされてしまうのだ。

シソチョウで、第一趾が対向しているかどうかは、注目の的となってきた。化石の保存状態により、見解が異なることもあるが、最近の論文では、第一趾はほかの趾と対向しておらず、ほかの趾と同じ方向を向いており、枝をつかむのに適していなかったとされることが多いようだ。しかし、ここでも鳥の行動の包容力と、進化の順番が重要になる。鳥の後ろ向きの第一趾は、地上では不要なものなので、恐竜時代から地上性を続けている限り進化しないはずだ。このため、進化する順番としては、樹上性を獲得してから、樹上に最適化された形態として、第一趾の対向性が達成されるというのが筋である。そして、樹上を利用する場合であっても、地上利用

キョロちゃん
森永製菓のチョコ菓子、チョコボールのキャラクター。鳥がモチーフとなっているが、あれはどう見てもミゾゴイにちがいない。チョコボールの懸賞「おもちゃのかんづめ」は永遠のあこがれである。

も頻繁であれば、第一趾が速やかに進化しない可能性がある。

親指の使い方

現生鳥類では、第一趾が退化していても、枝状のものに日常的にとまる者がいる。たとえば、ウミネコやセグロカモメなどのカモメ類は、欄干《らんかん》や柵《さく》などによくとまっている。クロアジサシなどの小型海鳥でも、木の枝や船舶《せんぱく》係留ロープにとまる姿をよく見る。オシドリはカモの仲間だが、森林性なのでよく枝にとまる。同様に第一趾が退化的なオオミズナギドリは、傾いた樹を歩いて登り、その上から飛び立つ姿がよく知られている。このような例は、枚挙にいとまがない。小柄な鳥の体では、太さ3センチもある柵なら、しっかりとつか

メジロ　第一趾が対向することで、細い枝もつかみやすい。

まずとも安定して乗ることができる。我々が平均台に横向きに立つことができるのと同じことだ。小柄なユリカモメやアジサシ類なら、太さ1センチの木の枝にも、しっかりととまることができる。

確かに、第一趾が対向していた方が、枝はつかみやすい。しかし、鳥にとってそれは樹上利用の必要条件ではない。地上利用や水中利用のため、第一趾が退化して水かきが進化した種は多数いる。このような鳥の形態だけをみると、樹上利用に適しているとはいえない。しかし、彼らは現実には樹上利用が可能なのである。

鳥というものは、その移動性の強さゆえに、同一個体がさまざまな環境を利用する。たとえばミズナギドリ類では、1日に数百キロを移動する能力をもちつつ、水に数十メートル潜水し、地上を歩き回り、地下に穴を掘って営巣し、挙げ句の果てに樹に登って飛び立ったりする。このような場合は、すべての行動に最適な形態をもつのは、合体とか変形とかし

オオミズナギドリ
ミズナギドリ目ミズナギドリ科の鳥。翼開長120センチになる。海洋上で魚を食べてくらし、島嶼の地面に穴を掘って巣を作る。斎藤敦夫作・藪内正幸画『冒険者たち』において、ガンバとその仲間たちとともに熱く活躍。

第一趾が対向
鳥は第一趾が対向することにより、より樹上性に適応した。

ない限り無理だ。長距離飛翔のため細長くなった翼は、地中営巣には邪魔かもしれないし、樹上では第一趾があった方がよいかもしれない。しかし鳥類には、不便を我慢できる範囲で、非最適な形態を維持しつつも多様な行動に及ぶ能力があるのだ。

行動は形態を進化させる。しかし、行動は必ずしも形態に束縛されない。たとえ最適な形態をもっていない場合でも、鳥類はそれを乗り越える潜在能力をもつ。形態から、その性能を見くびるのは、彼らに失礼だ。

それはさておき、代理戦争の本番の、鳥の祖先が地上から飛び上がったか、樹上から飛び降りたかについては、一向に不明のままだ。鳥の形態と行動の懐の深さを考えると、化石形態から解決するのはなかなか難しいテーマだろう。子供向けの図鑑を見ると、初期の鳥類が飛びはじめるまでの過程として、食物である飛翔昆虫を地上で追いかける間に翼が発達したという説や、敵から身を守るために四肢の爪を使って木に登り滑空するようになった説などが描かれている。もちろん、これらも否定はできない。しかし、もしかしたら一部の獣脚類には、翼が進化する以前に身軽にヒョイヒョイと木に登り、地上と共に樹上も頻繁に利用していたものがいるかもしれない。「翼は進化していないのに高木の枝をつかんだ状態で化石化したドロマエオサウルス類」なんかが見つかれば、みんな納得することだろう。

樹上のドロマエオサウルス類

Section 5

鳥は翼竜の空を飛ぶ

翼竜は恐竜の仲間ではないが、鳥類以前に空を利用した爬虫類として、議論から外すことはできない。その存在は、少なからず鳥類に影響を与えたはずだ。同じく飛翔性を手に入れた鳥と翼竜には、どのようなちがいがあるのだろうか。

空飛ぶトカゲの進化

ここで、中生代にすでに空の覇者であった翼竜について考えてみたい。

翼竜は、空を自由に飛翔したはじめての脊椎動物である。この点では翼竜は鳥類の先輩だが、系統的には鳥や恐竜とはまったく異なるものだ。鳥類が空に進出したときには、すで

翼竜
中生代の空を飛んでいた爬虫類。子供向けの図鑑などには、恐竜とともに掲載されているが、恐竜類ではない。

に翼竜が空を支配していた。ここではまず、鳥と翼竜のちがいについて見ていきたい。

翼竜が出現したのは、約2億2500万年前の三畳紀後期の頃と考えられている。このころの翼竜としては、プレオンダクティスやエウディモルフォドンなどがある。翼竜といえば、プテラノドンなど、翼を広げると5メートル以上にもなる大型のものを想像してしまうことが多い。しかし、初期の翼竜は、翼開長1メートル以下のものも多く、大きくてもせいぜい2、3メートルの比較的小型のものである。

空を飛ぶということは、重力との戦いである。このため、体が軽い小型のものから進化してきたというのは、納得がいく話だ。しかし翼竜が、どのような爬虫類から、どのような過程を経て飛翔能力を得るに至ったかは、まだよくわかっていない。

鳥が飛行に使うのは、羽毛だ。これは、もともとは飛行以外の用途、すなわち保温やディスプレイに使っていたものが、二次的に飛行に適応したものと考えられている。少量の羽毛では、飛行に役に立つはずがないので、最初は飛行のための器官として進化したわけではないだろうという考えが、最近の主流なのである。

一方、翼竜は皮膜を利用して飛行する。皮膜は、少しでもあれば、それだけ落下の時間を長くし、落下場所をコントロールすることができたはずだ。そして、高いところから、目標の場所にめがけて飛び降りることを可能としただろう。これは、捕食者から逃げるにも、獲物を狙うにも、生存上有利な能力となる。もちろん、体の表面積を増やすことは、放熱による冷却機能などにもつながったかもしれない。複数の機能があったにせよ、皮膜はその出現の初期段階から飛行機能を担うものとして進化することが

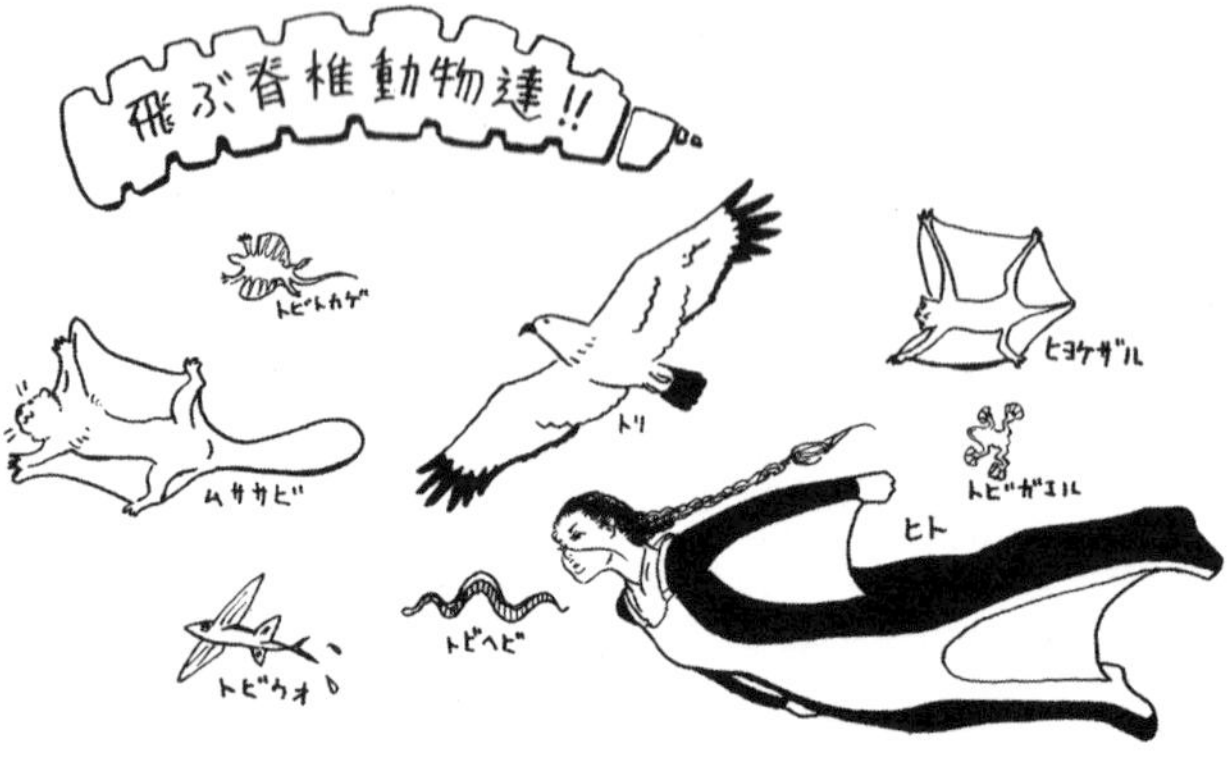

可能だ。この点が、羽毛との大きなちがいである。

現生の空飛ぶ脊椎動物としては、ムササビやコウモリ、トビトカゲ、トビウオなどが頭に浮かぶ。トム・クルーズやアンジェリーナ・ジョリーもときどき空を飛んでいるようだが、それは気にしない。ムサリビなどが飛行に使うのは、いずれも皮膜である。羽毛の場合は、新たな装備をゼロから進化させていく必要がある。しかし皮膜は、すでに体に装備されている皮膚を拡張していけばよく、比較的進化しやすかったのだろう。このことが、さまざまな動物で飛行器官として皮膜が採用されている最大の理由と考えられる。

羽毛は皮膜より美しい

おそらく、羽毛は皮膜よりも優秀な飛行器官である。

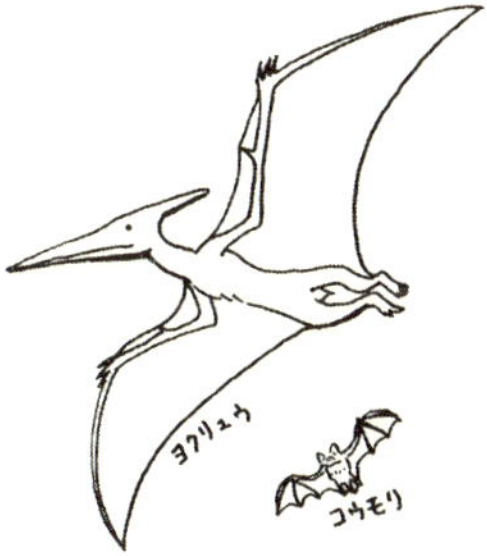

空飛ぶ脊椎動物
現生の動物でも空を飛ぶといわれる脊椎動物は数多い。しかし、実際に自由に空中を飛翔できるのは鳥類とコウモリだけである。そのほかは、高所から滑空するのみという落下の延長である。トビウオも滑空のみだが、尾びれの力で強く水面から飛び出し、数百メートル飛ぶことができる。

羽毛は軽い。飛翔のための強度をもちつつ、とてつもない軽量さを誇っている。羽毛布団もダウンジャケットも軽くて保温性が高いから重宝されるのだ。実際には羽毛布団は飛ぶための風切羽ではなく、保温のための綿羽で作られているわけだが、軽さは実感できるだろう。この軽さの理由は、それがすでに死んだ組織であるということが関係する。羽毛は、一度伸びきってしまえば、血が通っていない乾燥した組織となる。しかし、皮膜は生きた皮膚であり、血液が通っている。このため、皮膜は水分を含み、必然的に羽毛より重くなってしまうのだ。

羽毛の利点の一つは、使い捨て方式にある。鳥類は、換羽《かんう》により羽毛を生え換わらせることができる。多くの鳥では、少なくとも1年に1回羽毛を入れ替える。このことにより、古く傷んだものは処分し、新たなきれいな羽毛を手に入れることが可能だ。また、捕食者に翼を押さえられても、羽毛だけが抜けて、体は逃げることができる。抜けた部分は、またすぐに生えてくる。抜けるのは一部なので、飛行能力には支障が出ない。皮膜では、こうはいかないはずだ。大きく破れれば飛べなくなるし、破れなければ捕食者に捕まってしまう。

　羽毛には、飛行器官として重要な利点がある。それは、一枚板ではなく、バラバラの構造物の重ね合わせだということだ。この重ね合わせは、翼の形状を連続的に変化させることに貢献している。重なりを大きくすれば、翼面積は小さくなり、重なりを小さくすればより広く翼を広げることができる。翼面積は、飛行性能に直接関わるため、たるむことなく微調整しやすい羽毛は都合がよい。

　鳥は、基本的には翼を打ち下ろすときに推進力を得る。ただし、打ち下ろすためには翼を再びもち上げなくてはならない。このときに、空気抵抗が大きいと体が下に下がってしまう。しかし、羽毛には重なり構造がある。このため、翼をもち上げるときには、羽毛と羽毛の間に空気を通過させることで、空気抵抗を減らすことができる。もちろん打ち下ろすときには、羽毛は密着し、空気を逃がすことはない。この機能により、鳥は羽ばたき時に体を安定させて飛ぶことができる。このような用法は、皮膜では難しく、鳥の羽ばたき飛行をより効率のよいものとしている。

これらの利点は、羽毛が当初は飛行器官ではないものとして進化してきたことにより得られたと考えられる。最初から飛行器官としての機能が期待されていると、どうしても皮膜のように単純で、小さくても機能する器官が必要であり、羽毛のように複雑な構造物は進化しなかっただろう。

翼竜が空に進出した頃、そこにはまだ同業他社がおらず、

コハクチョウの羽ばたき
風切羽が開いて、空気を逃がすなど、鳥の翼は複雑に動く。

おそらく我が物顔で使い放題の空間だった。捕食者も競争者もいない空では、多少ぎこちなくとも、飛ぶことができればそれだけで他種を凌駕《りょうが》する存在になれたはずだ。しかし、鳥が空に進出したときには、すでに翼竜が空の覇者としての地位を確立していた。多くの翼竜は主に肉食と考えられている。ボケボケと空を飛んでいると、たちまち翼竜の食物だろう。そのようななかで空に進出するためには、より機能的で合理的な翼が必要だったのかもしれない。ライバルの存在が技に磨きをかけるというのは、スポ根物語のなかだけの話ではないのだ。

逆にもし、先に鳥が進化し空を馳せていたならば、翼竜は空に進出できなかったかもしれない。翼竜が空を支配できたのは、早い者勝ちの結果ともいえる。とはいえ、翼竜を蔑《さげす》んでいるわけではない。ほかの脊椎動物に先駆けて空に進出し、白亜紀末までの1億5千万年を君臨したわけだから、そのイノベーションに心からの賛辞を献げたい。

存在の耐えられない重さ

当初から飛行に対して体を適応させていった翼竜は、地上での歩行性能は高くなかっただろう。初期の小型翼竜は、地上ではあまり活動せず、樹上利用が発達していた可能性も指摘されている。空に進出した翼竜は、その後は巨大化の道を歩むことになる。大きな体は、樹上利用には適していないため、巨大化にともない地上での活動も増えてきたと考えられる。

翼竜の後肢はあまり発達していないため、二足歩行は難しかっただろう。白亜紀に生息していたアンハングエラをモデルとした研究では、頭部が大きいため重心位置が前に偏るので、二足歩行ができないことが示されている。また、尾の長いランフォリンクス類では、四足歩行でないと尾を引きずってしまい歩けないと考えられている。これまでに見つかった

アンハングエラ
白亜紀前期のアンハングエラ科の翼竜。翼開長5メートルほど。吻部の先端が上下に広がった形をしている。

ランフォリンクス
ジュラ紀後期のランフォリンクス科の翼竜。翼開長は最大で1・8メートル。長い歯と、長い尾をもつ。

翼竜の足跡化石からは、手を地面についていた痕も確認されており、四足歩行をしていたことは、共通認識となってきている。こうした足跡化石は、フランスやアメリカなどに並んで、日本でも見つかっている。

前肢の薬指は皮膜を支えるために過剰に伸びている。四足歩行をするにあたって、体を支える器官の一つがこのようなアンバランスな形態では、四足歩行時にもそれほど機動性は高くなかっただろう。そうすると、地上での捕食者対策も必要になる。巨大化は、捕食者防御法として効果的な方法だ。大きくなったから地上に降りざるを得なかったのか、地上に降りたから防御のため巨大化が進んだのかはわからない。お

空飛ぶ脊椎動物の翼

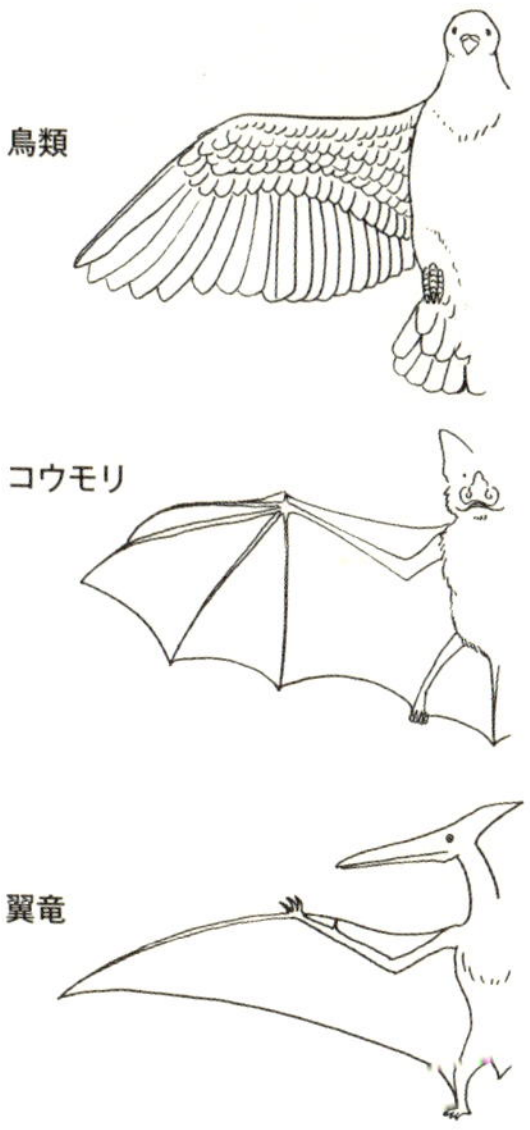

そらく、その両方が同時に進行したのではないかと思う。

とはいえ、翼竜の巨大化はちょっと度を超している。有名なケツァルコアトルスは、テキサス州で見つかった翼の一部の骨から記載された。骨のサイズからは、翼開長が20メートルもあったと推定されることもあった。最近の研究では10メートル程度とされることが多いが、それでも充分に巨大だ。仮にカタツムリを時速5メートルと仮定すると、翼の端から端まで2時間もかかる。ハツェゴプテリクスという翼竜も、同じくらい大きな種として勇名を馳せている。

ケツァルコアトルスは、巨大翼竜が飛べたかどうかという議論を巻き起こした。この翼竜は、現生鳥類との比較などにより、さまざまな体重推定が行われている。体重500キロを超えるとする推定もあるが、よく見かけるのは約70キロという記述だ。しかし、翼開長10メートルに対して70キロは軽すぎるという反論がある。東京大

最大級の翼竜ケツァルコアトルス

学の佐藤克文らの研究では、２５０キロ程度と推定している。そして、現代と同じ環境だったとすると、この体格では、離陸も持続的飛行も難しかっただろうとの見解を示している。

一方、巨大翼竜は軽々と飛べたとする研究もある。たとえば体重が重い巨大翼竜でも、４本足で飛び上がることによって、容易に舞い上がることができるというのだ。実際に巨大翼竜が飛べたかどうかについては、まだ結論が出ていない。もしかしたら、彼らの生きていた環境は、現代とちがっていた可能性もあるといわれている。たとえば、大気の密度が異なれば、飛行可能な条件も変わってくる。また、そもそも翼竜の体サイズの推定がまちがっている可能性もある。巨大とされるケツァルコアトルスでは、翼の一部の骨しか見つかっておらず、体サイズはあくまでも推定にすぎず、実際には飛行可能性が疑われることのないサイズだったかもしれない。

大型化の一方で、翼竜からは多様性が失われていく。白亜紀前期から後期にかけて種数は減少し、特に小型種は姿を消していくことになった。大型の翼竜は、羽ばたき飛行よりも滑空に適応していると考えられている。鳥類でも、特に大型で翼の長いアホウドリやコンドルなどは、飛翔時に滑空を多用することから、大型翼竜が同様であったという推定は妥当と考えられる。ただし、滑空はエネルギー効率がよいものの、羽ばたきに比べると小回りが利かないという短所がある。

　しだいに、翼竜は黄昏の時代を迎え、より飛行に適した形態をもつ鳥類に、徐々に制空権が移動していったのだろう。小型の翼竜が姿を消したのは、そのニッチを鳥類に奪われたためかもしれない。ある分野を開拓する先発者は称賛に値する。しかし、後発者により先人が追い落とされることは、世の常である。出雲でも、大国主命《おおくにぬしのみこと》が建御雷神《たけみかずちのかみ》に国譲りをしたことは、まだ記憶に新しい。そして、白亜紀末の小天体衝突が、翼竜の系譜に終止符を打つことになる。

滑空
さまざまな鳥が、滑空と羽ばたきを交えて飛行する。上昇気流を利用すれば、かなりの高さまで舞い上がることができる。

国譲り
『古事記』によると、大国主命が治めていた葦原中国（出雲地方）を手に入れるため、天照大神が建御雷神を使者に立て、国譲りを迫った。その見返りに、大国主命を祀る壮麗な神殿、出雲大社が建造された。神々の世界にも領土争いや取引があるらしい。

翼竜、大地に立つ

巨大翼竜が飛べたかどうかという議論の背景には、翼竜には飛んでいてほしいという願望があると思う。しかし、彼らが飛ばなかったとしたら、それはそれでとても興味深いことだ。

同じく皮膜系動物としてのコウモリで不思議なのは、無飛翔性の種がいないことだ。空を飛ぶには軽量化にともなうさまざまなコストがかかる。飛ばずにすめば飛ばずにすませるのが得策で、鳥でも無飛翔性の種が進化する。地上性の捕食者が自然分布していない島では、地上でも襲われることがないため、ヤンバルクイナやキーウィなどの飛ばない鳥が進化してきたわけだ。

『アフターマン』という本をご存知だろうか。これは、遠い未来で進化した架空の動物図鑑だ。ダイヤモンド社版の表紙

アフターマン
スコットランドの地質学者、ドゥーガル・ディクソンにより、1981年に刊行。5000万年後の人類が滅亡した世界で、変化した地球環境と進化を遂げた生物たちを図鑑形式で描いている。進化とはどのようなことなのか、そのとらえ方を斬新な手法で提示した。

には、ナイトストーカーという無飛翔性のコウモリが、後肢を宙に浮かせ前肢で歩いている。飛行に特化したコウモリの後肢は、歩くための機能を失い体が支えられないため、後肢を使った歩行ができないという解釈だ。これは、空に向かって後戻りのできない進化をしてしまったコウモリの姿を端的に表現したものといえる。

ニュージーランドには、地上をよく歩くツギホコウモリがいる。残念ながら四足歩行だが、彼らは生活の約4割の時間を地上で過ごす。とはいえ、ヤンバルクイナなどの鳥とはちがい、飛行能力を捨て去るには至っていない。捕食者がいなくても、彼らはまだ空の束縛から逃れられていないのだ。一度地上生活から離脱して飛行&樹上生活を選んだ体は、地上での活動に適しているとはいえない。このため、ある程度の距離を移動するには、やはり飛行に頼った方がよいのだろう。皮膜系からは、無飛翔性は進化し得ないのだろうか。

足跡化石が見つかっていることから、翼竜は地上を歩き回ることができただろう。それなら、彼らが二次的に飛翔性を失う資格は十分にある。翼竜は、飛行に適応した結果、ほかの生活様式には適応できなくなり、後戻りのできない進化の袋小路に入ったといわれることがある。しかし、袋小路の向こうに隠し扉があり、地上に再度適応していたとしたら、新たな陸上生物としてのめくるめく進化だ。

巨大翼竜は、その可能性を秘めている。巨大になると体重を空中で支えることは難しく、地上に降りる理由に不足はない。小型翼竜では、不器用に着陸した末に肉食恐竜に食べられて、翌日にはウンコだ。軽量化のため骨っぽく、食べた方もあまり得した気がしない。

四足歩行する翼竜ズンガリプテルス

お互いにとって不幸な結末だ。しかし、巨大翼竜なら、大きいだけで捕食に対する防御になる。巨体なら捕食者がいても無飛翔性が進化することは、チーターのいるアフリカで青春を謳歌《おうか》するダチョウが証明している。そして、興味津々《きょうみしんしん》に寄ってくる小型恐竜を、長い首と鋭い歯で返り討ちにしていたにちがいない。水辺でのんびりと魚やワニを捕る姿も、容易に目に浮かぶ。巨大翼竜には、地上に降りる理由も、降りたあとで生き延びるバイタリティもそろっている。

白亜紀末のあの日、小天体さえぶつからなければ、いずれはヨクナシヨクリュウという分類群が、恐竜と双璧をなす巨大地上生物になっていたことだろう。いや、望みを捨てるのはまだ早い。ヨクナシヨクリュウ王国は白亜紀にはすでに構築されていたかもしれない。ケツァルコアトルスがその一味だったかもしれないし、化石が未発見なだけかもしれない。いつか地上に適応した翼が退化した翼竜の化石証拠が見つかることを、心の底から信じている。

ヨクナシヨクリュウ

種間差いろいろ

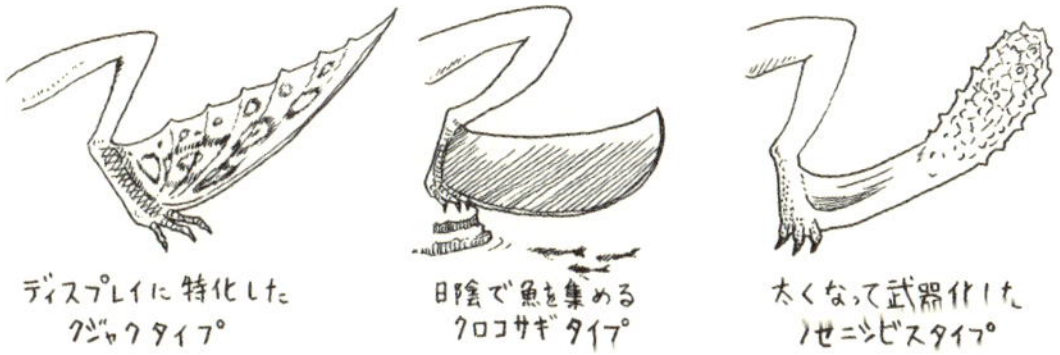

Section 6
尻尾は どこから来て、どこに行くのか

恐竜では、特徴的といってもよい、長く伸びた尾。鳥には尾羽はあるが、尾の骨は失われているに等しい。尾にはどのような役割があるのか、鳥に進化していくに従い、なにゆえに失われていったのか。

尾は、なんの役に立つ？

まずは、脊椎動物の尾がどの部分か、ちょっと考えてみよう。話を進める上で、なにごとも共通の認識がないと、話がかみ合わなくなる。ネズミなら誰でもどこが尾かがわかる。では、ヘビは？　ヘビのような場合は、肛門から後ろが尾とされる。魚だとどうだろう。アジの開きを前にして、普通に尾だと思うのは、尾びれの部分だ。しかし、肛門は内臓のす

ぐ後ろにあり、ここを基準にすると体の半分は尾だ。なにが尾なのかよくわからなくなってきた。どうやら、脊椎動物に共通の尾の定義というのは、難しいかもしれない。そこでこの本では、「普通の人が尾だと思う部分」を尾と考え、あえてどこを指すかについては定義しないこととする。

恐竜ほど立派な尾をもった陸上動物は、そうそういないだろう。尾をまったくもっていない私がいうのもなんだが、哺乳類の尾を概観すると、たいしたことないように感じられる。現生陸上動物で最大の体格を誇るアフリカゾウでも、はえたたきくらいの役にしか立っていなさそうだ。存在感のある尾を誇るのは、カンガルーやユキヒョウ、一部の霊長類ぐらいだろう。カンガルーは、尾で体を支えることがあるし、ユキヒョウは雪に覆われた岩場を飛ぶときに尾でバランスを取り、クモザルの仲間は尾で枝をつかむ。とはいえ、このように陸域での運動に尾を積極的に利用している例は少数派である。現代の陸上哺乳類では、尾は衰退傾向にあると考えられる。

ユキヒョウ
アジアの山岳地帯の岩場などにすむ食肉目の哺乳類。ジャンプ力には定評がある。

クモザル
熱帯雨林にくらすクモザル科クモザル亜科のサルの仲間。尾の神経は発達していて、ものをつかむことができる。樹上性。

哺乳類学者からするともう少し言い分があるかもしれないが、私は偏見にまみれた鳥類学者である。

脊椎動物は、もともと水中で進化してきた。魚類が生まれ、両生類が出現した。両生類は水に依存しつつも、陸上に進出する。魚類時代の尾は、まちがいなく推進力を得るための運動器官として発達してきていた。しかし、陸上ではどうか。カエルを見れば一目瞭然《いちもくりょうぜん》である。オタマジャクシ時代にはあった尾が、カエル時代にはなくなる。空気は水に比べて抵抗が小さいため、尾で推進力を生み出すのが難しく、元来の目的で維持する必要がなくなったものと考えられる。オオトカゲ科の爬虫類は立派な尾をもっており、ミズオオトカゲなどは泳ぐときに尾を利用することが知られている。水中での推進力を得る伝統的使用法である。ヘビのように、地上でも推進力として尾を使う例もあるが、これは少数派だ。

一方で、爬虫類は尾を武器として利用することもある。コモドオオトカゲは尾を振り回し大立ち回りを演じ、ヘビはその長い尾を巻きつけて獲物を仕留めることがよく知られている。アンキロサウルスなど一部の恐竜では尾の先に骨塊やトゲをもち、武器として使用したと考えられている。しかし、現生脊椎動物で尾を武器的に使用する例は、やはり少数派といえよう。爬虫類学者からすると、もう少し言い分があるかもしれないが、もちろん私は偏見にまみれた鳥類学者である。

恐竜の尾と鳥の尾

活発に活動する陸上生態系の支配階級では、尾の推進装置としての役割は少なくなり、縮小化する方向にある、と感ぜられる。しかし、恐竜の尾はあまりにも存在感があり、退化の途上にある黄昏の器官とは考えにくい。動物の器官には、「すでに役には立たないが、祖先がもっていたから、子孫もそのままもっている」というものもある。とはいえ、それは維持するのに大きなコストがかからない器官に限られるだろう。恐竜の尾は非常に大きく、これを維持するためにはタンパク質やカルシウムなど、多くの栄養を投資しなくてはならない。決して低コストな器官とはいえず、積極的な存在意義が必要だ。

恐竜の尾にまつわる最も有名なエピソードは、復元姿勢に関するものである。昔は、恐竜の復元図では尾は地面に垂れていた。試しに50年前の人の気分になってティラノサウルスを頭に思い浮かべてもらいたい。あれだけ大きな尾では、地面に引きずらせたくなる気持ちもわかる。しかし、最近ではこの姿勢は否定されており、体幹を横向きにし、尾を宙に浮かせた姿で描かれることが主流である。

ティラノサウルスをはじめとして、二足歩行の恐竜の体全体のバランスを考えると、頭が大きく、それを支える首と胴も相応な太さをもっている。これを2本足で支えるわけだが、上半身だけ立派だと前のめりに転んでしまう。この前半分に対してバランスをとるためのおもりとして、太く長い尾が後ろに伸びているというデザインである。横から見ると、やじろべえ状態だ。普通に生活をする上でも、尾を引きずっていると摩擦が大きく邪魔で運動効率が悪いだろう。実際に、世界各地から多くの足跡化石が見つかっているが、そこでは尾を引きずって歩いているような痕跡は発見されておらず、尾を上げた姿勢は妥当なようだ。

ただし、ティラノサウルス類やオルニトミムス類の研究で、尾を単なるおもりと考えるのは、過小評価であるとの主張もある。動物の大腿部《だいたいぶ》には、複数の筋肉がついており、これが運動のためのエネルギーを発生する。そして、ティラノサウルス類などの尾から伸びる大きな筋肉は、大腿骨に到達しており、脚を動かす筋肉となっていたと考えられている。つまり、尾は単なるおもりではなく、走るための巨大な筋肉の格納庫であり、その支えとなっているというわけだ。巨大な

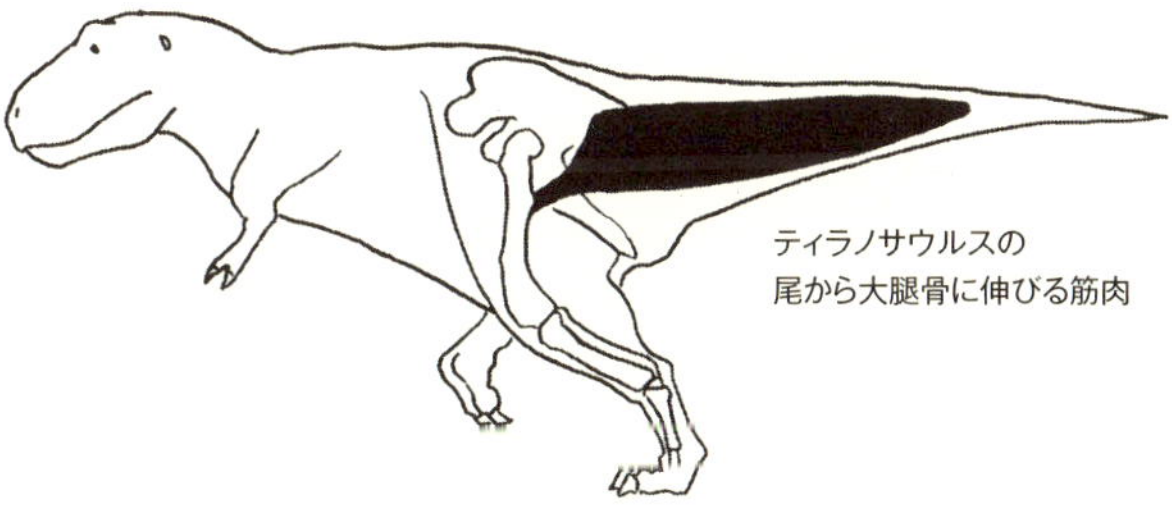

ティラノサウルスの
尾から大腿骨に伸びる筋肉

尾は、大きな体を動かす筋力を発生させる重要な器官であると考えられる。そう考えると、あの尾は推進装置の一部といってよいだろう。

魚類時代とはまったく異なる機構だが、尾が推進装置としての機能に戻ってきているというのは、なんだか好感がもてる。ただし、尾が筋力発生装置であることは、体のバランスを保つためのおもりとしての意義を否定するものではない。巨大な上半身を支えるバランサーというのは、やはり尾の重要な機能の一つだろう。

さて、恐竜と鳥の大きなちがいの一つが、まさに尾の部分である。初期の鳥類は、恐竜と同じように、筋肉と骨格のある尾をもっていた。しかし、これは次第に退化し、現生鳥類の尾は、尾羽となっている。肉と骨があるのはつけ根だけで、尾羽を抜くと、尾と認められる部分はなくなってなんだかバランスの悪い姿になってしまう。

恐竜において、バランサーやエンジンとして役に立っていた尾は、子孫の鳥では不要になってしまったのだ。鳥は飛ぶために、まず体を軽くする必要がある。また、飲みこむには大きすぎる動物を、歯で切り裂く獰猛な捕食者ではなくなったため、頭部、頸部《けいぶ》が軽量化され、重たい尾でバランスをとる必要がなくなった。飛翔に必要なエネルギーは、脚ではなく翼から胸につながる胸筋で発生させるため、尾が重い筋肉を維持する必要もない。このような事情から、身のつまった尾はなくなり、耐えられる限り軽い存在として進化してきた。

では、魚から脈々と受け継がれてきた尾は、鳥ではどのように役立っているのだろうか。まずは、飛翔時の方向制御の役割がある。空中での推進を担うのはもちろん翼だが、尾羽は翼とは独立して動き、ときにはねじれた角度に開閉し、空中での方向制御を微調整する。身近に見られる鳥類でも、急速反転や、着陸などのときに、尾羽を開く姿がよく見られる。一方でキツツキ類では、樹幹にとまるときに、硬く頑丈な尾羽で体を支えており、支持器官としての役割ももつ。また、ディスプレイも重要な機能だ。ツバメの雄は、尾が長い方がモテるのは有名な話だ。ちなみに、クジャクの派手なディスプレイは、尾羽ではなく尾羽の上にある上尾筒《じょうびとう》という部分で行っている。尾羽は地味で短く、長く派手な上尾筒を支える役割を果たしているので、今度クジャクの後ろ姿をよく見てほしい。

さて、鳥にとって重要な役割の一つは、「トカゲの尻尾《しっぽ》切り」である。ハトやヒヨドリなど、中小型の鳥の尾は、とても抜けやすくなっている。鳥の捕獲調査をするものならば、調査中に、うっかり尾羽をもってしまい、尾を残して体に逃げられたことが少なからずあるはずだ。これはまさしく、トカゲの尻尾切りの機能だといえる。中小型の鳥類は、哺乳類やタカなど、さまざまな動物の食卓を潤している。ふいに背後から尾羽が押さえられることも、多いだろう。このような場合、尾羽が簡単に抜ければ体は助かるが、もし抜けなければ、たかが尾羽のために命を失うことになる。鳥の羽毛は、

ツバメ
スウェーデンのＭｏｌｌｅｒの研究によると、尾羽を切られたツバメはつがいになる日数が多くかかり、尾羽を長くのばしたツバメは早くつがいになるという結果だった。

鳥の捕獲調査
サイズを測ったり、標識となる足輪をつけたりする。

換羽といって定期的に生えかわるし、偶発的に抜けた場合には新たな羽毛が生えてくる。鳥は、尾を使い捨てすることで、命を守っているのだ。ちなみに、捕食者であるタカの尾羽はとてもしっかりとしており、そう簡単には抜けないようになっている。

ただし、注意しておきたい。トカゲの場合は自切《じせつ》といって、引っ張らなくても自力で尾を切り離すことができる。鳥の尾羽は抜けやすいだけで、引っ張らないと抜けないため、まったく同じ機構というわけではない。体の一部を犠牲にして本体を守るという設計哲学は共通しており、同様の機能をもっていると考えてもらいたい。

恐竜は自切をしただろうか

こうなると、期待されるのは恐竜の尻尾切りである。肉食恐竜に追われたディプロドクスが、尾を切り離して逃げる！

自切
尾を押さえられたときに切りはなすだけでなく、ぴちぴちと動く尾に敵の目を引きつけ、その隙に逃げるという効果もある。トカゲの場合、尾は再生するが、骨までは完全には再生しない。

10メートルにも及ぶ尾が、周囲の高木をなぎ倒しながらビチビチと跳ねる！　ちぎれた尾のカウンターを食らって吹っ飛ぶ捕食者！　まぶたを閉じると、圧巻な光景が目に浮かぶ。子供の頃にブラウン管の向こうに見た、科学特捜隊に切断されたゴモラの尾がビチビチと跳ね回るシーンを思い出してほしい。ただ、実際の中生代にはこんなダイナミックな場面は展開されなかったろう。

尾の自切には、陽動作戦後の迅速な逃走が不可欠である。大型恐竜は俊敏さを犠牲にし、体の大きさで捕食者から防衛していたと考えられるので、尻尾切りをしていたとは思えない。彼らは尾を切り離したとしても、その際には捕食者からスムーズに逃げることはできなかっただろう。また、巨大な尾を育てるにはかなりの投資が必要だったはずだから、それを気軽に捨てるのはエネルギー効率が悪すぎて、オススメできない。ちなみにゴモラは地面に穴を掘って地中に逃げた。切り離した尾の役目をよく理解している。おそるべし、ウル

ゴモラ
円谷プロ製作の「ウルトラマン」26、27話に登場した怪獣。三日月型の角が特徴である。1億5千万年前にくらしていた恐竜、ゴモラザウルスの生き残りとされている。万博に展示するために生け捕りにされ、さらには退治されてしまう、かわいそうな怪獣。

トラ怪獣！

では、小型恐竜ではどうだろう。頻繁《ひんぱん》に大型捕食者から襲われるような種なら、尻尾切りの望みがある！　自切後にバランスが崩れないためには、もともと尾が細く軽く、頭部は小さい方がよい。ただしおとりにする以上、尾が長く目立つはずだ。尾を切ったら素早く走って逃げるため、鎧《よろい》や武器はなく軽量小柄で、脚が発達しているものを候補としたい。いずれ、小型の植食恐竜のような社会的弱者のなかから、自切の証拠が見つかるにちがいない。

爬虫類で自切の機能が見つかっているのは、ムカシトカゲの仲間、トカゲの仲間、ヘビの仲間に限定される。恐竜と比較的近縁なワニやカメでは確認されていない。とはいえ、ワニは強力な捕食者、カメは甲羅による防御を発達させた動物なので、自切が必要ない種類だともいえる。さらに広く動物を見ると、バッタなどの昆虫、カニなどの甲殻類、ムカデなどの多足類など、自切はさまざまな分類群で何度も進化してきたメジャーな防衛手法だ。そう考えると、小型恐竜が自切できてもおかしくない。

では、自切を化石から見つけることができるのだろうか。トカゲの尾の椎骨には、自切面という特徴的な切れ目がある。恐竜化石からこの特殊構造が見つかれば、自切の可能性も出てくる。ジュラ紀のムカシトカゲの化石などからは、尾に自切面様の部分が見つかっており、化石でも検証可能であることを窺わせる。また、真偽に疑問が呈されているが、中生代の大型爬虫類タニストロフェウスの化石では、尾のつけ根に自切痕と主張された痕跡が見つかっている。ところが、ヘビの場合は、自切面ではなく、椎骨の間で自切する。この場合は顕著な構造があるわけではないので、化石からは見つけにくいだろう。ただし、自切後に尾が再生する場合は、その痕が見つかるかもしれない。トカゲやヤモリの自切後の再生尾では、椎骨が完全に再生されず、軟骨のみの再生や、断片的な再生となる。尾の途中から骨の形成が不完全な化石が見つ

タニストロフェウス
三畳紀の爬虫類。全長6メートルほどの爬虫類で、全長の3分の2が首の長さ。あまりに首が長いので、陸上の生活には向いていなかったと考えられている。半水棲とされることが多い。

かれば、ビンゴである。

陸上で、推進力という機能から解放された尾部は、鳥類においてさまざまな機能をもつに至った。恐竜でも、これまでに見つかっていない多様な機能をもっていた可能性はまだ残されている。今後、自切する恐竜、カンガルーのように尾で立ち上がる恐竜、カメレオンのように尾を枝に巻きつけて体を支える恐竜が見つかる可能性も否定はできない。長生きするのが楽しみである。

Section 7

くちばしの物語は、飛翔からはじまる

くちばしは、鳥類の大きな特徴の一つである。そして歯はない。歯は第一の消化器官でもあるわけだが、鳥はその必要を求めてはいない。鳥の消化器官の仕組みと、くちばしの意外な働きについて。

歯がないのは、ダイエット?

現生鳥類はみな、くちばしをもっている。100%、全種がもっている。そして、その代わりといってはなんだが、歯が存在しない。就寝前に歯磨きしなさいと母鳥に怒られる鳥の姿を見たことがない理由は、この点にある。ただし、恐竜から進化してきた初期の鳥類には、立派な歯があった。私たち人間にとっては、歯は大切なものだ。食べ物を切り裂き、

つぶし、咀嚼《そしゃく》するために必要不可欠な器官で、ないと困ってしまう。奥歯でマカダミアナッツを噛みつぶす感覚は無上の喜びだ。子もちししゃものプチプチ感も捨てがたく、丸飲みではなんの喜びもない。しかし、鳥は進化の過程で歯を失ってしまった。もし、人間にとっての歯と同じくらい大切な器官だったら、そうそう歯がなくなることはなかっただろう。しかし、彼らはそれを失ってしまった。

鳥は、歯を失ってしまった。こう書くととても後ろ向きな気がする。すでに存在する器官をなくすことを一般に退化というが、退化は退行的進化とも称される進化のパターンの一つだ。進化が起こるには、なにかしらの理由が必要だ。歯は元来便利なものだ。鳥の祖先たる恐竜は、動物食にしろ、植物食にしろ、歯を利用してきた。歯の喪失は、それ以上の利益があるからこそ生じたはずである。

鳥に歯がない理由として、歯は重たいから、空を飛ぶ鳥は少しでも体重を軽くするために歯を失ったという記述を見か

マカダミアナッツ
昔はハワイ土産のチョコレートに入っている特別なナッツであったが、すっかり一般に浸透した感がある。原産はオーストラリア。

けることがある。ふむふむ、なんとなくもっともらしい。しかし、歯ってそんなに重いかい？　確かに我々の歯を小鳥につけたら重いかもしれない。しかし、小鳥が分相応の小さな歯をつけるのであれば、それほど負担にはならないだろう。咀嚼のために必要な筋肉を加えたとしても、たかがしれている。それよりなにより、じつはそもそもそれほど軽量化につながっていないと考えられる。

焼鳥屋で砂肝《すなぎも》を食べたことがあるだろう。コリコリしておいしい砂肝は、筋胃といって、胃袋の一部だ。鳥には歯がないため、多くの食べ物を丸飲みする。しかし、そのままではうまく消化できないため、胃袋のなかで食べ物をすりつぶすのだ。そのためには胃袋には強い筋肉が必要であり、筋肉のかたまりたる胃袋、すなわち砂肝をもつことになったのだ。歯はコンパクトで効率よく食べ物を咀嚼できる優れた器官だ。それがないため、筋肉ムキムキの胃袋を発達させて、腹のなかでかみ砕いているのである。筋胃は歯ほど洗練された器官ではないので、食べ物をすりつぶすのには相当量の筋肉が必要だ。鳥の筋胃は、ときには頭ほどの大きさがある。場合によっては、歯をそのままもっていた方が、体重が軽くすんだ可能性もある。軽量化では、今ひとつ納得がいかない。

ただし、重量物の場所が変わることには、それなりに意味がある。歯の消失は、体重の減少には貢献していなくとも、頭部を軽量化し、体重を体の重心近くに集中させることに貢献している。バイクに乗る人なら、ぴんと来ただろう。「マスの集中化」だ。重量物が体の外側近くにあると、機動性が低くなり、小回りが利かなくなる。同じ体重でも、重量物が中心に集中していると、体勢を切り替えやすくなり、運動性能が向上する。ぴんと来ない人は、バイクの免許を取って、ハーレーとビューエルを乗り比べてほしい。バイクなんか不良の乗り物だから嫌いでしょうがないという人は、漬け物石を手でもって腕を広げて走った場合と、背中に担いで走った場合とで、どちらが小回りが利くかをためしてほしい。とは

ハーレーとビューエル
ハーレーダビッドソンはいわずと知れたアメリカンバイクの代表である。大排気量の空冷V型2気筒エンジンが特徴。ビューエルはハーレーのエンジンを使ったスポーツバイク。コンパクトなボディーに大排気量エンジンが特徴。

いえ、やはり歯の重量なんてたかがしれているので、この効果も副次的なものとしか思えない。

鳥にも「歯」があるものもいる

じつは、現代の鳥も、歯らしいものをもっていないわけではない。カツオドリという鳥をご存じだろうか。日本では、小笠原や南西諸島に生息するチョット間抜けな顔をした鳥だ。ちなみに、英語名ではブービーと呼ぶが、ブービーを辞書で引くとずばりマヌケという意味だと書いてある。名前はさておき、そのくちばしには肉切りナイフのようなギザギザがついている。彼らは、海でイカや魚を捕らえて丸飲みにするが、このギザは滑り止めとして役に立つ。タカ類のくちばしはナイフのように鋭くなっており、獲物を引き裂く。カモ類では、くちばしにある細かい凹凸をこすりあわせて水草をちぎったり、水のなかの小動物を濾《こ》しとったりする。

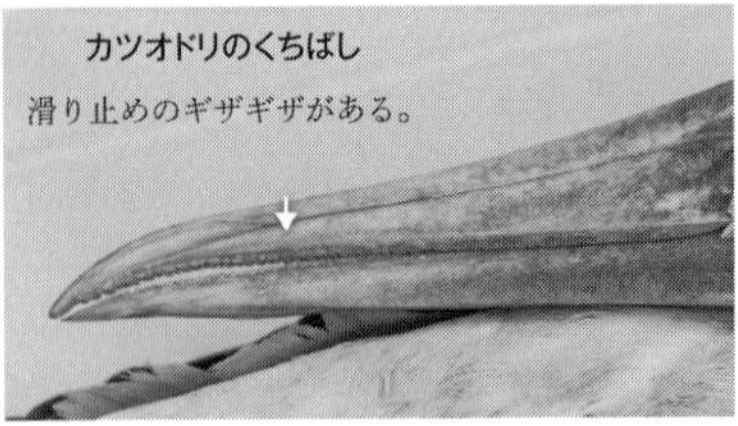
カツオドリのくちばし
滑り止めのギザギザがある。

カツオドリ

くちばしは、骨の上にケラチンというタンパク質の鞘《さや》がかぶった構造になっている。ケラチンは、人間の髪や爪などを構成する物質でもあり、比較的頑丈な素材といえる。鳥は歯をもたない代わりに、くちばしにケラチン質の鞘をまとうことで、必要な機能を補っているのだ。前述の事例では、くちばしの鞘の構造を利用して歯の役割を代用しているといっていいだろう。ただし、大多数の鳥のくちばしは、歯のような機能をもたないただのくちばしである。

動物が生きるためには、食物が必要だ。くちばしは、食物を得るために重要な器官なので、鳥は食べる対象物によってさまざまな形のくちばしを進化させてきた。くちばしを見れば、どんな食物を利用しているかを想像することができるといってよい。いちいち例を並べ立てはしないが、鳥のくちばしの形は変異に満ちあふれており、いかに柔軟な進化が生じているかがよくわかる。時間のある人は、図書館に行ってチドリ目シギ科の鳥の絵を眺めて、鳥のくちばしがいかに多様に進化しているかを実感してもらいたい。もし、歯の機能が食べ物を食べるために心の底から必要なら、おそらくその機能をもったくちばしを進化させてきているだろう。しかし、多くの鳥が歯っぽいくちばしを進化させてきていないことから、鳥は歯をそれほど必要としていないことが想像できる。

すべては飛翔からはじまった

そもそも、鳥が口ではなく、くちばしをもった理由を考えていきたい。まずは、くちばしの機能を改めて見てみよう。なにより重要なのは、食べ物をつまむことだろう。巨大な恐竜が闊歩する時代、鳥は空を飛ぶことを覚えた。恐竜に比べて、鳥はより小型の生物として進化してきたと考えられる。重力に逆らって飛翔する方向に進むには、小型種から進化してきたと考えるのが妥当だ。そうすると、主な食料は引き裂き嚙みちぎらなくてはならない大動物ではなく、昆虫やトカゲなどの、小型の動物だったと推測できる。小動物は、樹皮の下や割れ目の間、石の下、花のなかなどに隠れている。このような場所での採食には、恐竜のように強い力を発生させる短い口ではなく、狭い空間で活躍する細くて長いくちばしが有効だっただろう。

鳥のくちばしの進化を引き起こしたのは、鳥の鳥たるゆえんである飛翔がきっかけにちがいない。初期の鳥には、歯があると共に、翼には指と爪があった。指や爪は、樹皮の下の昆虫を引きずり出すのに有効だったろうし、食物となる対象を食いちぎるときに、押さえこむ役割を果たしただろう。しかし、翼が飛翔に特化した器官となっていくなかで、指の機能が翼から消失していくのはやむを得ないことだ。指がなくなれば、それを動かす筋肉も、筋肉を支える骨格もいらなくなる。微少な骨が不要になることで、複数の骨を癒合させ、強度が上昇し、軽量化が図られる。指の消失はもちろん空気抵抗の軽減にも貢献する。

さまざまな鳥のくちばし

イスカ
松ぼっくりから種子を取り出す。

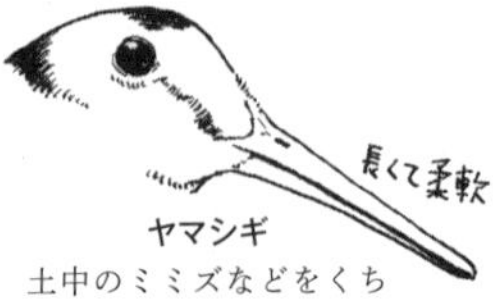

ヤマシギ
土中のミミズなどをくちばしの先で探り捕らえる。

オオワシ
獲物の肉を切り裂く。

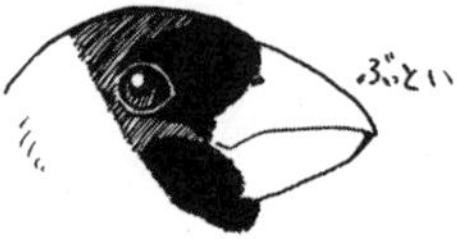

イカル
硬い果実や種子をパチパチ割る。

マガモ
水面の植物などをすくい取る。

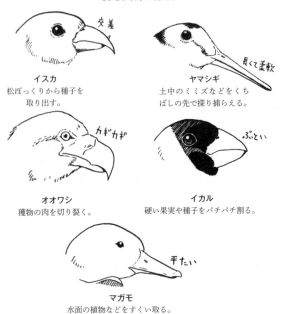

指がなくなると、その機能、すなわち、器用にものをつまみ、あしらう機能は、くちばしで補完していくことになる。くちばしは、採食だけでなく巣を編んだり、羽づくろいをしたり、さまざまな細かい作業をするための道具となる。このような道具としては、やはり力強いが不器用な短い口吻《こうふん》ではなく、細やかな動きの可能なくちばしが有利となってきたはずだ。指がなくなったときに、ペンチとピンセットのどちらかを選ばせてもらえるなら、やはりピンセットだろう。鳥のくちばしは、歯のある口の代わりに生まれたのではない。むしろ、手の代用品として生まれたというべきだ。オウムの仲間では、木を登るときに、足だけでなくくちばしでも枝をつかんで、まさに手のように使用する。「くちばし＝手＋口」という公式を作り、理科の教科書に載せ、試験前の高校生に暗記させたいぐらいだ。

くちばしのような細長い構造物では、強い力をかけることはできない。効果的な運用に強い力を必要とする歯は、くちばしに納めるには非効率な器官になっていったはずだ。それだけではなく、造巣《ぞうそう》や羽づくろいのような細かい作業をする上では、歯のような突起物は邪魔になったかもしれない。もちろん、歯を育て維持するためにはそれだけのコスト、栄養分やエネルギーも必要である。もう、積極的に歯を維持すべき理由も見つからなくなってきた。

翼竜でも、タペジャラやトゥプクスアラなど一部の種では、歯がなくなりくちばし状になっている。しかし、このような種はあくまでも少数派だ。ほとんどの翼竜には立派な歯が残されている。彼らの多くは魚を食物としていたと考えられているが、このような食物を落とさぬように捕らえるためには、固定に役立つ歯は有用な器官であることは、前述のカツオドリの例と同様だ。そして、魚食性に至ったのは、翼竜の飛翔性能が鳥ほどに高くなかったため、開けた空間を飛翔場所に選んだ結果だろう。また、翼竜では翼に指が残されている。後肢の発達していない彼らは、樹上や地上を利用する際に、

手の機能の残った前肢を使用する必要があったはずだ。鳥のくちばしに求められた器用さは、残された指に維持され、くちばしの必要性がそれほど高まらなかったことだろう。

翼竜は空に最初に適応した脊椎動物でありながら、その形態と生活は樹上や地上の利用に後ろ髪を引かれていたのだ。このため、同じく翼をもつグループであるにもかかわらず、翼竜の体は地上性爬虫類時代の痕跡を引きずり、鳥類は過去を捨て去り空に特化したミラクルボディを得たのだ。鳥のくちばしは、完全飛行生活のシンボルである。

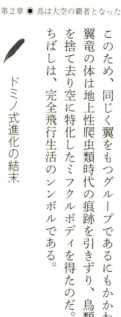

ドミノ式進化の結末

鳥は、空を飛ぶ方向に進化をした。空中という利用空間を開拓したことにより、恐竜が幅をきかせる世界のなかで、独自の地位を得ることができたのだ。そして、羽毛の進化を経由して、空への特化は、純粋なる翼の獲得に向かう。飛びながらも指の機能を残そうなどという中途半端なコウモリ的設計思想はなく、飛翔に特化した翼が開発された。このことは、指の消失を意味し、くちばしの進化への原動力となる。つまり、鳥が羽毛を飛翔に利用しはじめた時点で、くちばしをもち、歯がなくなるに至る最初の物語がはじまっていたのだ。

ここで、敬意をこめて今までの認識を改めたい。鳥は「歯を失った」「腕を失った」「尾を失った」のではない。空を飛ぶために、むしろ「歯や腕、尾を捨てた」と表現されるべきである。鳥の体には、進化の歴史がぎゅうぎゅうにつまっている。

第3章◉無謀にも鳥から恐竜を考える

恐竜ウォッチングの魅力は、さまざまな化石証拠や現在の生き物、環境などから得られる、諸々の状況証拠を統合し、推理し、往時の地球を想像するところにある。まるで名刑事や名探偵になったかのように。恐竜の生活はいかなる物だったのか、推理を進めていきたいと思う。

Section 1

恐竜生活プロファイリング

恐竜の行動は、どこまでわかるのだろうか。化石に残るのは骨格だけではない。さまざまな生活の痕跡が化石として残る場合もある。化石証拠をパズルのピースのように集め、恐竜の行動を探ってみよう。

恐竜行動学のすすめ

野生生物学の研究には、さまざまな段階がある。まず最初が記載の段階だ。この世界に、どのような生物がいるのかを明らかにすることからはじまる。次に、その生物同士が、系統的にどのような関係にあるかという分類が必要になる。そして、行動や生理、分子など、個体にまつわる情報が蓄積され、種間相互作用が明らかになり、生態系のなかでの機能が解明されていく。もちろん、これらのことは必ずしも順番に行われるわけではなく、平行して進んでいくものである。

恐竜学のなかでは、現在も次々に新種が発見され、記載されている。毎月何種もの新種が発表されており、また一方で独立種とされていたものが否定されていく。今までにいったい何種の恐竜が記載されているのか、正確に把握している人はどれくらいいるのだろうか。これらすべてをフォローするのは非常に難しいだろう。その一方で、恐竜の行動に関しては、決定的な証拠が得られることは非常に少ない。行動そのものはあくまでも一時的な現象であり化石として固定されることはないので、化石からはその痕跡を探すしかないからだ。

死体はみんな生きていた

私は、鳥の死体が嫌いじゃない。むしろ好きだといってもいい。ただし、誤解しないでほしい。変態的な意味ではなく、

記載
長年の研究の成果を科学雑誌に発表することで「記載」される。『Science』のような有名雑誌では、きびしい審査が行われる。

純粋に研究の試料としてである。野生下で得られる死体にはさまざまな情報が含まれているのだ。たとえば、白骨死体を見つけたとしよう。まず、その鳥が、その場所にいたということがわかる。稀な渡り鳥の移動経路が特定できるかもしれない。その環境が、その鳥が好む環境だったと推定される。死体の鮮度から、そこに飛来する季節もわかる。死体にネズミの歯形があれば、死因の推定にもなる。乾燥した胃のなかに内容物が残っていれば、なにを食べていたかもわかる。生態学者にとって、死体は情報の宝庫だ。

しかし、実際のところ厳然とした事実は目の前の死体だけである。その鳥がそこで見つかったことと、そこが生息地だったこととはまた別の話だ。残念なことだが、死体はしばしば移動する。海に落ちた死体は、見知らぬ海岸に打ち上げられ、暴風雨で飛ばされる。死体が生じた場所は、鳥が好む環境だったからこそ利用頻度が高く、そこで死んだのかもしれないし、生きていくのに不適切な環境だったからこそ、そこ

死体
分解者によって段階的に分解されていく。大型の哺乳類であれば、別の哺乳類や鳥類などに一部がもち去られ、昆虫などに食べられることで分解され、菌類やバクテリアなどによりさらに分解される。その経過は千差万別、さまざまである。ちなみに動物が死ぬと、死体からダニなどの寄生者がわらわらと離れていくことがある。現金なものである。

で死んだのかもしれない。私のような人間が、これはしめしめと懐に隠匿《いんとく》して、帰る途中で落とした可能性もある。このため、見つかった場所がその鳥の生息環境を反映しているとは限らない。ネズミは、生きた個体を襲うこともあるが、死体をかじることもあり、死因と歯形は関係ないかもしれない。胃内容が、主食だったのか、死の直前にほかに食べ物がなくやむを得ず食べたものなのかもわからない。

死体から得られる情報には常に限界がつきまとう。これが現生動物なら、現地の環境と生きた個体からの情報で補強することができるが、恐竜の場合はそうはいかない。しかし、既に絶滅した恐竜では、行動そのものが観察不能な以上、行動の痕跡を残す化石の存在は最大の情報源である。

鳥類の死因は種々さまざまである。捕食、怪我《けが》、衰弱、病気などが主な死因だ。これらの場合、いずれも死ぬべくして死んでいるため、死亡時に特異的な行動がそのまま固定されることはまずない。実際に、死の前の活動が透けて見える死体に野外で出会うことはほとんどない。しかし、恐竜化石のなかには、行動途中の状態で死んだとされるものがある。

有名なのは、ヴェロキラプトルとプロトケラトプスの闘争化石だ。ヴェロキラプトルがプロトケラトプスの首元に爪をかけ体を脚で蹴り、プロトケラトプスはヴェロキラプトルの前肢に噛みついている。化石になるには、死んでいることが前提だ。しかし、彼らは、活き活きと化石になっている。ギリシャの彫像じゃあるまいし、これはやり過ぎだと百人が百人思うにちがいないほどの躍動感だ。こんな化石を見た者は誰しもなにか一言物申したくなるにちがいない。

彼らは偶然いつものケンカの最中に、偶然なんらかの災害で死に、偶然そのままの形で保存されたのだろうか。そんな御都合主義は看過できない。まず、肉食のヴェロキラプトルとはいえ、それほど大型ではない。自分より大きなプロトケラトプスにあえて勝負を挑むことはそうそう頻繁《ひんぱん》ではなかろう。現代の哺乳類を見ても、オオカミなどが群れで大型の獲

ヴェロキラプトル
ドロマエオサウルス類の獣脚類。細身で後肢に大きな鉤爪をもつ。「ヴ」の使用頻度が高いのも恐竜の特徴である。

プロトケラトプス
角がないのに角竜とはこれいかに。とはいえ、角竜の特徴は、えりかざりとくちばし状の口先である。角はなくてもよい。ほほの突起を角とする向きもあるが、角には見えない。

一言物申したくなる
ならない人は、好奇心欠乏症か、最初から恐竜に無関心な人にちがいない。目の前の事実に疑問を感じたときに、その向こう側を深く追求したくなる。これこそが科学的探求心の原点である。

物をねらうことはあれど、対象となるのは主に幼いものや体の弱ったものなどの弱者が中心である。相手が植食者とはいえ、毎回一対一で大型個体に襲いかかっていては身がもたない。このため、これは通常の捕食シーンではなく、やむにやまれぬ状況でケンカ状態におちいったものと解釈できる。

このような状況が生じ得るのは、死ぬしかないような場所で、接近遭遇してしまったという状況だ。自然状態で直接絡み合うことのない鳥でも、狭い袋に2羽入ると、興奮してケンカして絡み合ってしまう。もし、自然状態で彼らが狭いところに押しこめられれば、普段は接近しない2頭が遭遇し、やむを得ずケンカがはじまるだろう。落とし穴でも、岩の隙間でも、洞穴の袋小路でもいい。そのような場所で、そこが

ヴェロキラプトルとプロトケラトプスの闘争

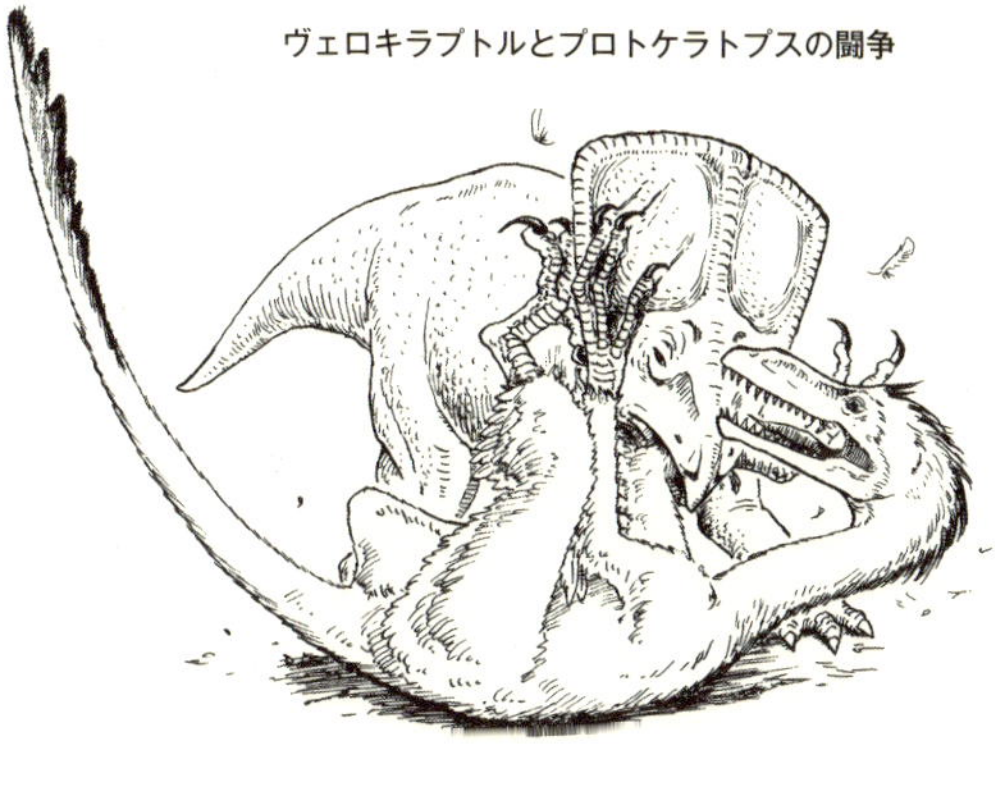

沼状になっていてたちまち動けなくなったり、突然の巨大砂嵐で一気に埋まってしまったり、突然崖が崩れたりすれば、ケンカしたまま固定されることになる。とにかく狭い場所で短期的に死ぬ必要がある。そうでなければ、両者の間に闘争化石になろうという明確な意思と合意形成があったとしか思えない。この化石は、想像力を刺激するものだが、頻繁にあった事象が固定されたというより、レアな条件が重なったからこそ固定されたのではないかと思う。

２０１２年に、ジュラ紀の翼竜の化石で興味深いものが発見された。翼竜ランフォリンクスに大型の魚類であるアスピドリンクスがかみついている。そしてその翼竜の喉には小型の魚が引っかかり、腹部には未消化の魚が残っているという盛りだくさんな化石である。生態系のなかの食う食われるの関係を一コマで表現しており、漫画の表紙に出てきそうな光景だ。一見すると、噛みついただけで満足いった魚が、我が生涯に一片の悔いなし！と叫びながら昇天したように見える。

しかし、さすがにそれはないだろう。ここでは、魚の歯が翼竜の皮膜に絡みついてしまい、いっしょに死の淵に沈んだのではないかと解釈されている。

この化石からは、まさにランフォリンクスが水面で魚を捕食し、それを巨大な魚が襲っていたという行動がわかる。もちろんこの状況が保存される確率は非常に低いだろうから、魚はちょくちょく翼竜を襲っていたのではないかと考えられる。現代でも、サメが海鳥を襲ったり、ブラックバスがカイツブリを食べたりと、魚が鳥を食べる例はままあるので、納得のいく場面設定である。

２０１０年には、白亜紀後期の地層から、恐竜の卵と幼体のいる巣でとぐろを巻くヘビが見つかっており、これも捕食の場面が

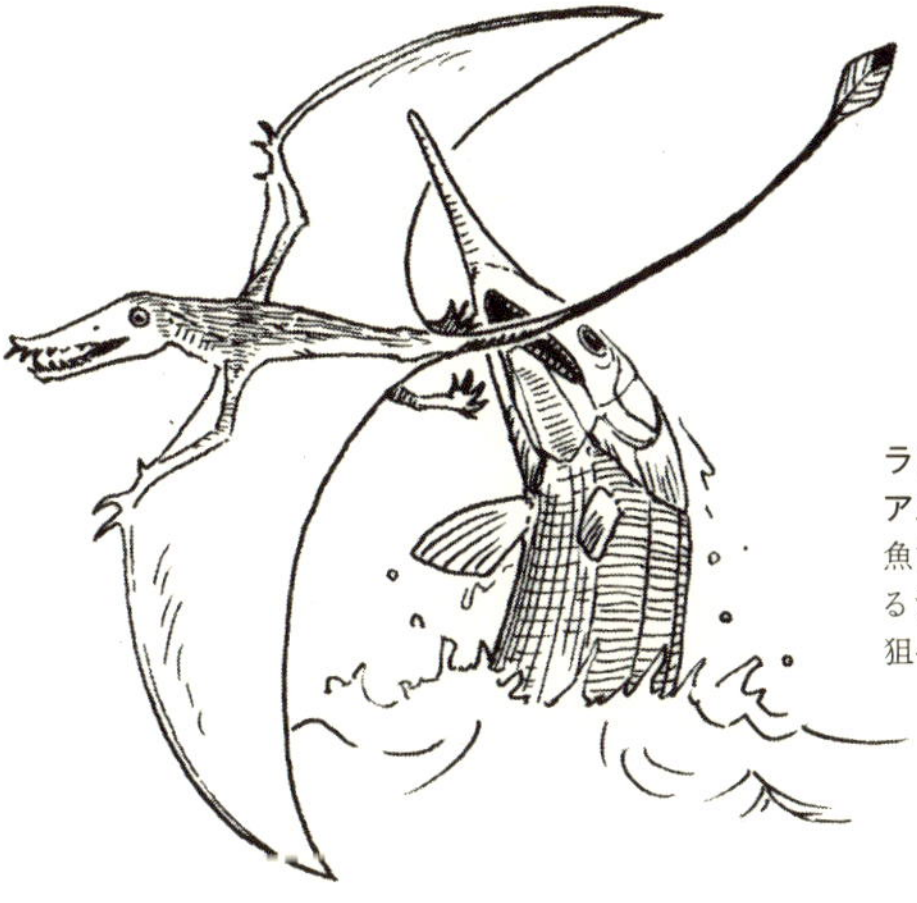

ランフォリンクスとアスピドリンクス
魚を狙い低空飛行をするランフォリンクスを狙ったものか。

保存されたものとされている。こういう場合に、どうしても疑われるのは、別の場所や、別の時間にいた死体が、結果的にいっしょに保存された可能性である。確かに化石から、それが7千万年前のヘビと7千万と1年前の卵だったことを否定することはできない。この論文では、ヘビの姿勢や配置などから、同時的にいたと考えるのが妥当だと解説されている。

これらの例は、非常に稀な例である。1億5千万年の恐竜時代全体を見渡しても、これほど臨場感あふれる印象が刻みこまれた化石は、ごくわずかである。古代の動物の行動を復元するのは、容易ではないのだ。

捜査は足取りを追う

しかし、行動が想定できる化石は、ほかにもある。それは、動物そのものではなく、その痕跡が残った化石、いわゆる「生痕《せいこん》化石」である。たとえば、巣穴や足跡、糞の化石などが、生痕化石と呼ばれる。このなかで、恐竜の活動をうかがい知ることができるものとして、足跡《あしあと》化石は非常に興味深い。足跡化石は、世界中で見つかっており、さまざまに研究されている。

恐竜の足跡から、その運動の仕方をうかがい知ることができる。たとえば、四足歩行をしていたのか、二足歩行をしていたのかについて、直接的な証拠を得ることができるのだ。また、歩き方や、水かきの有無なども、骨の化石からのみではわからないことである。たとえば、南米で見つかったアクロカントサウルスのものと見られる足跡は、足先が内側に向いており、内股で歩くことがわかった。足跡の歩幅などから、恐竜のスピードを算出する試みも行われている。獣脚類のオルニトミムスでは、そのスピードは時速60キロとも80キロともいわれている。

恐竜ではないが、翼竜では着地をしたときのものと見られる足跡が見つかっており、その行動が把握できている。これ

足跡化石
足跡化石には学名がつけられる。また、足跡をつけた主はわからないことが多いが、ティラノサウルスのように、「その時代」に、「その地域」に、「ティラノサウルスくらい大型の肉食恐竜がほかにはいない」といった条件のときに、ある程度は足跡の主を特定することはできる。

は、フランスから見つかった約1億4千万年前のものだ。この生痕化石からは、その翼竜が後肢で着地した後、数歩進んで、前肢も地面につき、四足歩行で移動していたことがわかった。翼竜は、二足歩行だったと考えられていたこともあったが、四足歩行であることを証明したのも、このように地面に残された足跡化石であった。

人間は、歩行で感情を表現する。もしかしたら、恐竜でも同じことがあるかもしれない。スキップ足跡はウキウキしていた証拠だ。その先に弱そうな小型恐竜が食べられた痕があれば、まちがいなくランチ前のウキウキだ。後ろ歩きしている足跡が見つかれば、おびえている証拠だ。おそらく、近くで母親が腰に手を当てて激怒している足跡が残っているだろう。

ジュラ紀の中国からは、足跡がらみで興味深い化石が見つかっている。そこでは、深さ1〜2メートルほどの穴のなかで、少なくとも18個体の小型獣脚類の死体が折り重なるよう

ウキウキ
動物は結構ウキウキする(ようにしか見えない行動をとる)。晴れていればウキウキし、あたたかいといってはウキウキする。小春日和の日にさえずってみたり、足取り軽く歩いたり、じゃれあってみたり、意味のない浮かれた行動をとったりする。

後ろ歩き
ところで、恐竜って後ろ歩きはできるのだろうか。少なくとも野生の鳥では見たことがない。恐竜は鳥とはちがい、主に陸上でくらす動物なので、地上での行動はより変異に富んでいたはずだ。それならば、後ろ歩きだってあり得るだろう。世界中で見つかっている足跡化石を精査すれば、後ろ歩きのも残っているんじゃないかと思う今日この頃である。

に見つかった。これは、穴に落ちた恐竜たちが、そこにたまった泥から抜け出ることができず、死んだものと考えられている。そして、この穴の正体は、マメンチサウルスのような巨大竜脚類の足跡だったのだろうと推測されている。

　足跡ではないが、同じように多数の死体が折り重なるように見つかった場所がある。ユタ州の採石場では、40体以上のアロサウルスがまとめて見つかった。少数の植食恐竜と数種の獣脚類も見つかっている。ここでは、泥に足を取られて植食動物が死に、その死体を食べようとした捕食者がまた泥にはまり、それに誘引された別個体がまた……と考えられている。しかし、40個体も罠《わな》にはまるのは、やり過ぎだろう。漫画じゃあるまいし、目の前にそんなおいしい餌《えさ》がなんの危険もなく山盛りに落ちているわけがなかろう。長い時間をかけて、うっかりした個体が何体もはまった可能性もある。なんにせよ、目先の儲《もう》け話に飛びつかず、地道に働くのがじつは幸せへの近道だという、なんだか説教めいた化石である。

巨大竜脚類の足跡
私が子供の頃には、巨大な足跡化石のなかにたまった水で、プール代わりに水遊びする女の子の写真が図鑑に載っていた。あの女の子も、さぞ美人になったことだろう。

多数の死体が折り重なるように
カリフォルニア州ロサンゼルスにあるタールの沼、ランチョ・ラ・ブレアでは、スミロドン（サーベルタイガー）などの絶滅哺乳類の化石が折り重なるように発見されている。タールにはまった獲物をねらって、スミロドンがさらに沼にはまったとされている。

漫画じゃあるまいし
漫画ではないが、このくだりはタビネズミの集団自殺を思い浮かべる読者もいるかもしれない。しかし、実際にはタビネズミは集団自殺などしない。

テキサスで見つかった足跡はとても有名だ。ここでは多くの大型竜脚類の足跡が見つかり、その足跡に近寄る獣脚類の足跡も見つかっている。これは、後者が捕食のために竜脚類に近寄った痕ではないかといわれている。この獣脚類はアクロカントサウルスの可能性があるといわれている。足跡からは、竜脚類の方が明らかに大きいため、捕食という設定は無謀だという反論もある。しかし、竜脚類の群れに幼体などの弱い個体が混じっていれば、充分に捕食対象となる。一方で、この足跡が別の時期につけられた関係のないものの可能性も指摘されている。足跡は、想像をかき立ててくれる。少なくとも、この場所を多くの恐竜が歩き回ったのは事実だ。

また、テキサスで見つかった竜脚類の足跡では、彼らが群れで行動していたことと、さらにそのときに幼い個体を群れの中央に配置していたことが示唆されていた。これは、周辺の捕食者から、弱い個体を防衛していたという社会的な行動とされている。ただし、果たして本当に優しさによる防衛なのか、若齢個体を囲んでカツ上げする不良の集団なのかは、痕跡だけからは区別できないもどかしさもある。もしかすると、そもそも群れの痕跡ではなく、さまざまな個体が通り道とする獣道だったのかもしれない。

足跡化石は、本人の化石が残っていないゆえになおさら想像力を刺激する。なにしろ、織田信長の足跡すらみたことのない現代人が、１億年も２億年も前に恐竜が歩いた痕を、目の当たりにできるのだ。このことにロマンを感じる人は、ぜひ未来の古生物学者にも同じ感動を味わわせるため、今すぐにでも近所の沼地の泥上にて裸足《はだし》でスキップをするとよいと思う。

Section 2

白色恐竜への道

恐竜はどんな色だったのか。暗色を司るメラニン色素の研究により、羽毛の色の傾向がわかってきた。しかし、確実に外見の色がわかったわけではない。このセクションでは、現代の鳥類の生態から考えられる恐竜の色について推論したい。

総天然色恐竜時代を迎えて

最近、恐竜がカラフルである。むろん、図鑑のなかでの話である。これには、恐竜が鳥類の祖先だと考えられるようになったことが大きく影響している。ご存じの通り、鳥類はさまざまな色彩をもち、非常にきれいな姿をしている。その祖先であった恐竜が、地味な褐色《かっしょく》だったはずはなかろう、というのが装いの理由の一つだ。

カラフル恐竜
こうした復元図を見ると、派手で可愛い服を着せられて散歩しているイヌの姿を思い出してしまう。恐竜たちも、数十年前までは地味な褐色の姿をむき出しで闊歩していたのに、いつのまにかファッショナブルになってしまった。

たしかに、羽毛恐竜の一部の種では、羽色が判明したものもある。しかし、大部分の恐竜については皮膚も羽毛も見つかっておらず、どの部分がどのような色を呈していたかはまったくわからない、というのが実際のところだ。要するに、恐竜の復元図は基本的に想像によって描かれているのだ。もちろん、その姿を想定するためには、化石から得られるさまざまな知識が総動員されている。とはいえ、模範解答が用意されていないため、恐竜の外見は描き手による裁量が大きく影響することになってしまう。現生の鳥であれば、どの図鑑を見てもスズメはスズメ、キジバトはキジバトの姿をしており、絵の上手下手はさておき、基本的に同じ姿を見ることができる。しかし恐竜の場合は、手にする図鑑によって、描かれている恐竜の姿が異なってしまうのだ。このため、恐竜の野外観察を志す若者達の怨嗟《えんさ》の声がこだますることになる。これでは、万が一野外で野生の恐竜を見つけた場合に、図鑑と見比べても種類がわからないじゃないか！

そういうわけなので、図鑑で描かれた色は、ほぼ確実に実際の恐竜の色とは異なっているだろう。これは仕方がないことだ。なにしろ、元になっているのは色気のない隆々たる骨格だけだ。たとえばヤイロチョウは、その名の通り色彩豊かな鳥で、高知県の誇る県鳥である。しかし、骨だけ渡されてその華麗な羽色を再現できる人はいないのである。

そんな恐竜の復元図のなかで、気になっていることがある。過去の単調な色彩に対する反省が行き過ぎたのか、単色でベタ塗りしたような恐竜を見かけることが少なくなってしまったのだ。鳥類の世界では、真っ黒なカラスや、真っ赤なアカショウビンなど、ベタ塗り系の羽衣をもったものも少なくない。そのことを考えると、恐竜も同様のタイプのものがいたにちがいない。反省は大切だが、やたらと色彩豊かにすれば真実らしいかといえば、必ずしもそうではないのだ。

実際に、野外で身近によく見られるベタ塗り系は、白色の鳥である。水田地帯を歩いていると、真っ白なサギが優雅に

ヤイロチョウ
スズメ目ヤイロチョウ科の鳥。夏鳥として本州以南に渡ってくる。ポポピー、ポポピーと鳴く。

歩いている姿に出くわすだろう。サギの仲間には、白色のものが非常に多い。また、海鳥には白い鳥がよくいる。アジサシやカモメ、カツオドリ、アホウドリ、トキ、コウノトリ、ツルの仲間などでは、体の大部分が白いものが多数いる。ずばりシロアジサシやシロカモメ、シロカツオドリ、シロアホウドリ、シロトキなど、名が体を表すものも少なくない。ハクチョウに至っては、名前を聞くだけで真っ白い鳥だということがわかってしまう。これだけ白い鳥がいるのだから、真っ白な恐竜もきっといたにちがいない。

さて、話は少し変わるが、スズメなどの本来白くない鳥でも、突然変異により羽毛が白化した個体が生じることがある。このような個体は、ほかの個体に比べて目立ちやすくなるため、捕食されるリスクが高くなり、生存率が低くなると考えられる。公園や神社の境内でよく見られるドバトには、羽色に変異があり、黒いものや灰色のもの、白いもの、茶色いものなどさまざまな個体がいる。白い個体は遠くからも目立っ

トキ
学名ニッポニア・ニッポン。最後に飼育されていた雌のキンが2003年に死亡。残念ながら日本では野生絶滅してしまった。

てしまい、オオタカやカラスなどに襲われやすい。都会のドバトに黒や灰色のものが多いのは、コンクリートや道路などの背景にカモフラージュされて、生き残りやすいためだともいわれている。

白いことは、まちがいなく目立つことだ。捕食者を回避することを考えると、白い外見を進化させるなんていうことは、まちがった方向としか思えない。では、自分が捕食者ならよいだろうか。捕食者は捕食者で、食物となる動物を襲わなくてはならない。相手が視覚の発達した動物であれば、目立ってしまうと狩りの前に獲物に逃げられてしまう。加害者側に立っても、被害者側に立っても、白はちょっと進化しにくいように感じられる。真っ白な恐竜の復元図をあまり描かないのは、賢明な判断かもしれない。

白いと目立つ
アメリカクロクマには白い個体がいて、カナダ、ブリティッシュコロンビア州のグリブル島では白い個体が45%も占める。白い個体の方が、食物であるサケをよく捕っているという研究もある。

それでも恐竜を白くしたいのだ

私は真っ白な恐竜がいたと信じている。完全に真っ白でなくてもよい。トキのように顔だけ赤いのもオシャレだ。目の周りが黒いのはミコアイサを彷彿《ほうふつ》とさせて好感がもてる。どういう恐竜であれば、白い姿で描いてもらえるか、考えてみることにした。

さて、前述の白い鳥を並べてみると、水辺の鳥が中心となっていることがわかるだろう。どうやら、海や川、湖など、開けた場所で生活する鳥には、白色のものが出現しやすいことはまちがいなさそうである。そして、体の大きさが比較的大きな種が多く、スズメリイズの小型のものは含まれていないことも覚えておきたい。

白いことが目立つことであるとすると、それは他者に向けた信号であると解釈できる。その信号は確かに捕食者にも受

ミコアイサ
雄の羽色が白黒の愛らしいすがたのカモ。通称パンダガモ。

け取られてしまい、目立つことにより襲われやすくなることは確実だ。捕食者であるオオタカの巣の下を調査すると、コサギやチュウサギなど、いわゆるシラサギ類の骨が落ちているのをよく見かける。しかし、白い鳥が本当に信号を送りたい相手は捕食者ではないだろう。食べられるために身を献げるような聖人君子は、野生下では子孫を残せないため、進化し得ないはずだ。

そうすると、信号を受け取ってほしい相手は、同種や近縁種などである可能性が高い。白い鳥を多く含む水辺の鳥たちは、同時に群れをよく作るという性質も共通してもっている。風景のなかで白い点があると、遠くからでも認識することが

コサギ
白い羽色は、野外ではとても目立つ。

できる。特に、開けたところにすむ鳥であれば、その効果は絶大だ。白いことによって、鳥は自分の仲間を見つけ、群れを作りやすくなっているのだと考えられる。

鳥が群れを作るのには、いくつかの理由がある。一つは、食べ物を効率よく見つけることだ。たとえば、局所的にまとまっている食物があるとしよう。それを見つけるのは大変だが、見つけてしまえば食べ尽くすことがないような資源だ。そのような場合は、一人で探すよりもみんなで探した方が効率がよくなるはずだ。また、ほかの個体がいると、その個体に驚いて飛び出した動物を捕まえやすくなる場合もある。アマサギが群れで行動しているときに、近くにいる他個体から逃げ出した昆虫を捕らえたりすることがある。単独で採食していては得られない効果だ。

群れの効果として重要なことに、捕食者対策がある。単独で行動している場合に、遠い空からタカが襲いかかってきたならば、捕食されるのはまちがいなく自分である。しかし、

シラサギ
シラサギという種類のサギはいない。コサギ、チュウサギ、チュウダイサギ、ダイサギ、アマサギ、クロサギの白色型などの総称である。ただし、カラシラサギや、アカガシラサギというのはいる。

100個体の群れであれば、確率は100分の1だ。おそらく自分じゃないだろうと全員が思っている。小学生のとき、難しい問題をあてられないよう、先生と目を合わせないようにしながら、普段は信じていない神様に不純な祈りを捧げたあのときの気持ちを思いだしてほしい。ただし、あてられたときのショックは計りしれない。捕食されたときは、その1千倍くらいショックなはずだ。

群れを作っていれば、捕食者を見つけるのも早いだろう。自分が食物を食べるのに夢中になっていても、遠くから捕食者が襲いかかってくるのに誰かが気づいてくれる。周囲のほかの個体が突然逃げたら、とりあえず自分も逃げればいいのだ。

白いと目立つため、捕食者に狙われやすい。しかし、白いことで群れになりやすく、捕食者に狙われにくくなる。なんだか逆説的で、すんなりとは理解しにくいかもしれない。その背景には、前提としてその個体が捕食されやすい生活をす

逃げればいい
これについては、学校帰りに空き地でこっそり爆竹を鳴らしていたときの気持ちを思いだしてほしい。

る種類だということを意識しておきたい。開けたところで生活をしている鳥は、なにもしなくても目立ってしまう。特に、水辺は隠れるものが少なく、何色だとしても目立つだろう。体の大きな鳥であれば、なおさら目立つ。どうせ目立ちやすい条件があるので、捕食者から見つかりやすいリスクは織りこみずみだ。もともとのリスクがゼロでないからこそ、群れになる利益が大きく、白い姿が進化してきたのだろう。

白い恐竜の条件

さて、そろそろ結論に向けて歩を進めたいと思う。白い恐竜はまちがいなくいたはずだ。その恐竜は、開けたところにすみ、体がある程度大きく、群れになりやすい種類だ。捕食者ではなく、どちらかというと被食者である方が都合がよい。カマラサウルスの仲間なんかは、いかがだろうか。ハドロサウルスやイグアノドンの仲間にも、白いものがいそうな気がする。

さて、その一方で現生の哺乳類を考えた場合には、大型種で白いものはあまり見あたらず、どちらかというと地味な配色の物が多い。まぁ、キリンが地味かといわれると悩むところなので、彼らのことは忘れてゾウやカバのことを思い浮かべよう。三次元的に移動可能な鳥類に比べると、大型哺乳類は瞬発的な移動能力は低いはずだ。特に体重の重いものでは、その傾向が強いだろう。このことは、捕食者に発見されたときのリスクが、鳥に比べて相対的に大きいことを意味している。大型個体自身は大きさゆえに身を守れるかもしれないが、幼齢個体を含む家族群では足の遅さは致命的だろう。このため、白色になるリスクが群れになるメリットよりも大きく、白色が進化しにくいかもしれない。逆に、大きいということは、それだけで目立つことなので、わざわざ白色の信号を出す必要がないかもしれない。それならば、メラニンを含み紫外線等から防御しやすい体色の方が進化しやすいだろう。いずれにせよ、巨大さと白さは両立できない可能性がある。

恐竜の移動性能は、平均すると大型哺乳類と鳥の間に位置すると考えたいが、種間差は大きいだろう。捕食者のスペックにもよるが、体が大きい上に足が遅そうな竜脚類では白色はしんどそうなので、カマラサウルス類は取り下げたい。これに対して、ハドロサウルス類やイグアノドン類では、そここそ足が速かった可能性もある。ただし、ハドロサウルスやイグアノドン自体は10メートルにもなる大型恐竜だ。ここでは、彼らの仲間で、体重が重すぎず軽快な種を白色恐竜の本命候補として推薦しよう。ニッポノサウルスやドリオサウルスなんかは、白装束が似合うだろう。

では、捕食者に白いものはいないのだろうか。そんなことはない。白が保護色になる世界であれば、白い捕食者は存在し得るはずだ。北極には、シロフクロウという真っ白なフクロウがいる。ハリー・ポッターで有名になったアレである。この鳥は、雪と氷の世界で白い羽衣《はごろも》を身にまとい、捕食者と

ハリー・ポッター
おそらくは、現在、最も有名な魔法使いのひとり。眼鏡をかけている。

して機能している。ホッキョクグマだってそうだ。

恐竜が、雪と氷の世界にいたかどうかは、わからない。しかし、いたとしたら、寒冷地仕様の白色恐竜が闊歩していたにちがいない。恒温動物は、寒い場所では体が小さいと体温が奪われやすく、死亡しやすくなると考えられる。このため、寒いところほど体が大きくなるという現象があり、これをベルグマンの法則という。恐竜が恒温動物であったかどうかはまだ議論の渦中にあるが、もしそうだったとすれば極地の恐竜は大型であったかもしれない。

さらに、白い恐竜にはもう一つ形態的な特徴があることを予言しておこう。白色恐竜の皮膚の裏は、メラニン色素で黒くなっているものが見つかるだろう。鳥の羽毛の黒や褐色は、メラニン色素によるものだ。メラニンは、有害な紫外線を吸収し、体を守ることができる。しかし、白い鳥の場合には、羽毛で吸収することができない。シラサギ類を解剖していると、皮膚の裏がほかの鳥に比べて黒っぽい傾向がある。おそ

ホッキョクグマ
北極圏にくらす大型のクマ。シロクマという名前がとおりがよいが、正式な和名はホッキョクグマである。南極にはクマはいない。絶滅危惧種。札幌市円山動物園のホッキョクグマ、ピリカがデザインされたインスタントラーメンは、かわいいだけでなく、めっぽうおいしい。

らく、羽毛で吸収できない紫外線を、ここでブロックしているのだろう。ホッキョクグマでも白い毛の下で、皮膚が黒いことが知られている。ただし、白い羽毛は紫外線を吸収しないかわりに、反射することで体を守っている側面もある。このため、すべての白色恐竜の皮膚が黒いというわけではない。あくまでも、そのようなタイプの恐竜もいるだろうということだ。

本当は、真っ黒な恐竜や真っ赤な恐竜が生まれる条件についても考えたいのだが、残念ながらもう紙面が足りない。ただし、各色の恐竜がいたであろうことはまちがいないだろう。もしかしたら、カメレオンやプレデターのように、色を変える恐竜だっていたかもしれない。光学迷彩に身を包み、にやにやしな

白色恐竜の想像図
頭の模様で同種の認識をする。本書はカラーではないので、この恐竜の白さが伝わらないのが残念である。

がら悠然と捕食者の視界をすり抜ける小型恐竜、じつに想像力を刺激する場面である。

最後に、白い鳥にはもう一つ別のパターンがあることを述べておきたい。それは、飼育動物である。ニワトリ、アヒル、ガチョウ、ジュウシマツなどは身近な白い鳥の代表格だ。それぞれセキショクヤケイ、マガモ、ハイイロガン、コシジロキンパラなど、白くない野生種から家禽化《かきんか》されたものである。哺乳類でも、家畜には白いものが多いことは、ご存じの通りだ。

人間が飼育するということは、捕食圧が関係なくなるということだ。飼育されてしまえば、色に関係なくいつ食卓にのぼってもおかしくない。また、自然なつがい形成もなくなり、雌を獲得するためのディスプレイも不要となる。色を作るということには、もちろんエネルギーがかかるため、作らずにすめばそれに越したことはない。また、人間にとって白は文化的に特別視されることが多い。家禽の場合は、逃げたとき

光学迷彩
光学的に対象を透明化、または見えづらくする技術。昨今の技術では、完全に透明化するわけではないものの、現実化してきている。

セキショクヤケイ
後のニワトリである。

マガモ
後のアヒルである。

ハイイロガン
後のガチョウである。ただし、シナガチョウはサカツラガンを原種としている。

の見つけやすさも重要になるかもしれない。飼育下では、突然変異で偶然生まれた白い個体が、選抜されて個体数を増やすことになる。

つまり、恐竜も飼育下に置けば白くなる可能性があるということだ。いつかチャンスがあれば、恐竜を累代飼育して、このことを証明しようと思っている。もし自宅で飼っている恐竜が子供を産みすぎて困っていたら、ぜひ私に譲ってもらえるとありがたい。

Section 3

翼竜は茶色でも極彩色でもない

恐竜の色に続き、空を舞う爬虫類の色について検討する。翼竜の多くは魚食性であるという研究もある。では、海にくらす鳥たちはどのような羽毛の色をもち、その色にはどのような意味があるのだろうか。

翼竜の復元図

何度も書くが、翼竜は空を飛ぶ脊椎動物として、鳥類にとって先輩格の動物である。この翼竜の復元図を見ていて、いつも気になってしょうがないことがあるので、恐竜の件に引き続き聞いて欲しいのだ。

私が子供の頃、翼竜といえば茶色から緑褐色で描かれることが多かった。地味な爬虫類が、噴火する火山をバックに翼を広げて恐ろしげに空を飛んでいる図が、今でも頭の片隅に焼きついている。しかし、最近の図鑑では、カラフルな極彩色で彩られた翼竜の姿をよく見る。赤や、青や、黄色の模様が、惜しげもなくおごられている。恐竜が鳥類の祖先であるということがわかるにつれ、その姿も地味な褐色ではなく、鳥類をイメージさせるきれいな色で描かれるようになってきた。翼竜の復元図も、その余波を受けてカラフルな姿を与えられるようになってきたように思われる。しかし、翼竜の体が実際に何色だったかについては、これまでの研究ではわかっていない。ただし、じつは彼

子供の頃の恐竜画
恐竜たちは当時、地味な色だった。
おじさんたちに聞くと、地味な方が
かっこいいという声が多数。

らの姿形からその生活を想像することで、その配色をある程度推定することができる。

翼竜の生活

まず、翼竜の生活だが、彼らは大きな翼をもち、空を飛んでいたと考えられている。最も有名な翼竜であるプテラノドンは、翼を広げると7～9メートルにもなる。最大の翼竜であるケツァルコアトルスでは、翼を広げると10メートルにもなるという試算もある。これほど大きな翼は、当然のことながら大きな空気抵抗を生む。このため、一般に羽ばたきには適しておらず、どちらかというと滑空に適している。

滑空は、自ら風を生み出して飛ぶ羽ばたきとはちがい、空中での動きが、空気の流れにある程度左右されることになる。このため、エネルギー効率はよいものの、小回りは利かない。現生の鳥類でも、長い翼をもつアホウドリの仲間や、コンドルの仲間などは、滑空を得意とする鳥類だ。ただし、小型の翼竜の化石も見つかっている。小型の種では、もちろん羽ばたき飛行も頻繁に行っただろう。とはいえ、羽毛のように複雑な器官をもたず、一枚板となっている翼の構造上、鳥類ほどの小回りは利かなかったのではないかと思う。いずれにせよ、翼竜、特に大型の種にとっては、滑空がしやすい障害物の少ない場所、開けた場所が生息地になっていたと考えられる。

翼竜には、魚食性の種が多かったと考えられている。彼らは一般に細長い大きな口をもち、鋭い歯がたくさん生えていた。このような口は、水中での抵抗を減らし、滑りやすい魚をしっかりとくわえるのに役立っただろう。実際に、ドイツのゾルンホーフェンから見つかったランフォリンクスの化石では、喉のあたりから魚の化石が見つかっている。

今のところ、多くの翼竜が魚を食べていたと予想されており、私もそのことには異論がない。魚を捕る場所は、当然の

コンドル
タカ目コンドル科の鳥。和名コンドルは南米にくらす、通称アンデスコンドルのこと。コンドル科は南北アメリカに分布している。ハゲタカと混同されるが、ハゲタカという鳥類のグループはなく、ユーラシアからアフリカに広く分布するハゲワシ類とコンドル類の総称。

ゾルンホーフェン
ゾルンホーフェン産の石材はジュラストーンなどの商品名で、ホームセンターなどで売られていることがある。壁材などに使われるが、なかには化石が入っているものもある。町中で化石探しをするのも一興。

ことながら川や湖、海など、空を飛ぶときに障害物の少ない場所であり、前述の内容と矛盾せず、じつに納得がいく。目を閉じると、海の上を悠々と滑空して魚を狙う翼竜の姿が、まぶたの裏に浮かんでくるだろう。このような開けた場所で空を飛んでいたというのが、重要なポイントなので、覚えておいてほしい。

不自然なトサカ

さて、翼竜の形態を見てみると、非常に特徴的な部分がある。彼らの頭には、しばしば大きなトサカがついている。ときには頭のサイズそのものよりも大きなトサカがついていて、飛ぶのにさぞ邪魔だったろうと心配になる。特にひどいのは、ニクトサウルスだ。頭の上に、二股に分かれた棒がついている。その長さは、頭骨の長さの3倍もある。まちがいなく邪魔だ。タペジャラの仲間では、頭の上だけでなく、くちばし

トサカ
漢字で鶏冠と書くように、ニワトリにもあるが、ニワトリのものは皮膚の変形である。ヒクイドリは頭の骨がとんがってトサカになっている。

の下の喉の部分にも飾りがついているものもある。基本的には平べったい構造物で、前に向かって飛ぶときには空気抵抗は少なそうだが、横風には弱そうだ。これらの飾りは大きくよく目立ち、翼竜の種によってさまざまに異なっている。また、ジュラ紀の翼竜では、長い尾が目立つ種類が進化している。尾の先端部には、やはり飾りがついているものがおり、種ごとに独特の形を進化させている。

これらの飾りがいったいなんのためにあるのか、さまざまな説があった。垂直翼としての力学的な機能、筋肉をつける付着場所、体温の放熱のためなどだ。ただし、同種と考えられる翼竜でも、トサカの大きさや形が異なっている場合などがあり、そのちがいは雌雄のちがいであった可能性が指摘されている。そうすると、雌雄に共通する上記の機能では、説明がつかない。もちろん、そういう場合もあったかもしれないが、主な機能はこれらではないだろう。そういうわけで、このトサカは雄が雌に対してディスプレイをするためのもの、と考えられることが多い。

しかし、このような飾りは単に雌雄でのコミュニケーションのためだけに発達したものではないかもしれない。力学的な機能よりディスプレイの意義が深いと考えられるこのトサカは、雄が雌に見せるというよりは、雄が他種に見せていたものだったと解釈することができる。生息していた場所の特徴を考慮しながら推理すると、あの不自然なトサカは、翼竜同士が種を認識するためのものだった可能性がある。動物は、超能力をもっているわけではない。彼らも、なんらかの方法でお互いが同種なのか、それとも別種なのかを識別する必要がある。もし、お互いに別種とわからずにつがいになってしまうと、子供ができず次世代を残すチャンスを失ってしまう。別種相手に、しなくてもよい縄張り争いを仕掛けることは、疲れるばかりで得るものがない。このため、同じ場所に生息する近縁種では、お互いに種を認識する方法が進化してくるのだ。

たとえば、鳥で考えてみよう。カモの仲間はみんな似たようなシルエットをしている。しかし、雄の羽色はさまざまに特徴的で、人間が見ても見まちがうことはほとんどない。マガモの首には白い環があり、カルガモのくちばしの先端は黄色く、コガモのお尻には黄色い三角模様がある。見た目を大きくたがえることで、お互いの種を認識しているのだ。暗い森林にすむ鳥では、姿が似ていても鳴き声がまったくちがうため識別しやすい種類がよくいる。センダイムシクイ、エゾムシクイ、メボソムシクイの姿はとてもよく似ているが、鳴き声はそれぞれチヨチヨ

羽色で互いを認識するカモ類

声で互いを認識するムシクイ類

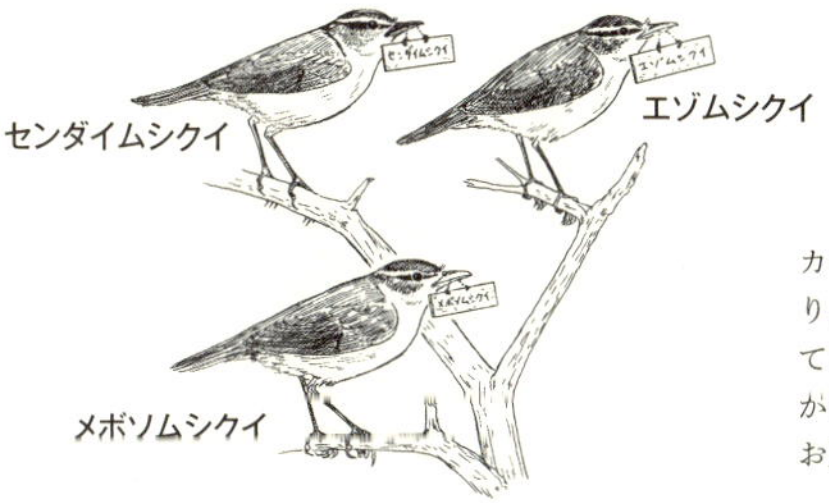

カモ類は羽色が大きく異なり、視覚でお互いを認識している。ムシクイ類は羽色が似ているが、声によってお互いを認識している。

ビィー、ヒィーツゥーキィー、チョリチョリチョリチョリと聞こえ、聞きまちがえることはない。雄だけで特徴が発達するのは、雌が雄を選んでつがいになったり、雄同士が縄張り争いをしたりすることに起因している。

問題は、その認識方法が翼竜の場合はなぜトサカや尻尾の飾りだったのか、ということだ。とにかく、どう考えても邪魔にちがいない大きさのものをつけているのだから、疑問に思うのは当然だろう。ここで、生息場所が重要となってくる。

逆光の世界にようこそ

彼らの生息場所は、なんといっても大空だ。貴方が大空を舞う鳥を見上げたとき、どのように見えるだろう。その上には空があり、太陽があるため、そこはギラギラの逆光の世界である。しかも、下に広がるのが海であれば、太陽光はさらに反射し、上から見ても逆光の世界になる。また、空を飛び

鳴き声
鳴き声を言葉に変換する聞きなしという、空耳的な楽しみ方が野鳥観察の世界にはある。ホオジロの「源平ツツジ白ツツジ」、センダイムシクイの「焼酎一杯グイー」などである。なるほど。と思うものから、それってちょっと強引では?というものまでさまざま。

ながら生活をしているということは、自分も相手も常に動いているということだ。このような状況のなか、お互いの姿を認識するためには、些細な色のちがいなんて意味がなくなってしまい、一瞬で見分けがつくようなシルエットが重要になる。高速で空を飛びながら生活する鳥として身近なものは、ツバメだろう。ツバメの仲間には、イワツバメがおり、同じ場所で見かけることもある。この2種を見分けるのは簡単だ。ツバメの尾はV字型のいわゆる燕尾型《えんびがた》をしており、イワツバメの尾は短いヘラのような形だ。シルエットでわかる。翼竜が、明らかに邪魔になる飾りを進化させたのは、海の上の空という、逆光の世界にすんでいたからだろう。

さて、ようやくここから色の話になる。派手なシルエットが進化してきた理由は、彼らの生息地の環境にあった。では、大空を舞台に生活する鳥の色彩を考えてみよう。ツバメやアマツバメの仲間では、背が黒、腹が白の種が多く、腰だけがわかりやすく白くなっていたりする。喉に赤色が入っている種もあるが、ほとんどの種が白黒印刷でも識別ができる姿だ。海で生活する鳥には、ミズナギドリやアジサシ、ウミスズメなどがある。やはり、白黒印刷ウェルカムな姿で、色彩らしい色彩はほとんど入っていない。白と黒の配色も、細かい模様ではなく、よく目立つコントラストのはっきりした配色だ。たとえば、尾だけ白かったり、腰だけ白かったり、頭の上半分だけ黒かったりする。ときには、シロアジサシのように真っ白の鳥や、クロアジサシのように真っ黒の鳥もいる。

というわけで、もうわかってもらえただろう。こうして考えていくと、翼竜は基本的には白黒であることが自然に想定される。黒色を呈するメラニン色素は紫外線に強いため、日射しを常時受ける背中側は基本デザインとして黒色だろう。色素を作るのには当然エネルギーが必要なので、省資源のため腹側は白が基本だ。種によっては、腰だけが白いものや、尾だけが白いものもいたはずだ。もちろん種間差を明確にするため、全身が白いものや黒いものもいただろう。赤や黄色などの派手な色が少しばかり入っていたものもあるかもしれない。そのような色は、飛行中には役に立たないが、ほかの種と共同で繁殖地を利用するような場合に、地上などでお互いを識別するのに利用されたことだろう。ただし、それはあくまでも補助的なもので、基本は飛行時にもわかりやすいハイコントラストな白黒姿だ。

今後、翼竜の図鑑を描く人がいたら、ぜひこのような姿でお願いしたい。そうすれば、白黒印刷ですみ、コストパフォーマンスがよくなることもお約束しよう。

Section 4

カモノハシリュウは管弦楽がお好き

恐竜映画を見ていると、恐竜はしばしば鳴き声を上げている。鳥類は、鳴き声によるコミュニケーションがよく発達している。反対に恐竜の祖先である爬虫類は、あまりはげしく鳴くことはない。果たして恐竜は鳴いたのか、鳴き声を上げることに意義はあったのか。

鳴かずとも鳴かして見せようパラサウロロフス

恐竜の声ほど、復元の難しい問題もなかろう。声の本体は、空気がふるえる「振動」である。振動している空気そのものを保存する方法は今のところ存在しない。人類が音をリアルに記録・再生できるようになったのは、エジソンが１８７７年にレコードの前身であるフォノグラフを発明してからのことである。人間は、振動を再現する方法を編み出しただけで、

エジソン
トーマス・アルバ・エジソン。フォノグラフ（蓄音機）、電話、電球などを実用化した発明王。電球のフィラメントには日本産の竹が使われた。

振動そのものを保存しているわけではない。当たり前の話だが、空気の振動はどうがんばっても化石には残らない。

映像作品は、恐竜の魅力を伝える大切なメディアだ。恐竜の外見については、さまざまな研究が進み、少しずつではあるが、実像を表す努力が続けられている。一部の種では皮膚の化石が見つかり、一部の種では羽毛の色が再現されている。骨の構造から筋肉の量を評価し、体型を推定する研究も進められている。その一方で、声に関してはなかなか研究が進まない。

それはそうだろう。目の前にウグイスが死んでいるとする。彼らは、生きているときにはホーホケキョと鳴いていた。これは日本人であれば幼稚園で習うことであり、誰もが知っていることだ。ただし、死んでしまったら、たとえどれほどの美死体でも、その形態から声を再現するのは不可能である。体の大きさや、鳴管《めいかん》の長さから、声の高さは推定できるかもしれない。しかし、その褐色の地味な小鳥がホーホケキョと

鳴管
鳥類がもつ発声のための器官。気管の、気管支への分岐点にある。

ダイイングメッセージでも残らないかぎり、ウグイスがホーホケキョと鳴くとはわからない。

鳴いたとは、観音様も思いつくまい。

テレビ画面では、よく恐竜がガオーと鳴いている。これは、肉食哺乳類からの想像が半分、ワニの声からの推定が半分といったところかと思う。ワニは大地を鳴動させるような低い声で、ゴォォォォォーと鳴く。現生動物のなかで、ワニは比較的恐竜に近い仲間と考えられているため、これを参考とすることが多いようだ。ワニの鳴き声を聞いたことのない人は、ぜひとも熱川バナナワニ園あたりに行って、その声を聞いてきてほしい。

恐竜のなかで、構造的に声が推定されていることで有名なのが、パラサウロロフスだ。これは、白亜紀後期に生息した鳥脚類の一種で、頭にあるトサカが印象的だ。このトサカの内部には、鼻から続く管が通り、この部分で音を共鳴させることによって声を出していたのではないかといわれている。この管の部分は、トサカのなかで折りたたまれ、伸ばすと数メートルにもなる。この構造をコンピュータモデルで再現し、どのような声だったかを推定する研究も行われている。ここでは、大型管楽器のようなプヲォーンという太い音が再現されている。

現代の鳥類でも、大型のツルやハクチョウでは、トランペットのような管楽器的な響きのある声を出す。この声を出すことができるのは、長い気管をもつからである。鳥の声は、気管の下にある鳴管と呼ばれる部分で発生される。これが気管を通って声として出てくるわけだが、大型のツルやハクチョウでは、気管が非常に長い。多くの鳥では、気管は鳴管から首を通って最短で口に達している。しかし、これらの鳥では、胸骨のなかが空洞化し、そこに気管が折りたたまれて入っていて、気管の長さをかせいでいるのだ。この形態に呼吸上の利点は特になく、声を出すための構造と考えられる。パラサウロロフスのトサカの構造も、同様の機能をもつものとして、とても納得がいく。

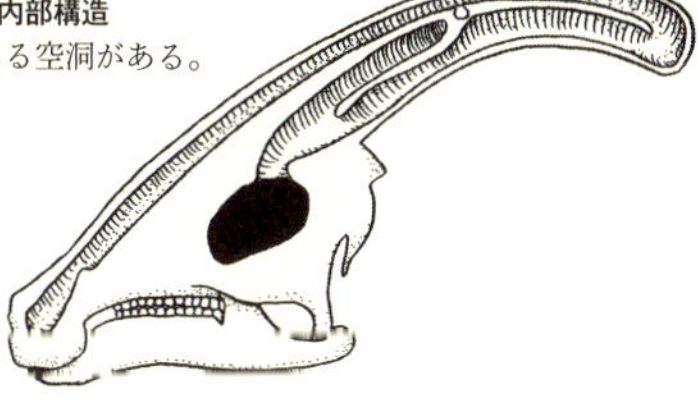

パラサウロロフスのトサカの内部構造
鼻に通じる空洞がある。

恐竜はさえずりを奏でるか

恐竜は鳥の祖先である。そして、鳥の声というと、どんなものを思い浮かべるだろうか。それは、渓谷に響き渡るミソサザイのさえずりの声であり、亜高山《あこうざん》を賑やかすオオルリのさえずりであろう。しかし、恐竜が彼らのように繊細なさえずりを出していたかというと、そうではないだろう。美しいさえずりは、スズメ目の鳥類で発達しているが、スズメ目は、鳥類のなかでも最も最近になって進化してきた分類群である。そして、鳥類のなかで比較的古い時代に進化したのは、ダチョウやキジ、カモの仲間など、比較的鳴き声が単純な種である。残念ながら、複雑な歌声を恐竜に期待するのは、かわいそうかもしれない。

鳥類のなかで、さえずりを学習する能力をもっているのは、スズメ目、オウム目、ハチドリ目の鳥だけである。これらの鳥は、他個体のさえずりを聞いたり練習したりすることにより、より上手に歌を歌えるようになる。しかし、それ以外の鳥では、出せる声が遺伝的に決まっており、成長すると自然にそれぞれの種に特異的な鳴き声を出す。このような鳥では、複雑な鳴き声はあまり進化してこない。スズメ目だけでなく、オウム目も比較的新しく進化してきたグループだ。やはり恐竜の鳴き声は、それほど複雑ではなく、単純なものだったと考えられる。

声を発するには、それなりに理由が必要だ。世のなかには、独り言が激しい人もいるが、一般に音声はコミュニケーションの道具であり、発声者だけでなく受信者がいる。まずは、鳥類の鳴き声から、機能を考えていきたい。

鳥が鳴く主な理由は、種の認識、求愛、縄張り宣言、警戒、群れの形成、個体識別というところ

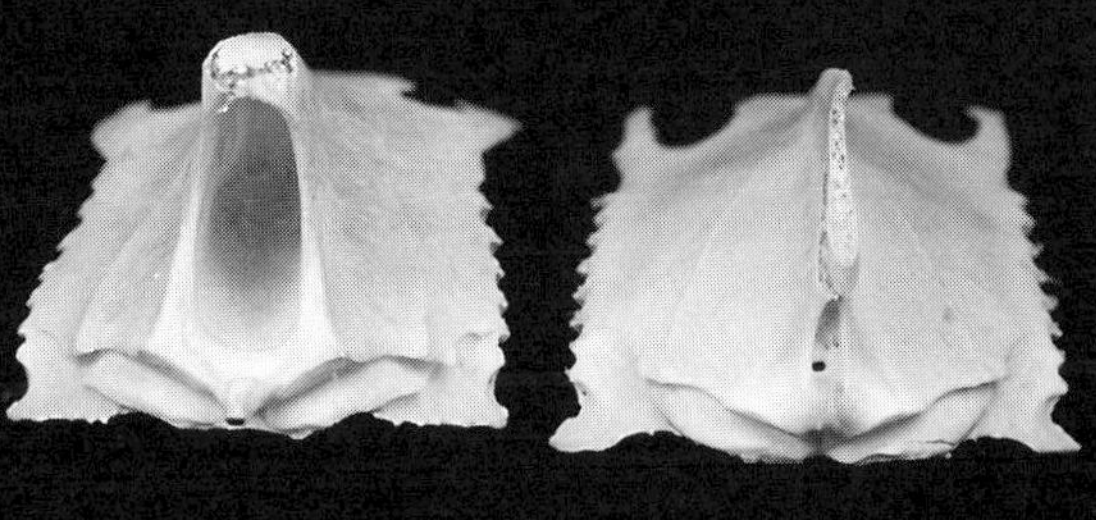

ハクチョウの胸骨
オオハクチョウの胸骨（左）には、鳴管が通る空洞がある。同じハクチョウ類でも、あまり鳴かないコブハクチョウの胸骨（右）には空洞がない。

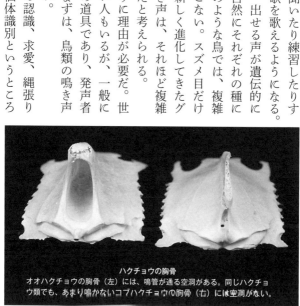

だろう。鳥の鳴き声は、それぞれの種に1種類というわけではなく、用途に応じて異なる声を出す。ウグイスも、ホーホケキョだけではなく、ジェッジェッ、ケキョケキョケキョケキョなど、場面に応じて、さまざまな声を使い分ける。

鳥類は、音声によるコミュニケーションが発達した生物である。これに対して、現生の爬虫類は、それほどではない。恐竜はその間のどこにいるのかが問題である。声とは、遠くまで届かせることのできるコミュニケーションツールである。このような手段が進化してくるためには、遠くの個体と連絡を取り合うことによる利益が必要である。まったく縁もゆかりもない個体とコミュニケーションすることに意義を感じるのは、茫漠《ぼうばく》たるネットの世界を駆けている我々ぐらいであり、多くの動物は意味のないコミュニケーションもツイッターもフェイスブックもしていない。

縄張り宣言なら、縄張りに侵入する可能性のある周辺個体が対象だ。求愛や群れの形成の対象は、自分に接近が可能な

ツイッター、フェイスブック 2018年現在、こうしたSNSなるものに、ナウなヤングの多くは参加しているらしい。

範囲にいる個体だろう。警戒声は、捕食者が襲える範囲への到達が意味をなすだろう。声を到達させる範囲は、意味のある受信者が生息する範囲だ。鳥類は飛行することで、目に見える範囲よりも遠い場所まで素早く到達することができるため、ときには1キロ以上も届く声が出せるようになったのだろう。

誰がために恐竜は鳴く

さて、恐竜にとって声でコミュニケーションをとることに意味があるだろうか。まず、声を出すということは、目立つということだ。自分が捕食者に狙われる立場であれば、できれば声を出して目立ちたくはない。命を危険にさらす以上の利益がなければ、あまり声を出さないだろう。

開けた場所にすむ恐竜が音声コミュニケーションを必要とする場面を考えてみよう。まず考えられるのは、やはり求愛だ。ただし、周囲に捕食者がいないことを確認できる場所でないとまずい。一歩まちがうと、寄ってくるのはキャピキャピとした女子ではなく腹を空かせたむさ苦しいティラノサウルスである。このため、声を出す場所は少し小高い丘の上や岩上など、周囲を監視できる場所が好ましい。近くに意中の個体がいるなら、危険を承知で大声を上げる必要はないので、視覚的に求愛することを選ぶにちがいない。ここでは、群れを作る植食恐竜ではなく、単独生活する肉食恐竜を想定して考えよう。単独生活ゆえに、同じ場所で縄張り宣言を行ってもよい。

その声は、低い声にちがいない。声の高さのちがいは、主に周波数のちがいだ。周波数が高いと声が高く、周波数が低いと声も低くなる。そして、一般に周波数が高い方が、障害物などによって減衰しやすく、遠くまで届きにくい。このため、遠くまで聞かせるためには、声が低い方がよい。鳴き方は単純でかまわないが、種ごとに独特の音声をもっていたはずだ。なにしろ、遠くの声だけで同種を認識しなければいけないのだ。ガオーばかりでは種認識の役に立たない。単純な音で種間差が出るよう、リズムが大切になる。プープープーだったり、ピピピピピッだったり、ポッポーポッポーだったりするわけだ。

雌に自分の存在を気づかせてしまえば、こっちのものだ。丘の上に立ったのは、捕食者対策とともに、雌に見つけてもらうための効果もある。繁殖期になると、普段は静寂を保っているあちこちの丘の上で、肉食恐竜が高らかにプープー鳴いていたにちがいない。こ

声のコミュニケーション
仲間同士の識別、縄張りの主張、雌への求愛など、複雑に使い分けていたかもしれない。

れは中生代の風物詩の一つである。

場合によっては、肉食恐竜たちも単独で鳴いている種ばかりではないかもしれない。なにしろ、肉食恐竜たちはその性質上あまり密度が高くないはずだ。孤独に鳴いていても雌はなかなか自分を見つけてくれない。そうなれば、ほかの雄と共同戦線を張ることも選択肢の一つだ。毎年その場所には、声に自信のある恐竜たちが集まってくる。そして、彼らは集団で雌を誘引するべくなまめかしい調べを披露するのだ。こうすることにより、雌との遭遇率は格段に高くなるはずだ。共同で雌を誘惑した後は、昨日の友が今日の敵となる。雌を巡るコンテストのはじまりである。一方、この方法は同時に危険性を孕《はら》んでいる。この色男集団を狙う捕食者達がコンテスト会場を取り囲むことになる。会場の片隅ではほやほやのカップルが愛を語り、反対側では捕食者との阿鼻叫喚の闘争がはじまる。まさに天国と地獄だ。こんなことを毎日続けていては、その種は身がもたないので、実施は短期間に限られる。恐竜のど自慢大会は、1年で数日しかない未曾有《みぞう》のイベントなのである。

恐竜は吠えるがキャラバンは進む

群れで生活する恐竜なら、求愛以外の目的で大きな声で他個体を呼んでいたかもしれない。群れを作るのは、主に植食恐竜だ。開放地にすむ恐竜なら、視覚で仲間を見つけることができただろう。これに対して、森林のなかではお互いの姿を視認するのは比較的難しいため、音声コミュニケーションが効果的だ。群れを作るには、お互いの位置を知る必要がある。こういう場合には、周波数の幅が広い音声がよい。周波数の高い部分は減衰しやすく、遠くまで聞こえない。周波数の低い部分は、遠くまで届く。このため、聞こえてくる声に高い周波数が含まれているかどうかで、発信者までの距離を判断することができる。

ただし、この声もまた諸刃の剣だ。周囲の木の陰から、捕食者が飛び出してくるかもしれない。捕食者が来るや否や、短い警戒声を出して仲間に知らせ、一目散にみな逃げはじめる。群れを作るにしろ、警戒するにしろ、声を出しすぎれば捕食者を誘引してしまう。鳥のように素早く飛んで逃げ去ることのできない恐竜たちは、無駄鳴きはせず、ここぞというときだけ鳴いていたはずだ。そして、捕食者も襲う前にガオーと鳴いていては、獲物に逃げられてしまう。中生代の世界には、現代の鳥のコーラスほどには、恐竜の鳴き声に満ちることはなかっただろう。

しかし、夜になると話は別だ。視覚に頼ることのできない夜間には、音声コミュニケーションの価値が跳ね上がる。日が沈むとそこには恐竜の声が響き渡る。その光景は、夜行性の恐竜のセクションに譲ることとし、ここでは昼間の世界の意外と黙々とした恐竜の姿を思い描くにとどめておこう。

諸刃の剣
鳥の雄には、キビタキ、オオルリ、コマドリなどのように、美しい羽毛をまとうものがいる。これらは春、比較的目立つ場所で大きな声でさえずる。ほかの雄に負けないように、とにかく目立つ。当然捕食者に狙われるリスクも大きくなるが、彼らはそれでも生き残ってきている。

Section 5

強い恐竜にも毒がある

私たちの周辺には、意外なほどに毒をもつ生物は多い。毒は防御から捕食まで、さまざまな場面で利用されている。映画『ジュラシック・パーク』では、毒液を吹きつける恐竜が登場した。果たして恐竜は毒をもち得ただろうか。

なんでボクには毒がないのだ

毒という言葉には、誘惑の調べがある。忍者を含め、世界中のスパイが使うメジャーな武器だ（映画では）。腕力で勝てない相手でも、毒を仕込んでおけば、こちらのものである（映画では）。歴史的にも、多くの著名人が毒殺されてきた（映画では）。野生生物には毒をもつ種がたくさんいることは御存知だろう。

毒
人間は、これだけ上手に毒を使って生活しているにもかかわらず、毒を身につけていない。残念な限りだ。

忍者
日本の戦国時代に活躍した、職業的スパイ集団、または個人の総称。伊賀や甲賀が有名だが、各地でその存在が確認できる。乱波、素波、軒猿、草など呼び方もさまざま。ツチハンミョウやトリカブトの毒などを用いたといわれる。

　では、毒をもつ脊椎動物というと、思い浮かぶのはなんだろう。まず、筆頭はフグだ。かの松尾芭蕉も、「あらなんともなや昨日はすぎてふぐと汁」と詠んで、死ななかったことをビックリしているぐらいだ。それ以外にも、エイやゴンズイなど、毒魚は層が厚い。前頭二枚目は、ヤドクガエルだ。コロンビアのエンベラ族などが、吹き矢に塗って狩りに使い勇名を馳せてきた。モウドクフキヤガエルなんていうとんでもない和名のカエルもいる。ニホンヒキガエル、アカハライモリなどにも、皮下に毒がある。そして、日本人にとってより身近なのは、マムシやハブなど、毒蛇だろう。キングコブラやブラックマンバなど、人材豊富だ。ドクトカゲ類や、コモドオオトカゲなど、爬虫類にはほかにも有毒生物がいる。こうなると、恐竜にも大いに期待できる。

　恐竜やワニ、カメを含む主竜形類は、基本的に毒をもたないとされることがある。確かに、現生のワニやカメでは、有毒の種はいない。迫力の口でかみつくワニは、くわえてしま

毒をもつ生物
無脊椎動物にもたくさんの有毒生物がいる。イモガイやベネズエラヤママユガ、オーストラリアウンバチクラゲなど、最凶の有毒生物がそろっている。

えば勝利を確信できるので、毒なんて小細工は不要なのだろう。カメは甲羅があれば防御のためには十分だ。彼らには、毒をもたない十分な理由がある。恐竜の場合について、少し考えてみよう。

まず、毒をもつ主な理由は二つ。捕食者からの防衛と、獲物に対する攻撃だ。場合によっては、同種内での闘争というのもあるが、これは稀な例だろう。原始的な哺乳類であるカモノハシには、後肢の爪に毒腺がある。毒腺は、雄のみがもつため、雄同士の闘争に使うものと考えられている。ただし、相手を殺すほどの毒ではなく、無力化させる程度の毒性だそうだ。ケンカの末に尻餅をついてぐったりしてるカモノハシを想像すると、少しほっこりする。しかし、同種内での闘争に、毒まで盛ってしまうとは、少しやり過ぎである。まぁ、人間もたまにやるけどね。

さて、捕食者からの防衛を考えた場合、化石から証拠を見つけるのは難しいかもしれない。恐竜は小型のものでも、そ

カモノハシ
オーストラリアにすむ哺乳類。哺乳類ではあるが、卵を産む、くちばしがあるなどかなり変わっている。水辺にくらし、小動物を食べる。

ここの大きさがあるので、食われるときは丸飲みではなく食いちぎられることが多いだろう。そうすると、防衛のための毒は、襲われそうな場所に仕込んでおくことになる。皮膚の表面や皮下や筋肉、内臓などがおすすめだ。たとえば、ヤドクガエルは皮膚表面に、ヒキガエルは皮下に、フグは内臓に毒をもっている。これらはいずれも軟部組織なので、その証拠は化石として残りにくい。

これに対して、攻撃のための毒は、主に武器に仕込むことになる。爪や、牙が候補だ。ヘビ以外の爬虫類で、毒が確認されているのはドクトカゲ類とコモドオオトカゲのみだ。これらは、いずれも牙や歯を利用して毒を注入するもので、毒爪をもつものはいない。哺乳類で毒のある種としては、前述のカモノハシのほかにはソレノドンなどトガリネズミの仲間がいるが、その毒は唾液にある。こうしてみると、毒爪をもつ動物はカモノハシぐらいで、攻撃毒は口の周りに仕込むのが基本のようだ。哺乳類や鳥類は、攻撃に爪も使うが、多くの動物では口が主要な武器なので、当然といえば当然のことだ。

牙に毒を仕込んでいる代表は、もちろんヘビである。毒牙には、2種類の形態がある。注射針のように管状のものと、後者溝のあるものだ。前者は、マムシやハブなどに見られ、後者はコブラなどに見られる。どちらにせよ、歯の形態として残るため、これなら化石から見つけることも可能だ。なお、ヘビの毒は攻撃だけでなく防衛にも使用されるが、もともとは獲物を仕留めるための攻撃用に進化し、二次的に防衛にも使われるようになったものとされている。

有毒恐竜の実態

さて、ここまでひた隠しにしてきたが、実際に毒をもっていたと考えられる恐竜が見つかっている。これは、シノルニトサウルスという小型の恐竜である。この恐竜は、中国の白亜紀前期の地層で見つかったもので、ドロマエオサウルス類である。ドロマエオサウルス類は、鳥類に連なる恐竜の一群で、この種からも鳥類に近い羽毛が見つかっている（おそらく飛ぶことはできなかったが）。この種において、毒牙をもっていた可能性が指摘されている。シノルニトサウルスでは、先端まで達する溝のある長い牙が見つかっていて、その基部に連なる部分には、毒腺を納めていた可能性のある空間が見つかっている。とりあえず、毒をもつ動物は、動物名の頭に「毒」という言葉をつければよいことになっているので、今後は毒恐竜と呼ぼう。

この恐竜の有毒性に対しては、疑義が呈されたこともあるが、今のところその存在

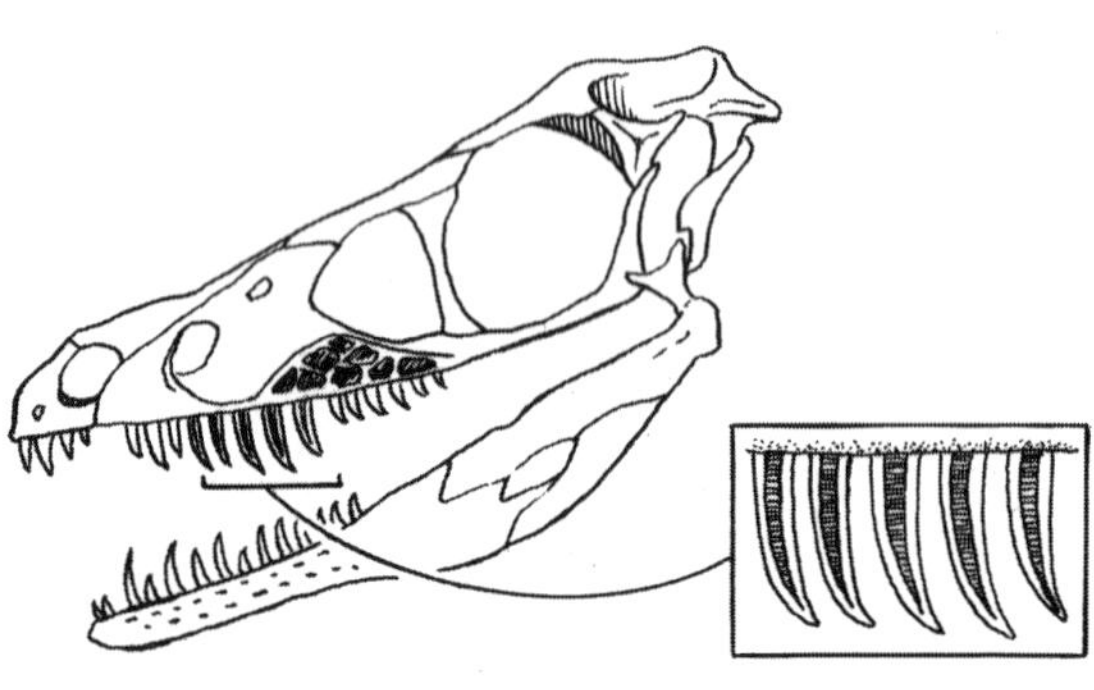

シノルニトサウルスの毒腺

歯に溝があり、毒を流しこむためのものではないかと考えられている。

は否定されていないようだ。また、有毒性を提示した論文では、この恐竜は鳥を捕食していたのではないかと提案している。ただこれは、牙が長いため、羽毛があっても皮膚に届くということからの類推で、直接的な証拠が挙がっているわけではない。このため、この毒をいったい誰に対して用いていたのかは、まだ十分にわかっていない。

毒の来た道、毒の行く道

こうなると気になるのは、毒をもつ能力（毒力《どくりょく》と呼ぼう）がどこから来たかというところだ。この毒恐竜の祖先も毒をもっていたのだろうか。シノルニトサウルスは白亜紀前期の地層から見つかっているので、恐竜としてはかなり後発組だ。しかし、より祖先系に近い恐竜では、これまでに同様の毒牙をもつ恐竜は見つかっていない。もちろん、まだ見つかっていないだけの可能性もあるが、もし三畳紀からジュラ紀まで

脈々と毒恐竜が維持されていたなら、もう少し見つかってい
てもよい気がする。そうすると、この毒力は、祖先から受け
継いだというより、新たに獲得したと考えるべきだろう。

祖先から受け継いだならまだしも、毒力を独自開発したと
いうことは、毒がとても有用だったということだ。毒を作る
のにはコストがかかるし、獲得した当初は弱い毒だったろう。
そうすると、毒が役に立つ条件を考えてみたくなる。捕食対
象は、一度捕まえても逃げられる可能性があるものだ。ガブ
リと一撃でやっつけてしまえるのなら、毒なんていらないだ
ろう。そして、毒で弱らせて、逃げ足を奪うのである。

そうすると、確かに鳥を食物と考えるのはよいかもしれな
い。鳥は、羽毛が抜けることで逃げやすく、また逃走経路が
三次元的になるため、一度逃げられると再捕獲は難しい。し
かし、まず毒を注入し、弱らせることができるなら、逃げた
個体を悠々と仕留めに行けるだろう。空に進出することに
よって、捕食者から解放された鳥は、その個体数を急激に増

逃げ足を奪う
自然界には、電気を発する動物がいる。なかにはデンキウナギのように、獲物をしびれさせて逃げ足を奪うというものもいる。

やしたことだろう。その増加した資源量を糧《かて》にするため、獲物の逃走能力を奪う秘密兵器として、毒という新たな武器を獲得していったとしたら、進化の軍拡競争としてとても興味深い。奇しくもこれは、牙の形態から論文で主張されていたことと一致する。例によって、いささか御都合主義に依るかもしれないが。

さて、残念なことに、現代の鳥のなかで、毒牙をもつ鳥は見つかっていない。だって、牙がないのだもの。もちろん、毒くちばしもないし、毒爪もない。毒によって獲物を仕留める００７的な能力は、鳥類に受け継がれることなく既に潰《つい》えてしまったのだ。しかし、またもやここまでひた隠しにしていたが、毒をもつ鳥は現代にも存在している。

毒は、ズグロモリモズやカワリモリモ

ズグロモリモズ

御都合主義
世のなかには「偶然」や「幸運」というものがあるので、御都合主義的なものを否定しすぎるのもよくない。

毒をもつ鳥
中国の古文書に記述される鴆（チン）という鳥は毒ヘビを食べ、その体に毒をもつといわれる。その羽を酒に浸した毒酒は暗殺に使われた。しかし、現在のところこの鳥の実在は確認されていない。

ズなど、ピトフーイと総称される鳥や、ズアオチメドリ、チャイロモズツグミなど、ニューギニアに産する鳥から見つかっている。かれらは、筋肉や羽毛に、ホモバトラコトキシンというアルカロイド系の猛毒をもっている。これらの毒は、体内で生成しているわけではなく、食物となっている昆虫に含まれる毒を蓄積しているものと考えられている。筋肉や羽毛に毒があることから、これは捕食用ではなく、対捕食者用と考えられる。ちなみに、毒鳥が最初に見つかったのは、1990年のこと。鳥の研究をしていた大学院生が、調査中に捕まえたピトフーイを扱ったときに指に怪我をし、その傷口をなめたところ、衝撃的な刺激を感じたそうだ。その後、その鳥の羽毛を抜いてなめたところ、毒が確認できたとのことである。

これらの鳥以外に、毒鳥が見つかっていないことから、彼らはその能力を先祖から受け継いできたのではなく、独自に毒力を獲得したと考えてよいだろう。体内で毒を生成する能

アルカロイド系の毒
アルカロイドは天然由来の有機化合物のひとつ。植物や菌類などからもつくられ、多くは有毒である。モルヒネなどが有名だが、多種多様。

力を進化させるのは、難しいかもしれない。しかし、毒を外部から取り入れるのであれば、比較的容易に毒力を手に入れることができるだろう。毒をもつ昆虫や植物は、現代でも自然に豊富に存在する。それは、恐竜時代でも同じだっただろう。そして、うんざりするほど多数の凶悪肉食恐竜が闊歩していた時代だ。そう考えると、捕食者から身を守らなくてはならない弱小恐竜のなかには、食物から毒を得て、捕食者防御に使っていたものがいたとしても不思議ではない。いや、むしろいたと考える方が自然である。博物館で、小型恐竜のミイラ化石を見る機会があったら、こっそりと皮膚をなめてみてほしい。刺激的な味と共に、新発見があるかもしれない。

ミイラ化石
皮膚の痕跡を残す化石も発見されており、なかには内臓などの軟組織だとする化石もある。しかし、あくまでも鉱物に変わってしまっているので、なめてもミネラル分の補給ができるかできないかといったところだろう。

Section 6

恐竜はパンのみに生きるにあらず

恐竜の食性は謎だらけである。肉食か植食か雑食かくらいはわかり、胃の内容物の痕跡があれば、ある程度の想像はできる。しかし、実際にどのように食べていたのかは、永遠のテーマであろう。本セクションでは、目にはできぬ恐竜たちの食事風景に無謀にもメスを入れる。

パンとケーキとどちらを選ぶか

人生のなかで大切なことの一つは、食事を楽しむことである。誰しも朝食が終われば、4時間後の昼食に思いを馳せながら仕事をしているはずだ。これは、食べることに執着のある個体が、より多くの子孫を残した結果である。テレビにあふれるグルメ情報は、生存競争が導いた当然の帰結であり、食事に執着しなかった個体のＤＮＡは、残念ながらすでにこの世から姿を消している。

グルメ番組の隆盛を招いたのは、人間の非常に幅の広い雑食性だ。これは、調理と関係がある。切る、つぶす、火を通すなどの方法により、自分の歯で咀嚼できない物も最適サイズにし、消化を助け、毒を取り除いたからこそ、食性の幅を広げることができた。しかし、人間以外の動物はあまり調理がお上手でないため、おのずと食物の幅は限られてしまうだろう。

恐竜が食事に使える道具は、歯と舌と内臓だが、これらの部品はおそらく容易には交換できない。硬い植物をすりつぶす平面的な歯では、肉を切り裂くことは難しい。消化に時間がかかる植物を食べるには、長い腸が必要である。こうして、肉食恐竜や植食恐竜など、特定の食物に特化した形態をもつ動物が進化していく。

なんでも食べられる多用途な形態をもつことも、もちろん戦略の一つだ。しかし、それぞれの食物に特化した形態をもつことは、競争において有利となる。パンがなければケーキを食べればいいというのは、確かに物の道理だ。しかし、パンを食べるのに特化した形態をもっているがために、ケーキが上手に食べられなくなり、ケーキ専門の女子にかっさらわれてしまうのが実情である。ケーキビュッフェの戦場で、バターナイフはフォークに勝てないのである。

食物にありつくには、まずは探索能力が必要となる。動物は食べ物を探すとき、行き当たりばったりではなく、探索像をもって探している。たとえば、いつも食べている食物を、探索像として頭に描き、それに似た物を探すことで効率的に発見できる。百円玉を探しながら道を歩けば、自販機の裾にしめしめとコインを見つけることができるが、無造作な散歩では視界に入っても発見できない。脳の処理能力には限界があるため、探索像は無限に描けるわけではない。効率的な探索には対象の絞りこみが必要であり、これも食物スペシャリストを生む土壌となる。

パンがなければケーキを食べればいい
ケーキを食べるのに特化したがために、マリー・アントワネットはフランス革命において悲惨な末路をたどった。という話ではない。念のため。

中生代の食卓

鳥盤類は、基本的に植食性といわれている。一方、竜盤類では、植食者を主とする竜脚形類と、肉食者を主とする獣脚類で構成される。とはいえ、彼らの晩餐《ばんさん》を見てきたわけではない。多くの場合、恐竜の食性は形態や生息地からの類推である。手がかりの一つは、その歯の構造にある。

ティラノサウルスやアロサウルスなどの肉食者の歯には、肉切りナイフのようなギザギザ構造がついている。これに対して、スプーン型の歯やデンタルバッテリー構造は、植

ティラノサウルスの歯
縁にギザギザがある。

物食に適した形態と考えられている。我々哺乳類のような咀嚼は見られず、ハドロサウルス類などでは発達した顎とデンタルバッテリーを用いて上下にすりつぶしていたと考えられている。

食性につながる証拠として、胃石《いせき》が見つかることがある。飲みこんだ石を消化器に仕込み、丸飲みにした食物を胃のなかですりつぶすのに使用するのだ。現生の鳥類でも、ダチョウなどは胃石を口にするし、ニワトリにはわざわざ小石を餌に混ぜて与える。胃石は、植物のように硬い食物をすりつぶすのに適すると考えられており、植物食の証拠とされることも多い。たとえば、シノルニトミムスは獣脚類だが、胃石が見つかっていることから植物食ではないかと考えられている。

もちろん、直接的な証拠が得られることもある。恐竜化石の内臓にあたる部分に、ほかの動物の化石が見つかった場合、未消化の食物が化石化した物と解釈できる。たとえば、スピノサウルスの仲間のバリオニクスでは、胃の近辺から魚の鱗

デンタルバッテリー構造
一部の恐竜がもつ、次から次へと歯が生えてくる仕組み。鳥脚類ハドロサウルス類のものは、最も進化的といわれている。写真はグリポサウルスの歯。六角形のひとつひとつが1本の歯。

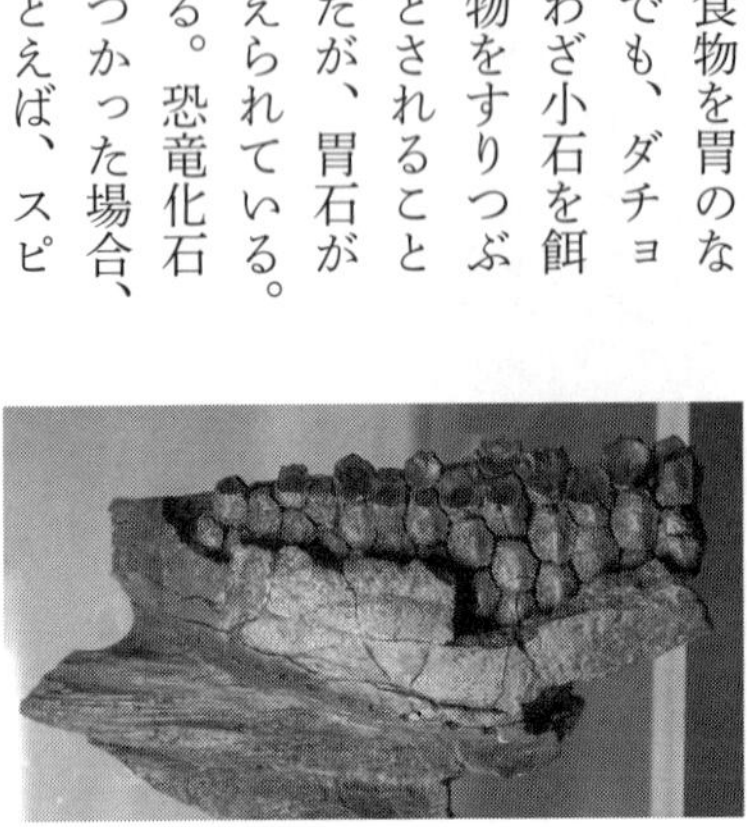

が見つかっており、魚を食べていたことはまちがいなさそうだ。

さて、図鑑を見ると、こちらは植食、こちらは肉食、こちらはアリ食と、さまざまな恐竜の食性に言及している。なにを隠そう、この本のなかにも同様の記述が多々ある。しかし、その根拠は間接的、断片的な場合が多く、真実の食性が明らかな場合はほとんどない。胃内容物の発見も、死亡直前にそれを食べていたことを示すだけで、種の代表としての食性を反映しているかどうかは別だ。今私が死ねば、１００万年後にチロルチョコの化石とともに見つかる。だからといって筆者はチロルチョコばかり食べていた甘えた男だったと図鑑に書かれるのは、真っ平御免だ。

現生鳥類の研究でも、食性の解明はとても重要なことだ。しかし、形態ではその内容はわからないため、ひたすら観察を重ね糞分析をする。その結果は、必ずしも一筋縄ではいかない。たとえば、種子食といわれるハトは、確かに権兵衛さ

バリオニクス
口の形が、現生の魚食性のワニ、ガビアルに似ている、というのも魚食性とされる根拠。

んがまいた豆をよく食べるが、一方でミミズや昆虫などもよく食べる。スズメは稲穂を食べて害鳥扱いだが、子育てには昆虫を使う。季節や年齢により、彼らの食物は異なるのだ。もちろん、タカやフクロウはほぼ完全肉食、ミズナギドリはほぼ完全魚食だ。しかし、全体を見渡してみると、動植物共に対応可能な雑食性の鳥が多いのも事実だ。そう考えると、形態だけで、恐竜の食性がわかろうはずがない。

とはいえ……

確かに、ナイフ状のいかつい歯をもつ巨大獣脚類は、肉食専門だろう。デンタルバッテリーをもつハドロサウルスなどは、植食者と見られる。しかし、どちらでも通用しそうな形態をもつ恐竜は、たくさんいる。実際、主に肉食とされる獣脚類にも、植食や雑食の種も多数含まれると考えられるようになってきている。肉と聞くとほかの恐竜の肉を食べていた

害鳥扱い
スズメを害鳥として駆除したところ、食害をする昆虫が増えて作物に被害を及ぼしたという記録もある。

ことばかり想像してしまうが、昆虫食だって動物性タンパク質を摂取する肉食だ。

では、植食者とされる多くの鳥盤類や竜脚類は、果たして本当に植食専門だったのだろうか。先にスペシャリストの進化を力説したものの、鳥類のことを考えると、かなりの割合で雑食者がいたのではないかと疑いたくなる。動物の行動の柔軟性を甘く見てはいけない。

現生鳥類が食べる植物は、主に種子や果実である。空を飛ぶ鳥は、効率よくエネルギーを回収すべきなので、枝葉のように消化に時間がかかるものは食物として好まれない。ただし、果実や種子は季節的なものなので、欠乏期もある。また、子供を数週間で大人サイズまで急速に成長させる時期には、タンパク質やミネラルの要求が一時的に高騰する。このような場合は、植物食とされる鳥も動物質を利用する。

一方で植食恐竜が食べていたと考えられるのは、果実や種子といった偏った部分ではなく、葉や枝を含む植物体全体だ。

果実や種子とはちがい、枝葉は一年中ある。また、最近は恐竜も成長速度が早いと考えられるようになってきたが、いかんせん体サイズが大きいため、鳥のように数週間で最大サイズに達することはない。このため、短期的にタンパク質などを集中して与える必要もないだろう。そう思うと、植食性とされる恐竜は、本当に植食専門でもおかしくない。先人たちの判断はやはり正しかったのであろうか。疑問を呈することとが、科学の発展において必要であるが、先人の研究を受け入れる謙虚さもまた大切である。ごめんなさい。形態から導かれた判断は、的を射ているかもしれない。

誰《た》がために味はする

恐竜は、種によって、肉、魚、植物、昆虫など、さまざまなものを食べていただろう。しかし、たとえば植物ならなんでもよいというわけではあるまい。食物を口にする原動力は、空腹感だけではなく、おいしさも重要だ。おいしさを味わうのは高貴なるヒトの営みで、恐竜ごとき下賤《げせん》の輩《やから》は、空腹ゆえに食い散らかし、味わうことなく食べていた、と考えるのはいささか早計だ。

味覚には、甘味、旨味《うまみ》、酸味、塩味、苦味の基本要素がある。ちなみに旨味は東京帝大の池田菊苗教授が昆布から発見した味の要素で、UMAMIという言葉が英語で通じるという偉大な足跡を残している。さて、これらの要素には、意味がある。甘味はエネルギーになる糖の味だ。旨味は体を作るアミノ酸の味、塩味は必須元素のミネラルの味、苦味は毒の味、酸味は未熟や腐敗といった鮮度を示す味と考えることができる。人間は、苦味や酸味を、刺激として喜んで食しているが、本来は動物が忌避する刺激といえる。

この通り、味の要素には、すべて生きていくための意味がある。だからこそ、人間はこれらを区別するよう進化してきたし、翻っていえば、味覚の意義は、恐竜を含む動物たちが

UMAMI
グルタミン酸やイノシン酸、コハク酸などの物質により感じる味。もともと旨味の存在は知られていたが、その成分は1908年に東京帝国大学の池田菊苗教授により、昆布から抽出された。出汁は旨味を加えるために欠かせない。

生きていく上でも重要だったはずだ。

もちろん、人間の舌は研ぎ澄まされている。利き酒や利き水ができるくらいに、人の味覚は鋭敏である。それに比べると、恐竜の舌は鈍かったにちがいない。しかし、恐竜もこれらの味覚をもち、その上でおいしいと感じるものを選んで食べていたと考えるのが妥当だろう。

より糖分が多い葉を食べ、苦みのある芽を避け、旨味のある内臓を食べていたにちがいない。そうでなければ、効率よい採食ができず、毒を食べて死んでしまう。ソテツの種子にはサイカシンという毒があるが、これは恐竜に対する防御機構として進化した可能性も指摘されている。

鋭敏さはともかく、味覚は動物が生き残る上で重要な感覚だ。これは、現生爬虫類でも同様である。ツチガエルを口にした研究者によると、苦く渋く激マズらしい。そして、それがシマヘビからの捕食回避に役立っているとのことなので、ヘビにも味覚があることが窺える。

シマヘビ
有鱗目の爬虫類。アオダイショウやヤマカガシなどとともに、よく見るヘビ。4本の縞模様があるものが多い。食用に向く、といわれることがある。

ところで、うまい棒をご存じだろうか。多様な味のラインナップをそろえ、たった10円で心を満たす駄菓子界のジャンヌ・ダルクだ。ぜひ目隠しして「利きうまい棒」をやってほしい。意外と難しく、上から目線で恐竜を見下した自分を反省することになるだろう。

知性派ハンター現る

恐竜がなにを食べていたかは、それなりに想像できる。おいしさを感じていたのだとも思う。しかし、どのように食べていたかというのは、じつに難しい問題だ。たとえば、ティラノサウルスにしても、集団での狩り、待ち伏せ、死肉食など、さまざまな説がある。竜脚類も、葉を咀嚼していたのではなく、枝や木を丸飲みしていたとする説もある。恐竜の採食法には、まだ決定的な証拠がないというのが実際のところである。

鳥には、道具を使う種がある。エジプトハゲワシはダチョウの卵に石をぶつけて割って食べる。カレドニアガラスやキツツキフィンチは、小枝で穴のなかの幼虫を引っ張り出す。ササゴイは羽毛を疑似餌にして魚を捕り、アナホリフクロウは哺乳類の糞で昆虫をおびき寄せる。このような技術は、高度に進化した鳥類だけのものだろうか。

人間は、二足歩行により腕を体の支持機能から解放することができた。これが道具の利用につながったと考えられる。ならば二足歩行になった恐竜も同じ

道具を使う鳥たち

石をくわえてダチョウの卵にたたきつけるエジプトハゲワシ。

植物の枝を利用して、木のなかの昆虫を捕るカレドニアガラス。

ポテンシャルをもっていておかしくない。期待が高まるのは、イグアノドン類のように、前肢が長い二足歩行の種だ。高くにたわわに実る甘い果実を、長い棒で落とそうとする小学二年生のような姿はじつにほほえましい。しかし、残念なことに恐竜の前肢の親指は、基本的にほかの指と対向していない。親指がほかの指と対面についていないと、うまく棒状のものを握りこめないので、もしかしたらこの光景は無理があるかもしれない。

では、餌による誘引はどうだろう。大型獣脚類は、恐竜の死体も食べただろう。死体に群がる小型恐竜を蹴散らし独占したとき、頭の上で電球が光る。そのまま食べると、恐竜1匹分だ。しかし、寄ってくる小型恐竜を食べてからなら、2匹分の食料になる。まずは、死体のそばで待ち伏せし、運の悪い小型恐竜を腹に納める。しかし味をしめた彼女は、その死体を別の場所に移動する。遠くからでも死体が見つかるような開けた場所、しかし、近くには茂みがあり、自分は姿を隠せるロケーションだ。じつにエレガントな戦略である。

恐竜は、時代が進むにつれて大型化した。大型捕食者の増加は、被食者を追い詰め、逃走や闘争などの防衛手段を進化させる。そうなると大型肉食恐竜も、簡単に食物にありつけたわけではあるまい。空腹を満たすため、ときには狩りを、ときには死肉食をし、多様な手段で食物を捕っていたはずだ。手段の一つとして、道具の使用が発達していたとしたら、じつに愉快だ。ついでに、モズのハヤニエのように、捕れすぎた恐竜を木の枝に刺して貯食していたら、さらに愉快だ。採食様式には決定的な証拠のないゆえに、夢があふれている。

Section 7

獣脚類は渡り鳥の夢を見るか

渡り。それは現代の鳥類研究においても、謎の多いロマンあふれるジャンルである。鳥はなにゆえ長い距離を移動するのか。果たして恐竜は渡りをしたのか否か。

渡るか、渡るまいか、それが問題だ

鳥の行動として、多くの人の興味をそそることの一つが、渡りである。日本でも、秋になると多くの鳥が群れをなして、南に向かって飛んでいく。愛知県の伊良《いら》湖岬《ごみさき》で見られるサシバを中心としたタカ類の渡りは壮観で、バードウォッチャーだけでなく、多くの観光客たちを魅了してやまない。それと入れ替わるように、カモなどの冬鳥が日本で越冬するために

伊良湖岬
愛知県渥美半島の突端にある伊良湖岬から、紀伊半島に向け無数のタカが海を渡っていく。旋回しながら多数のタカが舞い上がる様は壮観。島崎藤村「椰子の実」ゆかりの恋路ヶ浜が連なる。ちなみに恋路ヶ浜はロマンチックな地名だが、歴史は古く、江戸時代に記録がある。

やってくる。シギやチドリの仲間には、日本を通過して、オーストラリアあたりまで移動するものも珍しくない。

鳥は、空を飛ぶことができる。そうはいっても、長距離を飛翔する渡りは、鳥にとっても命がけの大イベントである。数百キロ、ときには1千キロ以上を渡ることになる。もちろん途中で衰弱死するものもいる。悪天候にともなう暴風に流されて、目的地ではない場所に行ってしまうこともある。中継地では、疲れた個体を狙って、捕食者が襲いかかってくる。生まれ育った環境で一生を過ごすのであれば、このような苦労はしなくてすむはずだ。

サシバは春になると日本に飛来する代表的な渡り鳥だ。彼らは、里山で繁殖し、秋になると南に渡っていく。彼らは沖縄から東南アジアのあたりで冬を過ごす。ハチクマもそうだ。日本で繁殖するハチクマは、インドネシアやマレーシアなど、東南アジアで越冬する。正月は海外なんて、いい気なもんだ。その一方で、ロシアや中国で繁殖するチュウヒなぞが、日本

シギやチドリの仲間
シギやチドリは、日本を通過して渡るものが多い。そうしたものは、春と秋だけ渡りの途中に日本に立ち寄る姿を見ることができる、季節の風物詩である。バードウォッチャーは「シギチ」と呼ぶ。

ハチクマ
ハチの巣を襲って食べるという食性のタカの仲間。クマではない。

正月は海外
筆者は清貧を旨とする（望んでいるわけではないが）研究者なので、そんなチケットが高い時期に、海外旅行なんて行けるわけなかろう。

で冬を過ごすために飛来する。海外のタカが冬を越すことのできる日本なのに、なぜサシバやハチクマは冬を越すことができないのだろうか。

そこには、食性のちがいがある。サシバやハチクマは、両生類や爬虫類、昆虫などをよく食べるタカである。冬になると、これらの変温動物は冬眠などのため地上から姿を消し、得られる食物量が減ってしまう。これに対して、チュウヒはネズミなどを食べるため、冬の日本でも食物を得ることができる。繁殖地で食物が枯渇することが、わざわざ遠方まで渡りを行う理由だと考えることができる。季節的に枯渇する食物は、昆虫であったり、花蜜であったり、種子であったり、さまざまである。食物量の季節性こそが、渡りを生じさせるトリガーなのだ。

食物が少なくなることは、鳥が渡りを行う理由として合理的なものだろう。ただし、季節によって食物が枯渇するのは、鳥だけではなく多くの動物にとって同じである。しかし、多くの動物にとっては、渡りは容易ではない。鳥は、類い稀な飛翔能力があるからこそ、渡りというかなり無茶な生存方法を開発することができたと考えられる。

恐竜だって、渡るのだ

鳥の渡りの根底には、食物の枯渇と、飛翔能力がある。この渡りという習性は、鳥が鳥になってから得られたものだろうか。または、祖先の恐竜時代に得られたものだろうか。

じつは、一部の恐竜は渡りをしていたと考えられている。恐竜が生きていた時代にも、乾季と雨季があり、水や食物の量が季節によって変動していた可能性があるのだ。雨季には十分な植物が生育し、それを食物として生活ができる場所でも、乾季になると資源が枯渇してしまう。そのような地域に生息する植物食恐竜であれば、渡りを行っていたとしてもおかしくない。

実際に、渡りを行っていた証拠が見つかっているのは、アメリカから見つかった植食性のカマラサウルスである。この研究では、歯に含まれる酸素同位体比が使用された。酸素には、質量数の異なる2種類の同位体がある。その2種類の酸素同位体が含まれている割合は、地域によって異なっている。酸素同位体は、水のなかにも含まれており、水を体に取りこむことで、恐竜の体に取りこまれる。このため、体に含まれている同位体の割合を調べると、水を取りこんだ地域がわかるのだ。

カマラサウルスの歯は、5か月程度で生え替わったといわれている。この歯の酸素同位体比を調べた結果、根元の部分では低く、先端の部分では高いことが明らかになった。一般に、標高が高いと酸素同位体比が低くなる。分析された歯が成長する間に、カマラサウルスは低地から高地に移動したと考えられるのだ。

テキサス州では、多数の竜脚類の足跡化石が見

カマラサウルス
竜脚類の恐竜。ジュラ紀後期の北アメリカで栄えた。口にはスプーン状の歯がならび、硬い植物を食べていたと考えられている。

つかっており、彼らが群れで行動していたと考えられている。カマラサウルスはもしかしたら、群れで渡っていたのかもしれない。彼らは、最大15メートル程度にもなる巨大竜脚類だ。だいたい箱根登山鉄道の車両と同じくらいの長さである。ガンタンクの群れと考えてもらっても差し支えない。じつに壮観だ。

渡りをしていた恐竜がいる。そして、恐竜の子孫たる鳥も渡りをする。そうすると、ついつい単純に、渡りという性質が恐竜から受け継がれたものかと考えてしまう。

カマラサウルスは、竜脚類に属する恐竜である。鳥の祖先は、獣脚類から進化してきたと考えられるが、竜脚類は獣脚類とは別の系統であり、鳥の直接の祖先ではない。そして、これまでのところ獣脚類では渡りを行っていた証拠は得られていない。

竜脚類には大型の植食恐竜が多数含まれている。推定40メートルにも達するアルゼンチノサウルスやプエルタウルスは、大きすぎて想像力が追いつかない。美女が両手を広げて1・7メートルだとすると、23人分のハーレム状態になるサイズだ。大型の恐竜は、体を維持するために必要とする食物の量が多いはずである。このため食物量が減ってしまうと、生きていくことが難しくなる。逆に小型の恐竜にとっては、相対的に少ない食物で生きていける。その一方で、地上を走って長距離移動することは大きなコストとなる。大型恐竜にとっては容易に越えられる障害物も、小型恐竜にとっては前代未聞のハードルになるだろう。なにより、一歩で進める距離があまりにもちがう。そう考えると、渡りの証拠が見つかったのが大型の植食者であるカマラサウルスだったことは、非常に納得のいくことだ。

哺乳類だって渡りをする

陸上脊椎動物で渡りをするのは、鳥だけではない。アフリ

前代未聞のハードル
脚の長い友人が悠々と歩いている横で、自分は小走りにならないとついて行けないとき、大いなるコンプレックスで心が引き裂かれそうになるのは、私だけに限られた悲しい過去ではないはずだ。

カに生息する草食動物であるオグロヌー、シマウマ、トムソンガゼルなどは、乾季になると植物と水を求めて大移動を行うことが知られている。鳥にとっても渡りはコストのかかるイベントである。翼なき哺乳類にとっては、さらに過大なコストをともなう苦行のようなイベントだろう。せずにすませられるならしたくない。苦行によって悟りが開けるのは、敬虔《けいけん》な宗教者だけであり、ヌーもシマウマも解脱《げだつ》して涅槃《ねはん》に至ることを求めてはいない。食料の枯渇という、さらに大きな苦痛を避けるため、次善の策として大地を駆け抜けているのだ。

シカの仲間も、季節移動を行うことが知られている。有名なのは、トナカイだ。ツンドラにくらすトナカイは、春と秋に数百キロ、ときには1千キロ以上の大移動を行う。トナカイが大移動するのは、12月25日のみだと思っていたが、どうやらちがうらしい。

コウモリの仲間でも、渡りをするものは知られている。た

トナカイ
鯨偶蹄目シカ科の哺乳類。北極圏に分布。シカの仲間で唯一雌雄ともに角がある。家畜化され、そりを引いたり食用にされたりしている。英名はレインディア。北アメリカではカリブーと呼ばれ、「トナカイ」はじつはアイヌ語である。

とえば、ヨーロッパで繁殖するヒメヒナコウモリは、ときには1千キロ以上も移動することがある。日本でも、ヒナコウモリが季節的に渡りをすると考えられており、100キロ以上の移動例が知られている。また、海外ではタビネズミの大移動が有名だ。しかし、これは季節移動ではなく、個体数が増えたときに新生息地に向けて集団移住をしているものと考えられているので、渡りとはまた別の話だ。

カマラサウルスと、ヌー、シマウマ、トムソンガゼル、トナカイなどの共通点は、大型植食者であるということだ。もちろん、自転車に乗れないとか、ケン玉ができないとか、探せばいくらでも共通点はあるが、ここでは気にしないことにしたい。そして、コウモリは哺乳類とはいえ、空を飛ぶことが最大の特徴となっている生物である。

陸生哺乳類で季節移動をする分類群として、大型植食者とコウモリを挙げた。シマウマは奇蹄目《きていもく》、ヌーやトムソンガゼル、シカなどは、鯨偶蹄目に属している。コウモリは翼手目《よくしゅもく》で、どちらかというと奇蹄目に近いが、基本的にはこれら三つのグループはどれもあまり近縁ではない。そう考えると、季節移動の性質は、系統によって決まっているわけではなさそうなのだ。つまり、渡り行動は、飛ぶことができるものと、大型植食者という枠組みで考えることができることになる。小型のものや肉食のものは、冬眠ややせ我慢によって、食物の少ない時期を乗り切っている。

賢明な読者諸氏は、すでにお気づきだろう。これは、鳥と竜脚類の関係に似ている。鳥と竜脚類では、直接の系統的な類縁関係はない。恐竜の系譜で長距離の季節移動が確認されているものは、やはり飛ぶことができるものと、大型植食者なのである。そう考えると、鳥の渡りという性質は、先祖から受け継いだものというより、必要性と移動能力によって、独立して進化してきたものと考える方がよいだろう。

ただ、このことは決して肉食性の獣脚類がまったく季節移動をしなかったということを意味しているわけではない。肉

冬眠
日本の哺乳類では、ヒグマ、ツキノワグマ、シマリス、ヤマネなどが冬眠を行う。リスやヤマネは体温も5度前後と下がるが、クマはあまり下がらず、代謝を落とし冬眠する。またクマは冬眠中に出産する。

食性の哺乳類でも、長距離季節移動をするものがあるのだ。それは、ホッキョクグマである。

ホッキョクグマは、夏には北部で生活し、冬になると流氷の南下と共に南に移動するのだ。その距離は、数百キロに及ぶ。多くのクマは植食性だが、ホッキョクグマは肉食性が強く、アザラシや魚類などをよく食べる。食物となるアザラシも、流氷と共に季節により分布が変化する。北極のように、もともと食物が限られ、季節によってその分布が大いに変化する環境では、大型肉食動物が季節移動することがあると考えられる。

温暖で安定した環境では一年を通して狭い範囲で食物が得られ、肉食恐竜は数百キロも走ってはくれまい。恐竜時代で寒冷だったのは、ジュラ紀の後期から白亜紀の前期である。その時代でも、現代よりはかなり暖かかったが、やむを得まい。今後、季節移動する肉食恐竜を探すとすれば、この時期がオススメである。

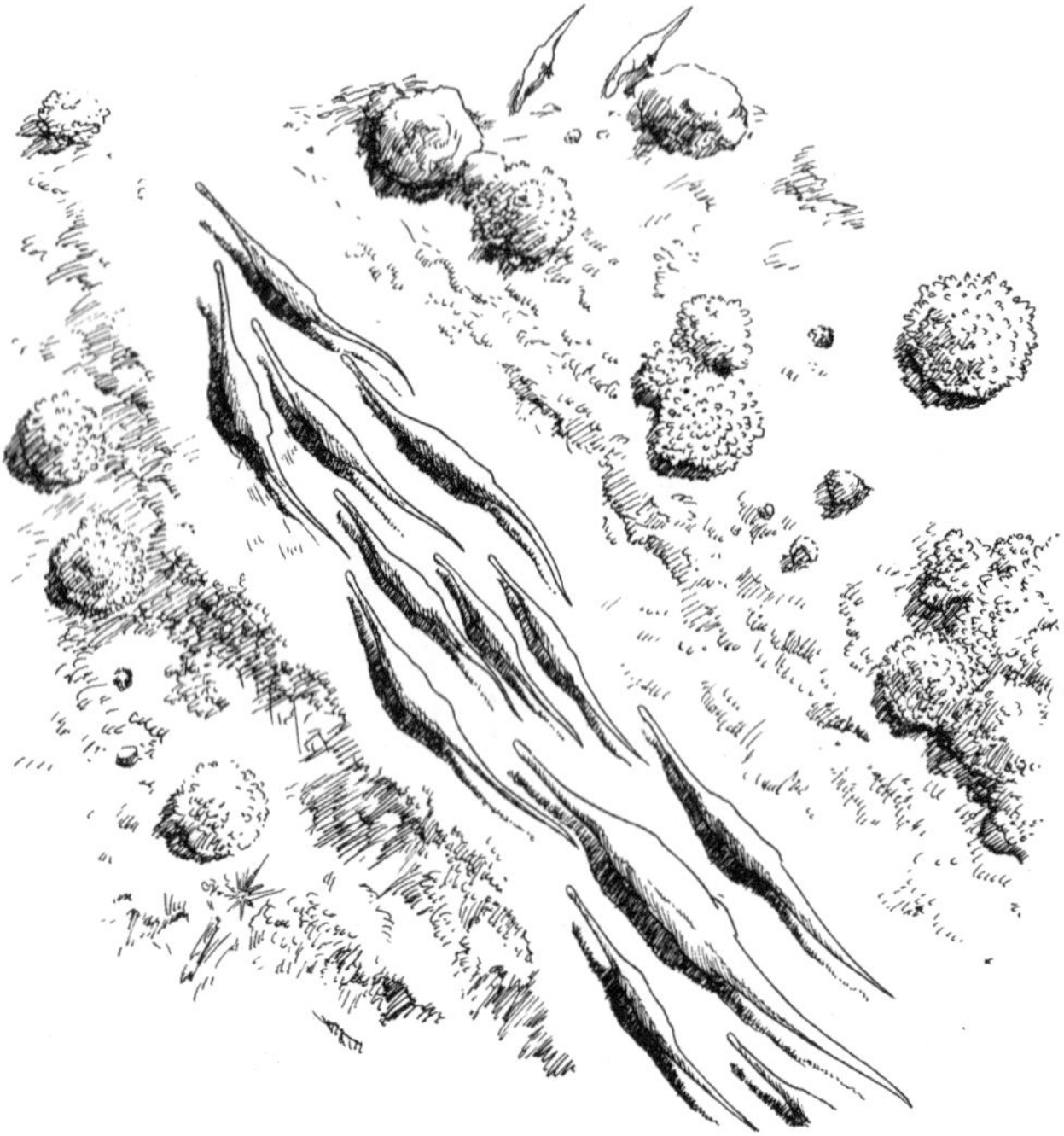

渡りをする竜脚類の群れ

Section 8

古地球の歩き方

恐竜が地球上を闊歩していた中生代。果たして恐竜はどのように歩いていたのか。鳥の歩行は、大きくウォーキングとホッピングに分けられる。その原点は恐竜に見いだせるであろうか。

鳥も歩けば首が振れる

恐竜が歩き回る姿を想像することはできる。しかし、それはあくまでも想像だ。私は鳥の研究をしているので、つい鳥を参考にして恐竜を歩かせてしまう。

鳥の歩行の特徴の一つは、首振りである。人は、ノーという意思を表すために首を横に振るが、鳥の場合は前後に振る。そして、鳥の首振りはじつは首振りではなく、頭の固定である。一般に捕食者の目は、対象物を立体的に捕捉できるように、両目の視界が重なる範囲を増やしている。要するに、前向きについている。これに対して、被食者は視野を広げるために目が横についている。鳥は、被害者意識が強いので、目が横向きの種が多い。

目が横についていると、前に向かって歩いたときに、風景が後ろに流れていく。電車の窓から見る風景を思い浮かべてもらいたい。人間の目は眼球を動かすことができるので、窓の外で流れ行く対象に対して、眼球のみを動かして、視野のなかで一瞬固定することができる。おかげで美人のお姉さんの姿を目の端にとらえ、1日幸せな気分で過ごせ、仕事も順調に進む。

しかし、鳥はあまり眼球を動かすことができない。このため、眼球の移動により、窓外の美人の姿を固定することができない。そこで行っているのが首振りだ。眼球の代わりに、首全体を風景に対して固定するのだ。体との位置関係を見ると、頭を振っているように見えるが、それは、あくまでも空間に対する頭の固定といえる。

長い首を利用して、頭を素早く前に出す。頭の位置は固定したまま、体を前方にもってくる。こうすれば、風景が見えづらくなるのは、首を移動する一瞬だけで、ほとんどの時間は目に見える風景が安定している。ムラサキサギという鳥では、首を一度のばす間に、2歩進む場合もある。彼らはとても首が長いので、それが可能なのだ。もちろん、すべての鳥が首を振るわけではないが、サギ、ハト、シギ、ムクドリなど、いろいろな鳥が首を振りながら歩いている。この歩き方は、鳥にとってかなり一般的な方法といえる。

頭を固定する行動は、歩行時だけではない。たとえば、飛翔中のツバメなんかを見ていると、頭を地面に対して水平に保ったまま、体だけひねって方向転換する姿が見られる。揺れる枝の上では、首を伸縮して頭だけ同じ位置に保つ姿も見られる。パントマイムで、頭が動かなくなり体だけ前に進も

ハトは首振りをしながらウォーキングする

うとする人を思い出してほしい。目で見える風景を安定させると、捕食者や食物を発見しやすくなるものと考えられる。彼らの首振りには、命と生活がかかっているのだ。

恐竜は首を振れますか

もちろん、次の話題は恐竜の首振りだ。鳥にとって、歩行時の首振りが機能的であるということは、恐竜でも前後に首を振っていた可能性があるということだ。ただし、首振りの有無について、形態的に判別する方法はまだ示されていない。足跡からも、首を振っていたかどうかを知ることはできない。恐竜に首を振らせたい日本人を代表して、彼らが首を振っていたかどうかを考えてみよう。

まず、大前提として、眼球運動があまり発達していないことが条件だ。テレビの再現映像なんかを見ていると、肉食恐竜が目だけこちらに向けてギロリとにらんでくる。もしそう

首振り運動をしながら歩く獣脚類

なら、眼球運動ができるから首振りは必要ないということになってしまう。あれは根拠があるのだろうか。彼らの眼球運動についてはよくわからないが、とりあえずできないということにしよう。そうでないと話が進まない。

次に、首振りには、ある程度の長さの首が必要だろう。竜脚類なんて、首が長いので、あれを大いに前後させながら歩く姿はダイナミックで期待できる。首を一振りする間に5歩くらい歩けてしまうかもしれない。そして、重要なのは姿勢だ。首を前後に振るためには、頭がある程度上に向いていて、首がS字型に柔軟に曲がる必要がある。昔の復元図では、多くの恐竜が頭を上にもち上げていた。しかし、最近の趨勢《すうせい》では、体に対して首と尾を前後に伸ばしてバランスをとる姿勢が採用されている。竜脚類も、最近はこれでもかと首を前に伸ばしている。そして、骨の形態の分析では、首はあまり可動せず、上下にはほとんど曲がらなかったと考えられている。なにより彼らが食べていた植物は、視界を固定していないと

見逃してしまうような小振りな代物ではないので、そもそも首振りをする必要もないかもしれない。これじゃ、首振りは無理だ。首振りの有無について、私も首を縦に振ることはなく、ただ首をうなだれるばかりである。面目ない。今季まずは1敗。

竜脚類に対し、獣脚類は多くの種で首がS字型に曲がっていることが知られている。彼らなら柔軟に首振りをしていた種がいてもおかしくない。鳥が首を振る理由は、食物や捕食者など、命に関わる素材を風景のなかから見逃さないことである。首を振らずとも見逃すことのないような大型の対象を相手にする種には、首振りは不要である。大型の肉食者にとっては、捕食者は自らであり、食物は物陰に隠れて見逃してしまうような小型のものではない。このため、振り主は小型種に的をしぼりたい。食物は、昆虫のように草陰に隠れてしまうような小型の動物だ。これを見逃さないために視界を固定しておきたい。また、遠くに小さく見える段階で捕食者

を検出することも大切だ。この時点ならまだ逃走可能な距離だ。昆虫などの小型動物を主食とする小型獣脚類は、首を振りながら大地を歩き回っていたことだろう。

しかし、獣脚類といえば鳥類を輩出した分類群であり、違和感がなさ過ぎる。従来から鳥に近い復元をなされてきたグループであり、いまさら首を振っていたと意気揚々と語っても、まぁそうかもね、とがっかり気味の生返事を返されるのが関の山だ。なんだかあまり爽快感がないが、1勝1敗としたい。

ゼロからはじめるホッピング活用術

首振り以外で、鳥の特徴といえば、ホッピングだ。両足をそろえて移動するあの方法である。これに対して、左右の脚を交互に出す方法を、ウォーキングという。恐竜のホッピングというのはどうだろうか。ぴょんぴょんと飛びはねながら歩く恐竜は、想像するとおもしろい。

鳥のホッピングは、樹上利用が発達したことで獲得したのではないかといわれている。確かに、鳥は木の枝の上では両足をそろえており、枝から枝に移動するにはホッピング様の行動が適している。恐竜は、基本的に地上利用者として進化してきていることを考えると、ホッピングを進化させるのも無理かもしれない。竜脚類の首振りに続いて2敗目を喫するのか。

しかし、セキレイでは興味深い研究がある。彼らは、地上をよく歩く小鳥で、通常はウォーキングだ。しかし、実験的に坂道を登らせてみると、傾斜が急な条件ではホッピングをはじめる。ホッピングでは両足をそろえて踏み切るため、瞬間的にはウォーキングよりも強い力を発揮することができる。勾配《こうばい》がきつく、前進により強い力が必要なら、ホッピングが有利になるかもしれない。カエルだってジャンプするときには両足踏み切りである。そして、二つの歩行法を場面に応じて使い分ける鳥だっている。身近なところでは、カラスは

スズメのホッピング

ウォーキングもホッピングも行う。

ただし、私の知る限りは、恐竜のホッピングの足跡は見つかっていない。足跡化石が見つかる場所は、泥などがたまり足跡がつきやすい平坦地だ。また泥炭地では、地面を蹴る足に負荷がかかりすぎると埋まって歩きにくいため、ウォーキングが適している。ホッピングが必要な斜面では、泥がたまりにくく足跡化石が残りにくい。このため、ホッピングの足跡がないからといって、していなかったとは限らない。

急斜面のほかにホッピングが有利になるのは、足元に障害物が多い場合だ。ただし、これは脚が長くなれば解決できてしまう。また、体が大きすぎる恐竜では、ホッピングは難しいかもしれない。そういうわけなので、ホッピングをするとしたら、地上に障害物が多い場所か、傾斜がちの場所にすみ、小型で、ジャンプ力を生み出せるしっかりした脚をもつ恐竜である。そうなると、頭に浮かぶのはいつもの通り頼みの綱の小型獣脚類だ。

恐竜がホッピング
ホッピングではないが、『ゴジラ対メガロ』（1973年）でのゴジラの両足跳びドロップキックにはおどろかされた。

しかし、それだけの条件がそろえばホッピングが進化するのだろうか。足跡化石の証拠から、恐竜にとってウォーキングが標準的な歩行法だったことはまちがいないだろう。そして、多少の傾斜ならウォーキングで登ったはずだ。では、傾斜がきつくなったらどうするだろう。そりゃぁ、迂回《うかい》をしていただろう。我々も、傾斜が急な場合には直登はせず、斜めに進むことで傾斜をゆるくする。どうしても最短距離で山頂に到達すべき理由がなければ、直登などというしんどいことはしないはずだ。

では、障害物のある場所はどうだ。どうしてもそこを日常的に乗り越えなくてはならない理由があれば、あるいはホッピングをするかもしれない。しかし、避ければいいんだよ、避ければ。誰しも回り道ができるなら、多分回り道をしてしまう。ウォーキングを主な移動手段とする種が、にわかにホッピングをはじめたら、おそらくすぐに疲れるだろうし、効率よく移動できない。それなら、いつも通りのウォーキング

直登などというしんどいこと
知り合いのアルピニストが、難しいルートを美しく登るのが真髄だといっていたが、中生代にそんなロマンチシズムは、必要ない。

で回り道するか、勢いをつけて片足踏み切りのどちらかだ。オリンピックを目指してアスリートを養成していたならまだしも、毎日の食物を手に入れることを本懐とする生活で、慣れない両足跳びの練習をはじめるはずはない。

鳥がホッピングをするのは、やはり樹上生活があったからだろう。樹上生活をしていると、枝から枝へはホッピング的移動を余儀なくされ、その移動方法を得意とする種が進化することになる。ホッピング的移動法を進化させ、熟達するとともに地上生活をするのであれば、そこでホッピングを採用してもおかしくない。しかし、ウォーキングで事足りる地上で生活する恐竜が、無邪気にへたくそなホッピングをはじめ、それを進化させることは考えづらい。やはり２敗目決定か。

敗者復活戦

このままでは終われない。もう一度考え直そう。今、コーヒーを飲み、顔を洗い、フリスクを食べ、リフレッシュしてきた。さて、ウォーキングを主な移動手段とし、地上生活を送る人間様が、ホッピング的動きを見せるのは、どういうときだろう。悪漢に両足を縛られピンチに陥ったが見張りがいなくなった隙に美女と共に逃亡を謀るとき、跳び箱の踏切のとき、岩場を飛び降りるとき、というところだろう。

そうすると、岩場だ。イワトビペンギンは、岩から岩へと両足でジャンプするが、あの雰囲気である。岩場であれば、途中での落下は死に直結するので実にまずい。ある程度の距離を飛び越え安定して着地するには、片足よりも両足が有利だ。岩場を主な生息地とする恐竜が見つかったなら、その再現映像ではホッピングをさせてほしい。残念ながら、それ以外の場合はホッピングは禁止だ。しかし、岩場などという食物の少なそうなところを主要な生息地とした恐竜なんて、いささか想像しにくい。

1勝1敗で最終決戦に臨んだ末に敗色濃いなかで延長戦に

両足を縛られ
恐竜の両足を縛るには、長めのロープが必要だが、世界最古の縄もせいぜい1～2万年前のものしか発見されていないので、これは無理だろう。

もつれこみ、審判団にクレームをつけたが、判定は覆らず、負け越し決定。無念。

ホッピングで岩場を登る獣脚類

Section 9
恐竜はいかにして木の上に巣を作るのか

鳥の巣は多様である。一方、恐竜の営巣に関する情報はそれほど多くない。巣が化石として保存される条件は限られている上、巣が見つかってもそれを作った主が判明することは少ないからだ。恐竜はどこに巣を作っていたのだろう。

繁殖は種の存続の一大事

鳥の1年の生活のなかには、いくつかの大きなイベントがある。巣を作り子供を育てる「繁殖」、使い古した羽毛を交換する「換羽」、繁殖地から越冬地へと移動する「渡り」である。このような大きなイベントには、それぞれ大きなエネルギーが必要となるため、その行動のなかにはさまざまな駆け引きがある。いかにコストを下げ、より大きな利益を得るかということが重要となり、長い進化の歴史のなかで洗練された戦略が導き出されてきた。もちろんその戦略は一様なものではなく、それぞれの鳥の生息場所や食物、捕食者などの条件にあわせて、最適な方法を選んだものが生き残ってきている。

これらの大きなイベントのうち、最も重要と考えられるのが繁殖である。換羽が少しくらいできなくて、古くてぼろぼろになった羽毛でも、なんとかダマシダマシ生活していくことはできる。私だって、人前でかっこつけさえしなければ、洗いざらしして首回りが伸びきった、ちょっぴり穴のあいたTシャツでも特に問題ない。渡りは行う鳥と行わない鳥がいる。もちろん、渡りをする種にとっては重要なイベントではあるが、まぁ、ある程度は我慢できそうな気がする（気がするだけだが）。しかし、繁殖はそうはいかない。野生生物にとって次世代を残すことは至上の命題であり、そのために生きているといっても過言ではない。というか、次世代を残すことができた種のみが現代に生き残っているわけで、いかに効率よく子孫を残すかということは、種の存続を左右する重大事なのだ。ここでは、まず営巣場所について考えてみたい。

現代に生き残る鳥類のすべては、巣に卵を産んでそれを育てるという繁殖様式をもっている。ワニは、現在に生きているなかで、恐竜と最も近縁な共通祖先をもっていると考えられる生物だが、こちらも巣を作り、卵を産んで子育てを行う。このことから、巣に卵を産んで子供を育てるという様式は、ワニと鳥類の共通の祖先で進化し、その後の子孫に維持されてきたと考えて不都合はなかろう。

さて、恐竜の巣を考える前に、鳥の巣について考えてみたい。鳥の巣というと、まず思い浮かぶのは、小鳥が木の枝の上にかけるカップのようなものか、ハトによる皿のような形のものだろう。小鳥たちは、じつに器用に枝の上に巣を作る。身近な鳥の例を見てみると、メジロは木の枝の叉《また》の部分に、つり下げるようにして巣を作る。巣の材料としては、植物の繊維や葉、ときにはクモの糸まで使う。それを足とくちばしを使って、正確に半球形の巣をたったの数日で編み上げるのだ。私も人間のなかではちょっと器用な方だが、足と口を使って同じ材料で同じものを作れといわれてもなかなかできない。いや、全身のなかで最も器用な10本の手の指を使っても無理である。なにしろ、鳥の巣を作る技術は無闇矢鱈とすごいのである。

鳥が巣を作るのは、木の枝だけではない。地上、木の洞、崖の上、岩の間、地中の穴のなか、ときには水上にまで、ありとあらゆる場所に作る。巣を作る場所で重要なのは、捕食者からいかに巣を守るかということだ。

卵というと、栄養価の高い食物の代表である。私も、「栄養が多すぎるから1日1個」と親にいわれながら育ってきた。それはそうだ。あの卵1個のなかには、小さな胚が1羽の立派な鳥に育つことができるだけの栄養分が含まれているのだから、動物が成長するのに必要な栄養がすべて含まれている

卵
食卓に上がる鶏卵も巨大な1個の細胞であると考えると、感慨深い。

ということができる。これほど重要な栄養源を、捕食者が放っておくはずがない。肉食動物は、卵を食べる機会を虎視《こし》眈々《たんたん》とうかがっているのだ。どこに巣を作るかということは、いかに捕食者の目を逃れるかという選択なのだ。

恐竜の巣はどこにある?

さて、前振りが長かったが、ようやく恐竜の話に入りたいと思う。実際に恐竜はどこに巣を作っていたのだろう。これまでにさまざまな恐竜の巣が化石として見つかってきている。そして、そのほとんどは地上に作られているものだ。このため、恐竜は基本的に地上に巣を作っていたと考えられている。

恐竜の巣の化石は世界各地で見つかっている。ただし、それぞれの巣がいったいどの恐竜のものかというのを知るのは非常に難しい。それはそうだろう。巣と卵だけが見つかっても、それがどのような親から生まれたものかはわからないのだ。偶然親が巣の上でいっしょに死んでいたり、卵のなかにある程度発生の進んだ幼体の化石が見つかったり、または親の化石の体内から卵が見つかったりしない限り、その巣が誰のものかを知るのは容易でないのだ。そして、このような抜群の状況の化石は、非常に珍しいのである。

恐竜の巣の有名な発見例には、マイアサウラのものがある。この恐竜の巣は地上に作られたお椀型のくぼみで、そのなかには十数個の卵が入っていることもあった。また、同じ場所で多くの巣が見つかったことから、集団で営巣した種であると考えられている。マイアサウラという名前は、「よき母親のトカゲ」という意味で、親が子育てをしていた可能性も主張されている。

オヴィラプトロサウルス類は、別の有名事例の一つだ。この恐竜は、プロトケラトプスのものと考えられる巣で卵に覆い被さるようにしている姿が見つかったため、卵を捕食しにきたときの状態で化石化したと考えられた。オヴィは「卵」、ラプトルは「泥棒の」という意味のラテン語である。しかしその後、この巣自体が、そのオヴィラプトロサウルス類（後にシチパチと命名される）のものということがわかり、泥棒騒ぎは冤罪《えんざい》だという判決が出た。だが、一度与えられた学名は、そう簡単に変えることはできない。マイアサウラもオヴィラプトロサウルス類も、等しく自分の子に愛情を注いでいただけなのに、正反対の命名がされてしまったのだ。死人に口なしとはいえ、世のなかの冤罪被害がなくなることを心の底から祈りたい。

　それはさておき、鳥の先輩である恐竜なのだから、ぜひとも木の上に巣を作っていてほしい。しかし、残念ながら私の知る限り樹上の巣というのは見つかっていない。ただし、これは樹上に営巣しなかったからとばかりはいえないだろ

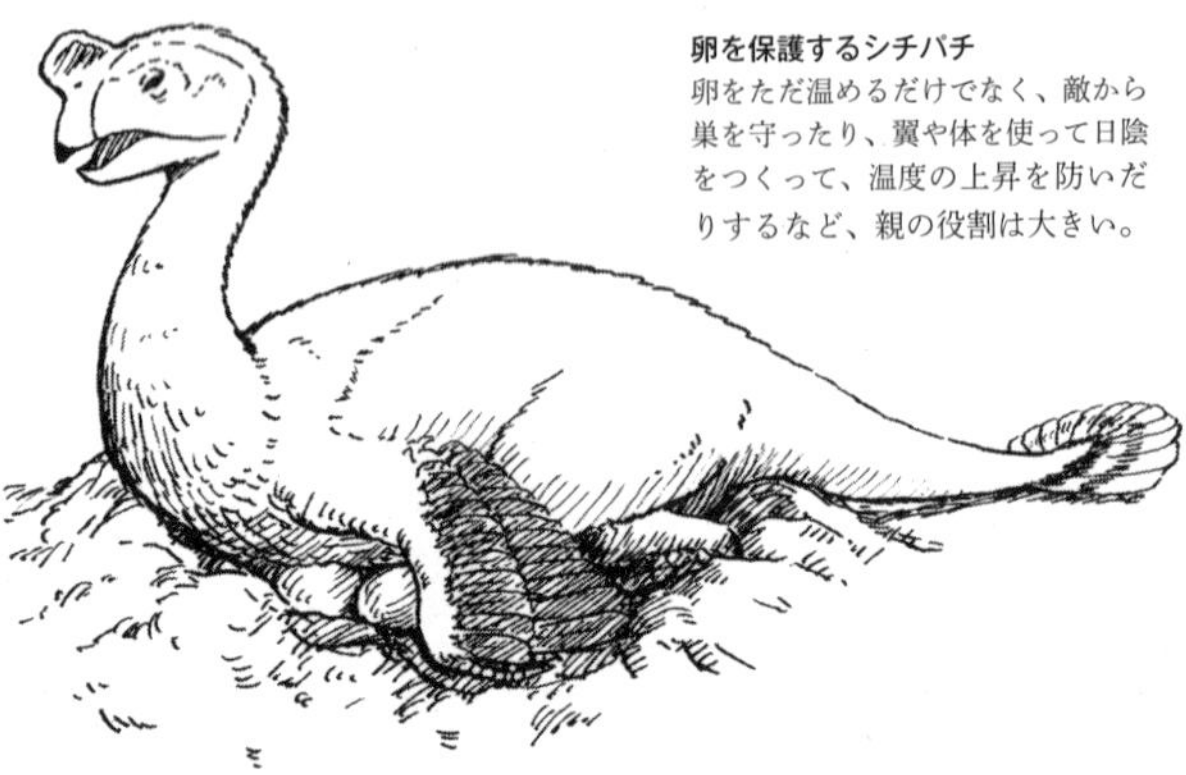

卵を保護するシチパチ
卵をただ温めるだけでなく、敵から巣を守ったり、翼や体を使って日陰をつくって、温度の上昇を防いだりするなど、親の役割は大きい。

う。木の上に作られた巣は、普通に考えて化石として非常に残りにくいといえる。樹上の巣は、持ち主の繁殖中はメンテナンスをされるが、子供が育った後は風雨にさらされて落下してしまうことが多い。巣が落ちなくとも、木が枯れれば枝が落ち、木が倒れてしまえばもろともに壊れてしまい、化石になることはほとんどないと考えられる。恐竜の巣が地上で見つかっている以上、地上営巣の種が多数いたことはまちがいない。もちろん、地上で巣を作るのが技術的に最もラクチンであるから、恐竜の巣が地上営巣から発達したこともまちがいないだろう。しかし、恐竜の進化の歴史のなかで、営巣場所はさまざまな場所に進出していったかもしれないじゃあないか。

恐竜が樹上に巣を作るには?

前述したとおり、鳥の営巣場所は捕食者回避の産物と考えられる。地面は基礎が安定しているため、構造的には最も巣を作りやすいが、一方で最も捕食者に狙われやすい場所でもある。現代でも、キツネやイタチなど、地上には多くの捕食者があふれている。キジやカモ、チドリの仲間などは地上に営巣するが、彼らは草陰に巣を作ったり、卵を砂地模様に擬態したりと捕食者回避に余念がない。地上営巣には、デメリットも多いのだ。

これに対し、キツツキやフクロウ、シジュウカラ、ムクドリなどは、木の穴のなかに巣を作る。捕食者から隠れるのには地面よりはよい場所だろう。しかし、自然の樹洞はそれほど多くはないから競争が激しく、よい穴を確保できる鳥はそう多くはない。キツツキは自分で穴を掘るが、それは大変な労力をともなうことになる。その点、樹の枝の上に巣を作るのは、なかなかよい選択肢だ。林のなかでは、樹木は無限に存在する資源である。そして、樹上に登ることができる捕食者は限られている。さまざまな鳥類が樹上に巣を作るように

キツツキの巣
キツツキ類の巣穴などには、そのあとほかの鳥や、ときにはムササビなどがすむことがある。キツツキは硬くするどいくちばしを木に打ちつけてのみのように巣穴を掘るが、脳しんとうは起こさない。写真はアオゲラ。

なったのは、このような事情があったからだろう。ざっと思いつくだけでも、スズメ目の鳥を筆頭に、タカ、ハト、ハチドリ、サギ、ウ、カツオドリなど、陸鳥、海鳥を問わずさまざまな種類で樹上営巣が採用されている。

しかし、樹上に巣を作るには、いくつかのハードルがあることも事実だ。恐竜に樹上営巣させるためには、このハードルを越えさせなくてはならない。まず、面倒くさくもわざわざ樹上に登らざるを得ない理由が必要である。これは、「被食者である」ということだ。自らが凶暴な捕食者だったり、捕食されるおそれのない大型恐竜だったりすれば、十分に巣を防衛することができるので、そもそも樹上に進出する必要がない。もちろん、木の上に登れることも必要だろう。登れなくては、営巣もなにもあったものではない。このことから、樹上営巣は捕食者に狙われやすく身軽な小型の恐竜に限られるはずだ。

次に、木の上に登った恐竜は、自分と子供の体を安定して支えられるだけの巣を作らなくてはならない。ここで必要なのは、多くの巣材を樹上にもち上げる根気と、短期間で巣を作り上げる器用さである。地上であれば、巣材をざっと重ねていくだけで巣の形を保つことができるが、安定性に欠ける樹上ではきちんと巣材を組み上げる必要がある。

鳥はなぜあれだけ器用に巣を作り上げることができるのだろう。そこには、くちばしの存在が関わっている。鳥のくちばしは、一般的に細くて長いピンセットのような形をしている。この特殊な器官によって、細い枝や葉の繊維をつまみあげ、巣材を編み上げることができるのだ。現代の鳥で最も器用な鳥は、サイホウチョウの仲間だ。東南アジアにすむサイホウチョウは、クモの糸を使い、木の葉を縫って巣を作る。そして歯がないことも鳥の有利な点かもしれない。歯は、巣材にひっかかりやすいので、崩れないように巣材を組み、編み上げるには邪魔になってしまうだろう。このため、繊細な巣を編むには、口吻《こうふん》が細く、鋭い歯が発達していない恐竜が適している。ただし、10グラム程度の鳥とはちがい、恐竜はそこそこの体重があるため、それほど繊細な巣材は使っていなかっただろう。頑丈な枝で巣を作るなら、邪魔にならない程度の歯の存在は許容範囲だ。指が発達し手先が器用な恐竜も候補になり得るが、樹上に登るには補助的に前肢も使用する必要があるだろうから、巣材をもち運び、巣を組み上げるのは、やはり口の仕事と考えたい。

さて、被食者で小型で身軽で樹に登りやすくて口吻が細長くて……と考えると、候補になるのは鳥の直接の祖先と考えられるマニラプトル類ぐらいだろうか。あまりおもしろくない結論だが、結局恐竜は地上営巣を主とし、樹上営巣するのはある程度鳥らしくなってから獲得した性質だろうと推測できる。

しかし、夢を捨ててはいけない。地上営巣性が卓越していると考えられている恐竜だが、２００７年の論文ではアメリカのモンタナ州にて、初の地中営巣例が見つかっている。これは約9500万年前のヒプシロフォドン類の巣で、成体1個体と共に幼体2個体が見つかった。また、2009年の論文ではオーストラリアにおいて恐竜の巣と考えられる穴が報告されており、小型鳥脚類のものの可能性があげられている。穴のなかでの営巣は、空から襲ってくる捕食者や巣穴に侵入できない大型捕食者への対抗策だろう。

恐竜の巣の発見はまだまだ多いとはいえない。しかし、地中営巣性がいたのなら樹洞営巣性の種がいたとしてもまったく不思議ではない。いや、捕食者対策を考えると、隠れやすい樹洞を営巣場所として利用していなかったと考える方が不自然である。生きるか死

巣穴でくらす恐竜
子育てだけでなく、普段のすみかとして使用していたかもしれない。

ぬかの戦国時代を生き抜いた恐竜は、子孫を残すために灰色の脳細胞をフル回転させ、多様な環境を営巣に利用し尽くしていたにちがいない。小型恐竜は、被食者となりやすいと同時に、身軽さを武器にさまざまな場所を利用可能と考えられるため、特に期待できる。今後調査が進めば、いずれ恐竜の樹上営巣例も見つかるにちがいない。その恐竜がやはりラプトル類なのか、はたまたまったくちがう種なのか、楽しみなところである。

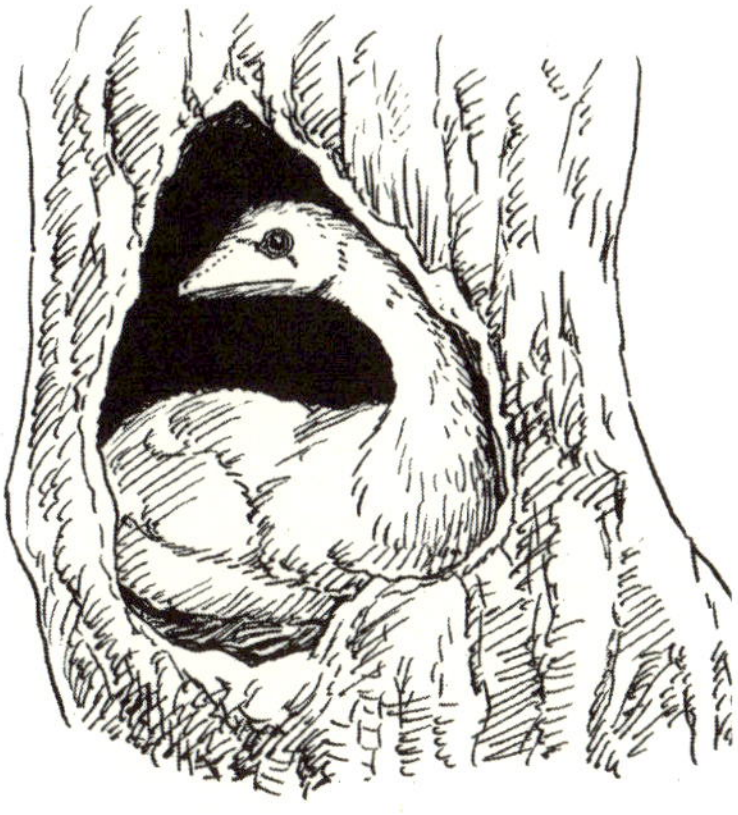

樹洞営巣の恐竜
産卵、子育てのほか、ねぐらとしても大きな樹洞が使われたかもしれない。

Section 10

家族の肖像

営巣の次に展開されるのは、子育てだ。子育てをする恐竜マイアサウラの発表は、一大センセーションを巻き起こした。繁殖行動は、鳥にしろ恐竜にしろ、大変魅力のあるテーマである。繁殖に関わる化石の観察から見えてくるものは……。

恐竜は子育てをしていたか?

という問いに含まれる最も大きな問題はなんだろうか。それは、恐竜というグループが、1億5千万年の長きにわたり、存在していたということである。我々ホモ・サピエンスの歴史は、20万年しかない。しかし、20万年前の人類と今の私たちの行動をまとめて、「ヒトはこうだ」というのは乱暴である。我々は自転車に乗れるが、20万年前の自転車の化石はまだ見つかっていない。この状況で、「ホモサピは自転車に乗れる」と断言する勇気はない。時系列で変化する行動をまとめてしまうのは、いささか無理がある。つまり、初期の恐竜はまだ子育てはしなかっただろうが、後期になるに従い、子育てをするものが増えてきたというのが、おもしろくもなんともない玉虫色の答えでもある。

子育てと一言にいっても、いろいろな段階がある。卵を産んだら、孵化するまでの時間がある。その間に、温めるかどうかが、最初のステージだ。次は、卵から孵《かえ》った幼体の保護、充分に大きくなった若者との共同生活というのが、恐竜に考えられる親から子への保護の過程だ。

南アフリカからは、ジュラ紀前期の竜脚類マッソスポンディルスの巣が見つかっている。ここには、34個の卵が入っていた。この卵は、殻の厚みが0・1ミリしかなかった。マッソスポンディルスの体長は4メートル程度である。竜脚類には超大型種が多いため、4メートルというと小さく感じてしまうが、それでも4メートルだ。うちのリビングの天井は2・5メートル程度だ。マッソスポンディルスが「気をつけ」の姿勢をとったら、歯磨きの手伝いもできない。そんな大柄のマッソたちがこんなに殻の薄い卵を温めようとしたら、瞬く間につぶれてスクランブルエッグの材料にもならなくなってしまう。

卵の殻は、主に炭酸カルシウムでできている。ニワトリの卵で、0・3ミリほどの厚みがある。彼らの体重でも、卵を圧力から守るにはそれだけの厚みが必要だということだ。カルシウムは、動物にとって大切な栄養素だ。ヒトでも、カルシウムが不足すると、筋肉の痙攣《けいれん》や骨の軟化などが生じる。ついでにイライラしやすくなるかもしれない。卵を作るには、それだけカルシウムが余分に必要になる。ツグミの仲間などでは、カルシウム摂取のためにわざわざカタツムリの殻を食べたりもする。ニワトリの餌に牡蠣殻《かきがら》を混ぜたりするのは、ご存じの通りだ。卵の殻を作る材料が少なくてすむならそう

牡蠣殻
バードフードに入っている。ボレー粉ともいうが、これは牡蠣を音読みした「ぼれい」が語源という説もある。

したいはずなので、殻の厚さは最小限にしてあるだろう。
世界各地では、殻の厚さが3ミリ以上ある恐竜の卵も見つかっている。親の体サイズにもよるが、充分に厚みのある卵殻をもっていたものは、抱卵をしていたとしてもおかしくないと考えられる。オヴィラプトロサウルス類やトロオドンなどでは、抱卵の習性をもっていた可能性が指摘されている。卵を産みっぱなしではなく、親子としての関係がはじまるわけだ。そういえば、親子丼って、どう考えても実際は親子じゃないよね。私が世界征服を成し遂げたおりには、二世代丼に名前を改めようと思っている。

楽するために努力する

アルゼンチンでは、白亜紀の竜脚類が、地熱を利用して卵を温めていたという報告がある。集団営巣の痕があり、多数の個体が繰り返し同じ営巣地を利用していたようだ。見つ

二世代丼
本当の親子丼になる可能性であるが、その確率はあまりにも低いだろう。自家製ということであれば十分あり得る。

地熱を利用
見つかったなかには、世界最古の温泉卵が含まれているにちがいない。

かった場所は、当時の熱水地帯で、火山活動に由来する熱と蒸気を利用して、卵を孵化させていたものと考えられている。地熱といっても、場所による温度のムラがあっただろうし、突然高温になることなんかもあったにちがいない。無事に孵化していれば、もちろん卵は割れてなくなっているだろうが、ここでは多数の卵が見つかっている。

現生鳥類であるツカツクリ類は、抱卵をせず太陽光や発酵熱、地熱を利用して卵を温める。トンガツカツクリやセレベスツカツクリでは地熱利用を行っている。ただし、このような自然熱の利用は、必ずしも楽ではない。クサムラツカツクリは太陽熱を利用するが、温度を33度に保つため、落ち葉を増やしたり減らしたり、巣の管理に精を出す。これなら、自ら抱卵した方が絶対楽だ。ただし、ツカツクリの自然熱利用は、鳥としてはかなりの特殊例である。

竜脚類は世界各地で見つかっている。とはいえ、みんながみんな地熱を使用していたとは考えにくい。ただし、地熱を利用していたということは、やはり温める必要があったということだ。現代でも、トカゲに比べて鳥の方が、発生に必要な温度が高い。恐竜も時代を経るにつれ、効率よい発生のため温める必要が生じ、抱卵をするようになったのだろう。

　巨大恐竜は、体が大きくなりすぎ、抱卵には向いていなかったともいわれる。抱卵可能なのは、親の体重が250キロまでという予測もあるので、体長で3メートル程度といったところだろう。巨体で抱卵するには、卵の殻が薄いと割れて困ってしまう。ただし、卵の殻を厚くするには余分なカルシウムが必要だし、殻が厚すぎるとなかの子供は呼吸困難になってしまう。割って出てくるときにも一苦労だ。恐竜の卵は、体の割に小さいといわれており、これまで見つかっているものもほとんどが直径30センチ以下だ。恐竜は体を大きくすることはできたが、ある程度以上は卵を大きくすることは、物理的な制限からできなかったと考えられている。

　鳥では地熱利用は特殊な事例だが、自分で温めるのが難しい巨大恐竜にとっては、不可欠な選択肢だったかもしれない。中生代には、現在よりも火山活動が活発だった時期もあったため、その時代には地熱利用は意外と広く採用されていた可能性もある。そうなると、もちろん太陽熱利用もあったのではないかという期待に胸と大脳がふくらむ。熱を吸収しやすいように黒い小石だけで作られた巣が見つかったら、太陽熱の可能性を疑ってみてほしい。もしかしたら卵の殻も黒かったかもしれない。

ところで皆さんは、野外でマムシの卵を見たことがあるだろうか。見たことがあったら、学会発表をおすすめする。彼らは、卵胎生といって、卵を産まずに体の中で孵し、子供を出産するのだ。この場合は卵を体内で温めるため、外界で温める必要はなくなる。これなら巨大恐竜にも可能だろう。残念ながらこれまでに鳥では卵胎生のものは確認されていない。鳥は、空を飛ぶため、体を軽くする必要がある。このため、早く卵を外に放り出した方が有利なので、卵胎生は進化しに

卵胎生
中生代の絶滅爬虫類、魚竜も卵胎生だったと考えられている。爬虫類のほかにも、タニシなどの軟体動物、熱帯魚のグッピー、サメの仲間の一部、シーラカンスなど魚類には多く見られる。

くいと考えられる。

巨大恐竜にとって、卵を温めるのが大変なら、卵胎生が進化していたと考えるのは悪くなさそうだ。地熱利用を考える前に、そちらの方向に進んだ恐竜がいたはずである。卵胎生は、魚類や貝類、爬虫類のなかでもヘビ、トカゲ、カメレオンなど、さまざまなグループで独立して進化している一般的なシステムだ。恐竜がこれを採用していなかった方が、どうかしている。これまで、恐竜の体内で見つかった小恐竜の化石は、胃内容物と考えられていただろう。よく見ると、卵胎生の証拠かもしれませんよ。

子育ての来た道

さて、卵が孵化したら、子育てだ。

マイアサウラの巣の化石では、巣にいた幼体の歯が摩耗し、巣内に植物があったことから、親が巣に餌を運んで世話をし

マイアサウラ
国立科学博物館で1990年に開催された恐竜博において、子育てをしているマイアサウラの骨格が展示された。その後この標本は、本館1階のホール（現日本館）に展示されることになった。恐竜の生態が、骨格で表現されていることに少なからず驚かされたものである。

ていたという主張がある。その一方で、この説には疑義も呈されており、マイアサウラによる子の世話の証拠はないとされることもある。しかし、恐竜全体を見渡すと、子供を世話する恐竜がいたとしても、不合理な話ではない。

プシッタコサウルスやプロトケラトプスをはじめとする角竜類では、年齢の異なる個体からなる群れの化石が見つかっており、老若を含む個体で群れを作っていたと考えられている。竜脚類の足跡の化石では、幼体を群れの中央に配置して行動する様が読み取られている。群れで生活する恐竜には、幼体を放ったらかしにせず、手厚く保護しながら生活する種がいたことは、確かだろう。彼らは、十分な社会性をもっていたと考えられる。

コアホウドリの親子

鳥類は、子がある程度自由に活動できるまで親鳥が世話をする。

鳥類とはちがい、大型恐竜が大人になるのには、１年や２年というわけにはいかない。骨にできる成長線の研究では、巨大竜脚類のアパトサウルスが成体サイズになるのには18年以上かかるとされている。比較的小型の竜脚形類プラテオサウルスでは、成長の早い個体でも12年と考えられている。肉食獣が跋扈《ばっこ》する中生代において、体が小さく捕食されやすい若齢個体が成人式を迎えるには、大人による庇護が効果的だったにちがいない。世話をしない個体の子供は、順次捕食されていくことになる。こうして、子供の保護をする個体の方がより多くの子孫を残し、子育てが進化していくのだ。

少子化は社会安定の証拠

動物には、多産多死型のものと少産少死型のものがある。少産多死なら絶滅するし、多産少死ならバイバイン効果で大変なことになる。試しに１羽１キロのアヒルが毎年卵を10個

バイバイン
未来からやってきたネコ型ロボットが活躍する国民的漫画において登場した道具。薬品。かけられたものは5分ごとに倍に増えていく。主人公は栗饅頭に対して使用した。

産み、寿命30歳まで死なないと仮定しよう。1ペアからはじめて30年余りで総重量が地球の重さを超えるまでに増えてしまう。

多産多死型は、死亡率の高い環境でよく見られる。捕食者や過酷な環境により、死んでしまう個体が多いのであれば、とにかくたくさん子供を生産せねばならない。9割方が死亡しても、1つがいあたりで2個体が生き残ってくれれば、収支があうことになる。これに対して、少産少子は安定した環境で進化する。安定した環境では、生息地における個体数が飽和状態に近い。その状況でたくさん子供を産んでも、定着できる場所が残されていないのだ。このような場合は、産む子供の数を少なくする代わりにしっかりと子育てをして、競争力のある子供を養成する方向に進化することになる。

恐竜は、生態系のピラミッドの上位に位置している。一般に、上位に位置している生物は、下位の生物に比べて死亡率は低く、少産少子に傾きやすいだろう。しかし、恐竜ではこれまでに卵が10個を超える巣がしばしば発見されている。オヴィラプトルなどを含むコエルロサルス類でも、20～30個の卵が入った巣が見つかっている。

　これに比べると、鳥の卵の数は圧倒的に少ない。アホウドリは卵を一度に1個しか産まないし、タカ類でも2、3個のことが多い。卵が多いのは、シジュウカラやカルガモなど、弱者の被食者組だが、それでも多くて一度に十数個だ。恐竜の卵の数は、種により異なるだろうし、まだ見つかっていない種も多いので、一概にいうのはちょっと気が引けるが、比較的多

孵化
内部から硬い口先で卵を割り、誕生する恐竜。

めの卵数は、捕食者の脅威が強く死亡率が高かったことの証拠と考えられる。これは、恐竜で子供の保護をしていた可能性を考える上でも、矛盾しないといえる。

支配者階級的イメージのある恐竜でも、体サイズが充分に成長していない段階では、諸先輩方の脅威におびえていたのだろう。いやはや体育会系、一昔前の大学の寮生のようだ。鳥類では、多くの種で樹上営巣が進化しているが、恐竜は基本的に地上営巣だっただろう。当たり前のことだが、地上の巣の方が地上性捕食者に襲われやすい。恐竜は、それを卵の数と面倒見で補い、鳥は地上からオサラバすることでクリアしている。

恐竜の子育てというと、なんだかほんわかした世界が想像されるかもしれない。しかし、その背後にあるのは、子孫を残すための命がけの戦略である。そして、鳥が樹上に進出し、世界を立体的に使うようになった陰には、凶悪な先輩達の苛《か》烈《れつ》な捕食圧がチラついているのである。

Section 11

肉食恐竜は夜に恋をする

暗く陰鬱《いんうつ》な世界のなかで、巨大な恐竜がうごめく姿は、否応なしに恐怖をそそる光景だ。映像作品にしばしば描かれるこのような光景は、中生代に本当に展開されていたのだろうか。

資源を分け合うのはあくまでも自分のためだ

ここでの主題は、夜行性の恐竜がいたかどうかということである。恐竜に先立ち、動物にはなぜ昼と夜という異なる時間帯に活動するものがいるかを考えてみよう。

ある動物の仲間が種分化していくと、必然的に種数が増えていく。同じ場所で生活している動物たちは、同じ資源を競争して争うと、お互いに不利益が生じてしまう。それであれば、他者が利用していない別の資源を利用すれば、競争に巻きこまれず安穏と生きていけるはずだ。

これは、人間界でも同じだ。目の前で、焼き肉が繰り広げられている。そこは群雄割拠の生態系の縮図たる戦場だ。炭火にじゅうじゅうと音を立てる魅惑的な上カルビを狙うのは、あなただけではない。この上物を手に入れることができるのは、一人だけだ。これを争って共倒れすることを選ぶより、ホルモンに集中して一部独占を謀った方がよかろう。私は、あえてミノとセンマイに手を伸ばそう。決して戦いに勝つ自信がないからではない。あくまでも平和主義者だからだ。

資源を分け合うには、いろいろな方法がある。異なる種類や異なる大きさのものを食べるというのが、一つの方法だ。たとえば、大きな種子を食べるには、それを割ることができる強く大きなくちばしが便利だ。小さな種子を食べるには、それをつまみ出す細く器用なくちばしが便利だ。独自の得意技をもつことで、ほかの動物よりも上手に特定の食べ物を利用できれば、それだけ生き残りやすくなる。鳥が種によりさまざまな形態のくちばしをもつのはこのためだ。資源分割は、種が生き残るための常套手段なのだ。

　鳥は基本的に昼行性《ちゅうこうせい》の生物である。しかし、そのなかから夜行性のものも進化してきている。フクロウやヨタカ、ヤマシギ、ゴイサギなど、いろいろなグループで夜行性のものが見られる。これも、資源の分割方法の一つであると考えられる。たとえば魚類にも、昼間に活動するものと、夜に活動するものがある。サギの仲間のほとんどは昼行性であるため、ランチ用の魚は競争率が高い。しかし、夜食用の魚に手を出すサギは多くない。たとえば、ドジョウやフナは夜間に活発に活動するため、夜にはこれらの魚を効率よく食べることができる。鳥は視覚に頼る動物だ。夜に行動するのは、もともと得意なわけではなかろう。しかし、あえてそこを主戦場にすることで、無益な競争を避けているのだ。

　時間をずらすことには、捕食者回避の意味もある。昼行性

ゴイサギ
主に夜行性のサギの仲間。昼間はあまり動かずぼーっとして見える。醍醐天皇に正五位の位を授かったという逸話がある。夜、があがあと鳴きながら飛ぶために夜鴉の別名もある。

で進化してきた鳥に対しては、当然のことながら昼行性の捕食者が進化してくる。たとえば海で採食し海上生活を主とするミズナギドリの仲間は、陸上の繁殖地には夜に飛来し、明るくなる前に飛去する。これは、昼行性の捕食者であるタカの仲間からの襲撃を回避するためと考えられている。ただし、ミズナギドリの場合は昼間に海上を散策し、海にダイブし、魚を追い回し、昼のレジャーを謳歌《おうか》している。このため、完全夜行性の鳥というわけではなく、繁殖地限定夜行性鳥類である。

哺乳類にも、爬虫類にも、魚類にも、夜行性のものと昼行性のものがある。時間的に資源を分割することは、一般的な戦略なのだ。

恐竜も夜に闊歩する

ここまで考えると、夜行性の恐竜がいることは、別段不思議なことではなく、むしろ当たり前のことと感ぜられる。しかし、従来は恐竜が昼行性であると考えられることが多かった。その理由としては、夜行性という行動の証拠を化石から見つけることが難しかったからだ。それはそうだろう。これを読んでいるあなたの骨を見て、昼型人間か、夜型人間かを判断することは不可能である。「ある恐竜が腕時計をしていて、食べられた瞬間の時刻で止まっていた」なんていう偶然はなかなかないのだ。しかもデジタルではなくアナログで、さらに24時間表記の時計でないと意味をなさない。化石証拠は、それほど御都合主義ではない。

しかし２０１１年に、夜行性の恐竜は珍しくなかったとする論文が発表された。これは、眼の大きさに基づいた分析を行ったものだ。ここでは、翼竜や鳥類も含めて33種の主竜類の化石の眼窩《がんか》と強膜輪《きょうまくりん》の大きさを比較している。眼窩は、頭蓋骨にある眼球が納められているくぼみのことで、強膜輪は眼球を固定する骨である。この大きさから、眼のレンズの相対的な大きさを調べたのだ。

この分析の結果、獣脚類のヴェロキラプトルやミクロラプトル、翼竜のランフォリンクスなどは夜行性、鳥盤類のプロトケラトプスやプシッタコサウルス、竜脚類のディプロドクスやプラテオサウルスなどは昼夜兼用、鳥類のシソチョウやコウシチョウ、翼竜のプテロダクチルスなどは昼行性だった可能性が高いとされている。また、獣脚類のコンコラプトルの脳の感覚野の大きさから、夜間に活動していた可能性が高いとする別の研究もある。

大型の植食者である竜脚類などは、多量の植物を食べる必要があるため、その分長い活動時間が必要となったことだろう。このため、昼夜を問わず採食が可能な方が合理的と考えられる。また、中生代の気候では、今よりも気温が高かったことも注目されている。大型恐竜は、暑い日中に活動すると、体温が高くなりすぎてオーバーヒート気味になるため、涼しい時間帯に活動した方がよいというわけだ。

　では、夜行性の鳥について、眼の特徴を検《あらた》めてみよう。夜行性の鳥の眼の特徴には、二つの方向の進化がある。眼が小さくなるものと、眼が大きくなるものだ。ニュージーランドにすむキーウィは、夜行性の鳥だ。この鳥の眼はとても小さく、視覚が弱いと考えられているが、その代わりに嗅覚《きゅうかく》が発達している。夜に生活するということは、すなわち暗いということだ。光の不足する世界で少ない光に目をこらすより、嗅覚という別の感覚に頼るというのが彼らの選んだ道である。

　これの対極にあるのが、フクロウやヨタカなどだろう。彼らの眼はとても大きい。ヨタカなんて、頭部のほとんどが眼球でできている。おかげで脳容量が圧迫

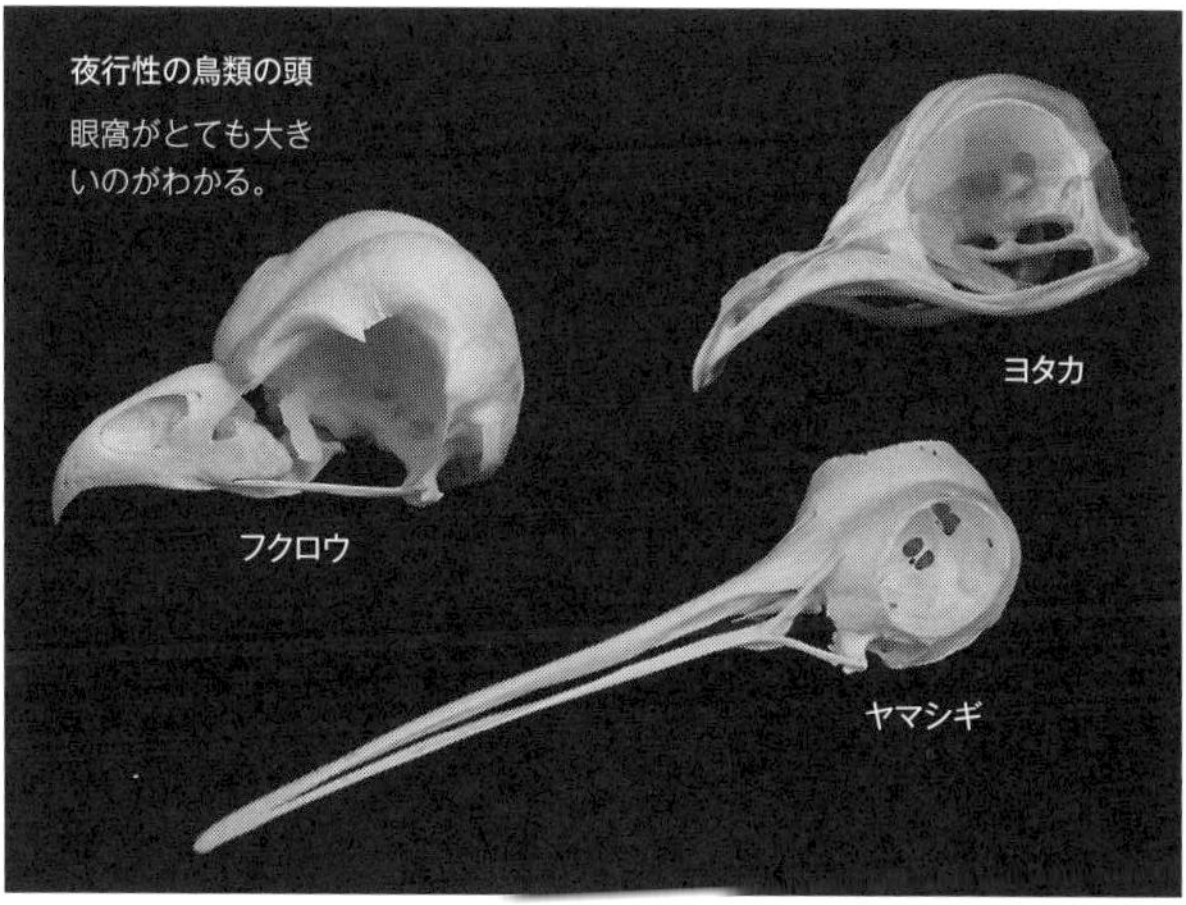

夜行性の鳥類の頭
眼窩がとても大きいのがわかる。

され、頭が悪くなっているのではないかと心配になってしまうほどだ。夜間の少ない光を効率よく利用するためには、眼のレンズを大きくして、少しでも多くの光を取りこむ必要がある。これが彼らの戦略だ。頭蓋骨の形を見ると、ゴイサギやヤマシギは、それぞれサギとシギの仲間のなかでも大きな眼窩を備えていることがよくわかる。

前述の論文で夜行性とされた恐竜では、眼の大きさがほかのものに比べて大きいことが示されている。このことが、夜行性とされた理由である。つまり、キーウィ型ではなく、フクロウ型の夜行性と考えられる。

キーウィ型とフクロウ型のちがいはなんだろうか。キーウィ型は、視力を捨て去っており、フクロウ型は視力に固執しているということだ。視力を捨てると、夜行性専門となり、昼間の活動は難しくなる。眼が見えないのに明るいところをふらふらしていると、容易に捕食者に襲われてしまうだろう。ただし、昼行活動さえ諦めてしまえば、眼球という器官を作らなくて済むので、そのために必要なコストを削減できる。

フクロウ型のものは、昼でも活動できるという利点がある。確かにフクロウの活動は夜が中心だが、日中に狩りを行うこともある。シロフクロウは、白夜の北極圏で、いつ終わるともしれない昼間に精力的に活動をしている。ゴイサギは、繁殖期には昼行性型の生活をし、繁殖期が終わると夜行性型の生活をする。もちろんほぼ完全に夜行性の鳥もいるが、視力を強化することで、夜間にも対応しつつ、同時に昼間にも活動することができる柔軟性を維持することができるのだ。

夜のスペシャリストとなり、暗闇生活を謳歌するのも悪いことではない。しかし、昼も夜も活動可能な余地を残していれば、食物量の変動などにも対応でき、より利益が大きいだろう。実際に、眼が退化する方向に進化している鳥の例は少なく、多くの夜行性の鳥は眼を大型化する方向に進んでいる。

これらのことを考えると、眼の大きな恐竜たちも、必ずしも夜専門の生活をしていたとは限らない。もちろん夜のスペシャリストも存在しただろうが、昼も夜も活動することができたものが多かったのではないかと想像できる。

恐竜どもよ、美しき愛の歌を歌え

では、夜間を主要な活動時間にしている恐竜の特徴を勝手に想像してみよう。まず、彼らの色彩は地味だ。特に、白系の色はあまり使っておらず、基本的な体色は褐色だろう。フクロウ、ヨタカ、ヤマシギなどは、濃淡こそあれ褐色系の色彩をしている。彼らは、夜間に活動する代わりに、昼間には寝ていなくてはならない。寝ているときは無防備な姿をさらすことになるため、保護色で目立たないようにするのが鉄則だ。でないと、肉食恐竜に襲われてしまう。休み場所は、地面や木立のなかで、褐色ならうまくカモフラージュすることができるはずだ。

闇夜には、たとえ眼の大きい恐竜でも、視力だけで食物を

ヤマシギ
チドリ目シギ科。ずんぐりとした体の夜行性のシギ。プープーと鳴く。

探すのは難しくなる。嗅覚で探せるのは、ミミズやカタツムリなど、あまり動かない動物までだろう。恐竜が食べたい小動物、おそらく小型哺乳類や小型爬虫類を捕らえるのには、嗅覚ではダメだ。ここでは、鋭い聴覚がほしいところだ。

一般に、爬虫類の耳は、頭部にぽっかりと開いたただの穴だ。このような耳では、集音作用も小さく、どの方向から音が聞こえたのかを判断することがむずかしい。夜行性なら、ちゃんと方位探知ができる耳がほしいところだ。哺乳動物なら、外部に飛び出した耳、すなわち耳介《じかい》が集音装置の役割を果たしている。フクロウの耳には、いわゆる耳介はないが、顔面が平面的でパラボラアンテナのように集音性が高いといわれている。恐竜の場合は、パラボラ状の平面的な顔のものはいないため、哺乳類のように耳介が存在した方が便利が

フクロウ

平面的な顔は、音を集めるのに向いている。

よいだろう。耳介は基本的に軟骨と皮膚でできているため、化石には残らない。しかし、夜行性の恐竜には、ささやかでも耳介が発達していたと考えるのが外見的に愉快だ。場合によっては、羽毛で耳介様の形を作ってもよい。

眼が大きいことはもうわかっている。一般に目が小さく切れ長の動物は、眼光鋭く恐ろしい感じがするが、大きくつぶらな目をもっていると可愛くなる。夜行性に適した眼は、恐ろしげに吊り上がった怪獣的眼光の鋭さをもつ小さなものではない。集光性能を上げるため、パッチリとまん丸に見開いた可愛い眼だ。耳があり、おめめパッチリで、褐色の恐竜がいたら、それはまちがいなく夜行性だ。

繁殖期の夜、日が沈む頃には、昼行性の恐竜が活動を終え、とても静かに夜のとばりが下りる。しかし静寂は長くは続かない。あちこちで恐竜の愛の歌が聞こえはじめる。彼らはつがい形成のために、高らかに歌うのだ。もちろん、それはガオーッという怪獣的なものではない。姿がなかなか見えない夜の世界だ。波長の長い、低い声は、減衰しにくいため遠くまで届く。生息密度の低い肉食性の恐竜では、低音で長時間鳴いているはずだ。ある恐竜は、尺八のように音程を変えながら鳴く。ある恐竜は、オカリナのような声で、プゥーゥ、プゥーゥと繰り返し鳴き続ける。特に根拠はないが、多分そうだ。

雄の体の一部に白色の斑点があると上出来だ。目立ちにくい褐色をしていることは前述の通りだが、それだけでは雌雄の間でのディスプレイが難しくなる。普段は目立たないが、見せようと思えば見せやすい場所に、鮮やかな白斑があるとよい。見えやすさを考えると、候補になるのは、喉か、腕の内側だろう。ワシミミズクでは、月夜の晩に、喉にある白斑を誇示してディスプレイをすることが知られている。ヨタカの翼や、ヤマシギの尾の裏にも白斑がある。

もちろんそれは満月の夜である。いくら白斑があっても真っ暗闇では効果が薄い。高らかに歌う雄恐竜たちは、あちこちで喉をせり上げ、または両腕を上げ、もしくは喉も腕も上げ、悩殺ポーズを決めている。恐竜たちの熱い夜は、まだはじまったばかりだ。

化石証拠から得られる恐竜の外見や行動に関する情報は、極めて断片的である。それは必ずしも実態の縮図とはなっておらず、残りやすい条件をもった形質のみが偏って残されたものと考えられる。行動を孕んだ化石が存在する以上、その行動が実在したことはまちがいないだろう。しかし、それが恐竜の実像を伝えているかどうかは、また別の話だ。直接の子孫たる鳥類の現状から類推すると、恐竜の生活もまた多様性に富むものであったと想像できる。しかし、そのことを証明する化石は、もしかしたら未来永劫見つからないかもしれない。いや、恐竜研究がはじまってからまだほんの180年しか経っていない。まだまだ矍鑠《かくしゃく》たる老夫婦の合計年齢程度でしかなく、将来性は未知数だ。意表を突いた行動化石や画期的保存状態の恐竜が見つかる可能性は、無限である。

恐竜は、魔性の女である。私たちの心をグッとわしづかみにするのは、じらしてやまない究極のチラリズムだ。地中に隠れて発掘を待つ化石は、峰不二子のように、秘密をチラ見せしながら我々を誘惑してくる。この見えそうで見えないミステリアスさが美女と恐竜の共通点であり、その最大の魅力なのである。本章を執筆する過程で、化石にすべてが記録されていないことが、恐竜が備える最大の武器と改めて気づかされた。

峰不二子
モンキー・パンチ作『ルパン三世』に登場するミステリアスな美女。実写版ならどの女優が演じるのがよいか？という話は永遠の酒の肴。

夜行性の獣脚類

目が大きく、耳が発達している。体色は地味なまだら色。
首にアピールのための白斑がある。

第4章 ◉ 恐竜は無邪気に生態系を構築する

生物はみな、生態系のなかでさまざまな機能をもっている。恐竜は、単体での迫力や奇妙さに目を奪われることが多いが、彼らもまた生態系のなかで機能をもっていたはずだ。恐竜のような巨大で支配的な生物が地球にいたことで、どのようなことが起こっていたのか、そして、恐竜の絶滅は地球環境にどのように作用したのか。

Section 1

世界は恐竜で回っている

恐竜は、まちがいなく中生代の地球に君臨する王者であった。個々の体の大きさゆえに、生態系に占める彼らの生物量は相当に大きかったはずだ。恐竜の存在は、地球にどのような影響を及ぼしたのか。

大きいことは、いいことだ

中生代を通じて、恐竜は最大の陸上動物として世界に君臨していた。もちろん、大型恐竜だけでなく、小型恐竜と称されるものもいた。最近では、アフリカで見つかったペゴマスタックスが新種の小型恐竜として話題になった。その全長は約60センチと推定されている。確かに恐竜としては小型だが、鳥から見ると充分に大きい。「オオ」を冠する鳥であるオオ

ペゴマスタックス
ジュラ紀前期、南アフリカに生息していた鳥脚類。ヘテロドントサウルス類で、発達した牙をもっていた。

タカやオオミズナギドリで全長50センチ、オオクイナで25センチ、オオモズで24センチ、オオジュリンに至ってはわずか15センチだから、スケールのちがいがわかるだろう。

もちろん、小柄な鳥類でも生態系のなかにあって多くの機能をもっている。近所で見かける小鳥の代表であるシジュウカラでも、樹木の害虫となる昆虫の幼虫をよく食べ、防除に非常に役立っているといわれる。恐竜ほどの大きさの動物が活躍していれば、生態系のなかで果たす役割はとてつもなく大きかっただろう。

ティラノサウルスの体重を6トンとしよう。シジュウカラは体重約15グラムだ。体重換算で、ティラノサウルス1頭が、シジュウカラ40万個体＝20万つがいに相当する。シジュウカラ1つがいの縄張りを2ヘクタールとすると、20万つがいなら4千平方キロメートル、滋賀県の面積に匹敵する。単純に体重比で食物量が決まるなら、ティラノサウルス100頭で、日本全土の害虫駆除は完了する。

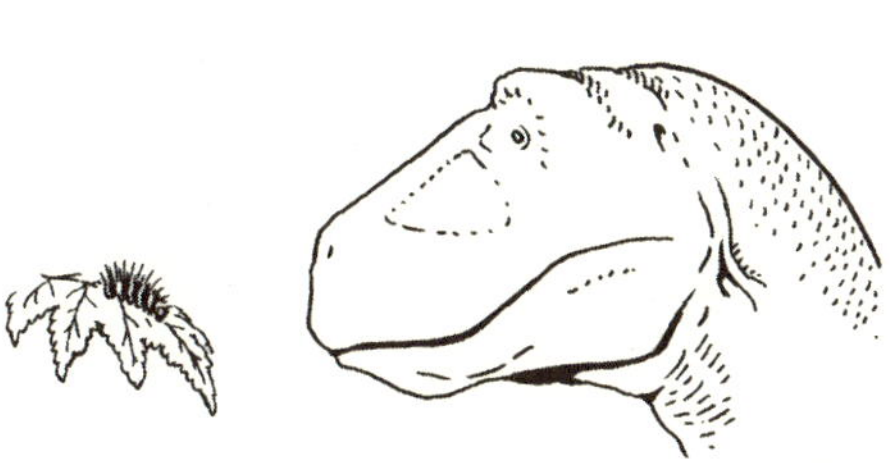

恐竜はどの種を見ても魅力的で、想像力を刺激する。ともすれば、それぞれの恐竜の形態や生活に目が奪われがちになってしまう。そして、恐竜というグループが、生態系のなかで果たしていた役割について考えることをおろそかにしてしまう。ここでは、ティラノサウルスが毛虫ばかり食べていたかどうかはさておき、食べる・食べられるの関係を通して、生態系のなかでの恐竜の機能について考えていこう。

植食者は生息地の環境を決める

まず、食べるということは、食べられる生物の量に直接的に影響を与えることになる。植物食の恐竜は多数知られており、全長35メートルにも達したディプロドクスを含む竜脚類は、植物食の代表格である。体重は40トンとも見積もられる。鳥脚類も基本的に植物食者だ。こちらは比較的小柄で、大型とされるハドロサウルスでも体長10メートル程度だ。小型といっても、10メートルといえば充分大きい。なにしろアフリカゾウでも6メートル程度である。恐竜のことを考えていると、スケール感が麻痺してきて困る。

このような植物食者では、足跡化石などから、群れで行動していたものがいたと考えられている。一般に群れの形成は、捕食者対策として有効と考えられているので、彼らが群れ生活をしていたことは合理的である。このサイズで群れなんて、モビルスーツが一個大隊で攻めてくるようなものだ。生息地の植物は、大きな捕食圧を受けていたことだろう。

体重5トン程度のアフリカゾウで、1日に100キロ以上の食物を食べる。大型の竜脚類や鳥盤類は、それと同等かそれ以上の食物を食べていただろう。仮に、体重40トンの竜脚類が、ゾウと同じ体重比で食べたとすると1日800キロだ。代謝が同じとは考えにくいので、半分で400キロと考えてみる。1か月で12トン、1年なら約150トン。子供の採食量が半分とし、親2頭に子供4頭の家族群を想定すると、1

年で450トンの消費だ。タンポポを1株5グラムとすると、9千万株だ。生長の早い一年草の草原であっても、草丈の低い植物しか生えられない。樹上は、彼らの首が届く範囲では細枝まで食べ尽くされ、森林もスカスカで明るい疎《そ》林《りん》となったにちがいない。

採食圧は、植物の防御機構を進化させただろう。植食動物の捕食にさらされた植物では、トゲの形成や葉の硬化などの物理的防御、毒性物質の生産による化学的防御が進化しやすくなる。マツに代表される針葉樹では、しばしば松ぼっくりのような硬い球果をつける。裸子植物は中生代に進化しており、彼らが硬い球果を進化させたのは、恐竜による捕食圧が原因だった可能性が指摘されている。また、ソテツの種子にはサイカシンなどの強い毒が含まれているが、こちらも対恐竜戦略として進化したといわれている。このような防御ができなかった種は、もりもりと食べられ速やかに絶滅していったはずだ。森林の中低木を食べ尽くせば、太陽光は草本層に

植物の防御機構
トゲや毒、苦みなど、動物に食べられないための機構。写真はワルナスビ。川原などで見られる外来種。茎から葉までトゲに覆われる。

達し、下層植生が生い茂ったにちがいない。そこでできた林内空間は鳥が飛び回るスペースを作り、森林性の鳥類を進化させたことだろう。

植食恐竜は、その体の大きさゆえに、生きるために食べるだけで、環境に大きな影響を与えていたのである。そのことにより、植物は進化し、森林構造は変化し、その空間に適応した動物が進化してきたはずである。

植食恐竜は世界を変える

植食恐竜の影響は、そんなローカルなものにとどまらない。たとえば、竜脚類の排出するゲップによるメタンガスの発生量を見積もった研究がある。現生動物のメタンガス発生量や、恐竜の体重などから推定した計算では、竜脚類全体が発生させるメタンガスは、年間5億トンを超える。これは、現代のメタンガス発生量全体に匹敵する。メタンは、温室効果を促進する主因となっているガスだ。

ウシやヒツジなどの反芻《はんすう》動物は、植物の分解過程で体内にメタンを発生させる。これをゲップなどにより体外に排出するのだ。この効果は、現代においても重要な温室効果ガスの発生源と考えられており、発生源全体の10～20％程度を占めているとされている。巨大植食者から発生したガスの影響は、世界的な温暖化をもたらした可能性もある。ただし、恐竜の生理機構についてはまったくわかっていないので、あくまでも現生動物から得られた数値から仮定しての

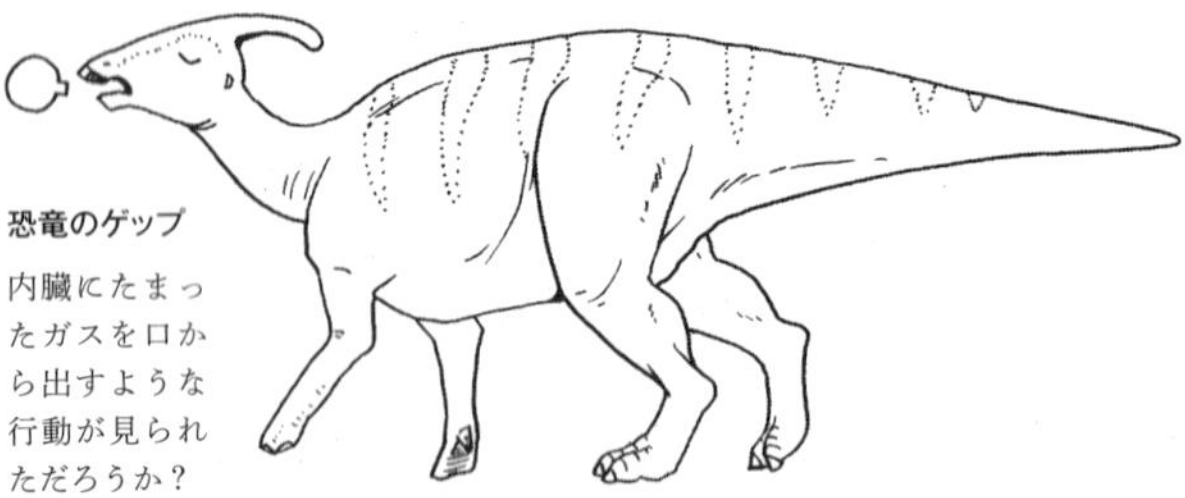

恐竜のゲップ

内臓にたまったガスを口から出すような行動が見られただろうか？

ゲップ

たかがゲップと侮るなかれ。世界気象機関（ＷＭＯ）によると、ウシ、ヤギ、ヒツジなど反芻動物が1年間に排出するメタンガスの量は、5千万～1億トンに達している。

計算によるものだ。

ローカルなスケールで考えると、植食恐竜たちは採食圧により、生態系のなかに新たな環境を作り出してきたといえる。グローバルなスケールでは、温室効果を通じて、大なり小なり地球全体の環境を変化させるに至っていただろう。さまざまなスケールで環境を変化させる植食恐竜たちが、生物相と生物の進化に与えた影響は計りしれない。

肉食恐竜は世界を安定させる

肉食恐竜の役割は、当然のことながら動物捕食者としての機能である。捕食者は、被食者を捕食することによって、その個体数をコントロールすることができるのは、前述の通りだ。

捕食・被食の関係を通して、ある動物の個体数を決定するのには、大きく二つの経路がある。一つは、捕食者による効果である。被食者が食べられて死ぬことにより、個体数が制限されるもので、生態系のピラミッドの上から影響する制限要因だ。これをトップダウン効果と呼ぶ。もう一つは、食物資源量の効果である。食べ物が豊富であれば、個体数を増やすことができるし、欠乏すれば増加することはできない。これはピラミッドの下から影響するもので、ボトムアップ効果と呼ばれる。

肉食恐竜の食べ物は、体サイズによって異なっていただろう。大きな肉食恐竜は、大型の植食恐竜を食べていたはずだ。もちろん、全長30メートルにも成長したプエルタサウルスやアルゼンチノサウルスなどの竜脚類は、よほど切羽詰まっていなければ捕食の対象にならなかっただろう。しかし、彼らも子供時代には小さかったはずだ。大型植食恐竜の若齢個体は、肉食恐竜の格好の食物となっていただろう。たとえばアロサウルスの仲間のギガノトサウルスは、12メートルにもなる大型肉食恐竜だ。竜脚類の死亡率を左右する重要な機能をもっていたはずだ。

肉食動物が植食動物を捕食するのは、じつはとても重要なことだ。もしこの捕食圧がなければ、植食動物は植物を食べ尽くしてしまうかもしれない。現代でも、捕食者のいない島に、草食のヤギやウサギが人為的にもちこまれると、実際に食べ尽くしが生じて生態系にインパクトを与える。植物の実生が食べられてしまうと、植生が更新しなくなる。森は草地に、草地は裸地に、裸地は土壌流出で岩盤が露出する。小笠原諸島などでは、そのような光景を目にすることができる。

肉食恐竜がいることで、植食恐竜は過剰に増えることができなかったはずだ。もしも捕食者がいなければ、植食恐竜は増加し、森林が減少しただろう。森林の減少は、生息地の環境の多様性を低下させ、鳥や哺乳

ヤギ食害によるエロージョン
媒島（なこうどじま）でのヤギの食害。森林→草地→赤土→岩露出の各段階が見られる。

類など森林を住処《すみか》とする動物の多様性も低下させたはずだ。また、植物は二酸化炭素の吸収源でもある。森林が減少すれば、植物による二酸化炭素の固定能力も減少する。植食恐竜の個体数が多ければ、もちろんゲップの量も増加する。肉食恐竜は、当時の地球温暖化を最小限に抑える環境調節機能をもっていたと考えられる。

肉食恐竜は世界を監視する

肉食恐竜は、支配者である。地上でボヤボヤしている動物は、もれなく食べられてしまう。当時の世界で、彼らから逃げるというのは、最大で不可欠な日課であっただろう。ほかの動物の地上活動を制限するという役割は、他種の進化に大きな影響を与えてきた。

翼竜を巨大化させた要因の一つは、競争者として空に進出した鳥の存在だっただろう。その一方で、彼らが地上生活に適応するのを阻んだのは、肉食恐竜の存在だ。また、鳥の飛行能力を促進したのも、地上での捕食圧を高めた恐竜だと考えられる。翼竜にしろ、鳥にしろ、飛行をするためには軽量化にともなう体の基本設計の大幅な変更を余儀なくされる。そのような進化をなし遂げるには、よほど大きな、それこそ命に関わるほどの利益が必要だっただろう。恐竜が支配する中生代に、翼竜と鳥類という二大飛翔動物が進化を遂げたのは、偶然ではあるまい。捕食圧は生物進化の大いなる原動力なのだ。

哺乳類は、一般に夜行性から進化してきたといわれている。これも、恐竜の生活と結びつけて語られることが多い。恐竜には、夜行性のものもいただろうが、基本的には昼行性だったと考えて問題ないだろう。視覚に頼る動物にとっては、陽の光のある昼間の方が活動しやすいのはまちがいない。一部の種が夜行性に進化したにしろ、自らが捕食者である恐竜は、生活しやすい昼間から逃れる必要性は高くない。これに対し、被食者側にいた哺乳類は、夜行性となることで、昼間の捕食圧から逃れることができたと考えられている。たとえ夜行性の恐竜がいたとしても、昼間に比べればよほど安全な世界だったはずだ。

肉食恐竜の眼光は、地上性動物の生活を制御し、空や夜の生活を促した。このことは、もちろん恐竜絶滅後の世界にも影響を与えることになる。いうなれば、現在私たちが街角でフライドチキンを食べることができるのも、地上でにらみを利かせていた凶悪捕食者のおかげというわけだ。そう考えると、感謝の気持ちがふつふつとわいてきた。もう白亜紀に足を向けて寝ることはできない。

夜の世界に生きる小型哺乳類

Section 2

恐竜の前に道はなく、恐竜の後ろに道はできる

大きな恐竜が歩けば、植物が薙《な》ぎ倒され、踏み分け道ができる。踏み分け道はさまざまな生き物が活用し、次第に大きくなる。そして、道をうろつく動物をさらに利用するものがいる。中生代の動物の通り道になにが起こっていたのか。

中生代土木有限会社

恐竜が及ぼす生態系への影響は、食べる・食べられるの関係だけではない。なにしろ恐竜は当時最大の生物であり、しかも稀な存在ではなく、生物相の主要な構成要素となっていたと考えられるのだ。そのインパクトは、単純な捕食・被食関係を介したものだけではないはずである。このセクションでは、それ以外の機能について考えていこう。

大型植食恐竜たちが、特に巨大な存在であったことは、これまでに充分に理解できていると思う。その体重で歩き回ることは、地形の改変にもつながっていたはずだ。車が道を繰り返し走れば、アスファルトでも削れて凹んで轍《わだち》ができる。未舗装路なら、なおさら地形は変化しやすい。車が毎日通るような場所では、ペンペン草も生えやしない。恐竜に毎日踏まれるような場所では、同じような状況が展開されただろう。

植食恐竜の集団採食地の周辺は、踏みしめられて土壌硬度が高くなっていたはずだ。オーストラリアの白亜紀前期の地層では、竜脚類の多数の足跡が見つかり、その部分の地面の基盤層の変形が見つかっている。体重の重い彼らが歩き回ることにより、地面が踏みしめられて沈みこみ、地形そのものに獣道、いや、恐竜道が刻みこまれてしまったのだ。

攪乱《かくらん》の多い場所では、多年草は生育しづらく、一年草が優占する傾向がある。地形が変わるほどの恐竜道には、安定して植物が生育することはなく、入れ替わり立ち替わりさまざまな草が生えていたことだろう。そして踏圧《とうあつ》に強い種のみが生き残り進化していくことになる。道の上では、実生《みしょう》は常に踏みつけられ、または食べられてしまうため生長できないが、周囲では樹木も生育する。森林が広がる景観のなかでは、道の周りに林縁植生が形成され、道に沿って自然の境界線が引かれる。開放地では低木が茂り、道以外は歩きにくくなる。そうすると、植食恐竜はさらに道の部分を選んで歩くようになり、道はさらに道らしくなっていく。

日本の自然下で見られる獣道はかわいいものだ、しかし、巨大な体軀をもつ恐竜の通り道となると、森林や農地を貫くちょっとした県道ぐらいのものがあったとしても、おかしくない。こうしてできた恐竜道は、誰にとっても歩きやすい道になっていたはずだ。肉食恐竜だって、哺乳類だって、通りやすい場所を通っていただろう。鳥が飛ぶにしても、障害物のない道は、移動に都合のよい場所だったにちがいない。このため、道は誰もが利用する街道となっていったと予想される。人間が森林内に作った林道や遊歩道も、さまざまな動物が移動に利用している。事業者が人間だろうが、恐竜だろうが、道は多くの動物にとっても便利なものなのだ。

道ができると、移動以外にも機能をもつことがある。道の上は、ほかの場所に比べて空間が開けていて、見渡しやすい。障害物がない場所は、移動しやすい反面、捕食圧が高まる場所でもある。肉食恐竜は、道を採食場所として利用し、道を横切るときに無防備になった動物に襲いかかったにちがいない。夜行性の恐竜にとっても、格好の採食場所だ。森林のなかは暗くとも、開けた道では月光が利用できたはずだ。ネズミ類では、満月の夜にはフクロウ類に捕食されやすくなるため、比較的明るい開放地での行動が不活発になるという研究がある。同じよう

恐竜道を歩く恐竜たち
現在の哺乳類同様、複数種の動物が同じ恐竜道を利用していただろう。

に、満月の夜には肉食恐竜が道脇に隠れ、虎視眈々と獲物を狙い、夜行性動物はコソコソと活動するようになっていたにちがいない。

大規模に環境を改変させる能力をもった生物を「生態系エンジニア」と呼ぶ。当時の生態系のなかで優占種となった恐竜たちは、エンジニアとして多様な環境を作り、そこに依存する生物の進化を促す重要な役割を担っていたはずだ。

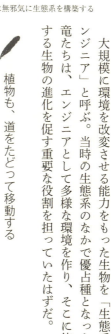

植物も、道をたどって移動する

鳥類の機能として重要なことの一つが種子散布である。植物が自発的に移動することは難しい。このため、さまざまな外部的な力を利用して移動する。時に風に乗り、海流に乗り、鳥や獣に運ばれる。恐竜が、種子散布を行っていなかったはずはない。恐竜が出現した三畳紀には、イチョウやソテツの仲間など、果実をつける植物も広く分布していたので、後は恐竜が食べてくれれば散布開始である。

動物が種子散布をする方法としては、大きく2通りある。食べることで糞から排出する周食型散布と、体に付着した種子をどこかで落下させる付着型散布である。前者については、これまでに現生動物でさまざまな研究がなされている。果実は、種子が未熟な間は、果肉に酸味や苦味がある。種子が成熟し、種子散布される準備が整うと、果肉が甘くおいしくなり、芳香を放ち、散布者を誘う。私たちは、果肉が熟したと思いちがいをしているが、植物側として熟させているのは、種子の方なのだ。動物は果肉につられて、種子散布をする。種子は、果肉という対価を支払い、動物というタクシーに乗って移動する。

果実には、動物を釣るための餌として、糖分や脂肪分など、光合成により得られた栄養が蓄えられている。果実の資源量は限られているため、果実だけを主食とする恐竜は進化しづらかっただろうが、恐竜と種子とは、もちつもたれつの関係を作っていたにちがいない。実際に、トロオドンの仲間のジンフェンゴプテリクスでは、体内から種子が見つかっている。恐竜がたどる道は、そのまま植物にとっても移動経路となるわけだ。

恐竜が周食型散布をするための条件は、種子をかみ砕かないことである。鳥は、基本的に食べ物を丸飲みにするため、一部の種子食鳥類を除いては、種子は丸飲みだ。しかし、多くの恐竜には立派な歯がある。特に植物食に特化した鳥盤類のエドモントサウルスやコリトサウルスなどでは、デンタルバッテリー構造という特殊な歯をもっている。これは、多数の歯が連結してかたまりとなっているもので、植物を咀嚼してすりつぶすのに役立ったと考えられている。このような歯があると、種子も割られてしまい、散布の役

果実食の恐竜

には立たないだろう。トリケラトプスなどの角竜や、竜脚類のニジェールサウルスでも、デンタルバッテリー構造が見つかっている。

竜脚類のディプロドクスや古竜脚類のルーフェンゴサウルス、鳥盤類の恐竜などでは、胃石の化石が見つかっている。胃石は、硬い食物を胃のなかですりつぶすためのもので、ダチョウやニワトリなど、植物食の鳥類でもめずらしくない。胃石があれば、種子も破壊されてしまう。デンタルバッテリーをもつものにしろ、胃石をもつものにしろ、植物食に特化しているがために、枝なども含めて硬いものを破壊する機能が充実しており、種子散布者には向いていないかもしれない。ただし、胃石は肉食性の獣脚類からも見つかっているため、胃石があるからといって植物食とは限らないようだ。たとえば、シノカリオプテリクスでは、胃石と共にドロマエオサウルス類の脚の骨が見つかっている。

では、種子散布者は誰なのだろう。これは、雑食恐竜が都合がよさそうだ。鳥でも、動物と果実を両方食べる雑食性のものはたくさんいる。身近にいるメジロやヒヨドリなどはその代表種であり、種子散布者の代表者でもある。果肉がある果実が口に入る時期は限られているため、果実専食の恐竜は進化しにくいが、肉食恐竜も栄養価の高い果実があれば、これも食物メニューに加えていたにちがいない。私が現代のネコの糞分析をしていても、しばしば植物の種子が出てくることがある。獣脚類の恐竜では、肉食者から植食者が進化してきていることが知られており、雑食者も多数いたはずだ。彼らは元が肉食だけあり、硬い植物をすりつぶすような機構は発達していなかっただろう。

ヒヨドリでは、果実を食べてから糞をするまでにかかる時間は、短いと15分くらい、ほとんどの場合は1時間もあれば排出してしまう。この間に移動する距離は、数百メートル程度だ。鳥は飛行のために体は軽い

周食型の種子散布
メジロの糞のなかの
イヌホオズキの種子。

方がよく、食物の体内滞留時間が短いと考えられている。恐竜は地上性なので、それほど焦《あせ》って体を軽くする必要はなく、糞の排出までそれほど短時間である必要はあるまい。仮に半日とすれば、大型獣脚類なら少なくとも数百メートルは歩いたことだろう。それなら、ひとっ飛びに空を移動することができなくとも、現代の鳥類に匹敵する散布能力だ。

道ばたヒッチハイカーズ

空き地に行くと、俗にひっつき虫と呼ばれる植物の種がくっついてくる。オナモミやセンダングサなどが、ご近所の付着型植物の代表種だ。種には返しのついたトゲや、ベトベトの粘着物があり、獣毛や羽毛、あなたのズボンの裾などに付着するのだ。

恐竜の皮膚が、つるつるのウロコに包まれていたら、付着型の種子散布者としての機能はあまり大きくなかっただろう。

しかし、最近の研究から恐竜は広く羽毛をもっていた可能性もあると考えられている。少なくとも、鳥類の祖先たる獣脚類では、羽毛をもつものは珍しくなかったかもしれない。そうすると、付着型の種子散布者としての機能ももっていたと考えておかしくない。体がオナモミだらけになって、イライラする恐竜たちの姿は、じつにほほえましい。

小笠原諸島で、海鳥の体表面についた植物の種子を調べた研究がある。その結果では、トゲがある付着型の種子だけではなく、普通は食べられて運ばれる果肉のあるものも付着していることが示されている。ナス科のイヌホオズキという植物の種子が鳥の羽毛の上から見つかっている。ジューシーな果肉がつぶれるとベタベタするのは想像できるだろう。この果肉が粘着物質となり、体に付着していたのだ。恐竜の体重を考えると、果肉を踏みつぶして足回りに種子がつき、これまたイライラしていたかもしれない。

イライラの原因は明確だ。そこに報酬がないからだ。果肉

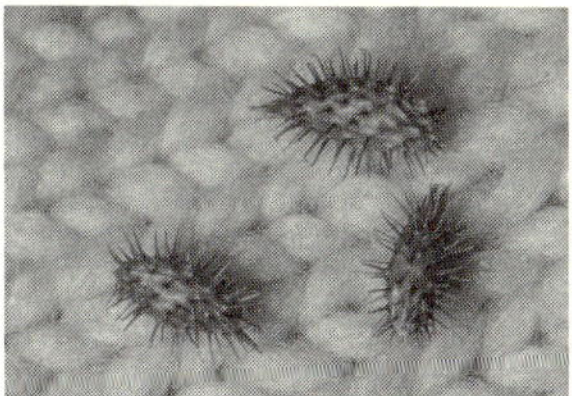

オナモミの実
かぎ状の突起が毛などにからみついて運ばれる。

を消化し糞として種子を排泄する周食型散布なら、種子を運ぶ代わりに果肉を得られるのでホクホクだ。このような関係を相利共生と呼ぶ。付着散布では、一方的に植物が恐竜を利用することになり、片利共生と呼ぶ。この点で、付着型では植物の方が一枚上手である。これはタクシーではなく、ヒッチハイクというべきだろう。恐竜に好んで食べてもらう果肉をもつには、それだけの栄養を生産するエネルギーが必要となる。これに対して、付着型では体表に引っかかるための構造物があればそれでよいので、コストパフォーマンスがよくなる。付着型散布であれば、恐竜側の食性は特に関係ないので、ヒッチハイク相手の対象範囲も広くなり効率がよくなるため、より進化しやすいだろう。体の表面積が大きく移動性が高い恐竜という動物がいた以上は、付着型散布を進化させた植物も少なくなかったにちがいない。

付着型の種子散布
アナドリの頭についたナハカノコソウの種子。

1990年代以降、中国を中心に各地で羽毛恐竜が見つかってきている。今は、羽毛を検出するだけで精一杯で、その先のことはまだ目に入っていないかもしれない。しかし、そのうち羽毛と共に種子が見つかる日が来るだろう。

恐竜の道は、進化に通ず

土木工事にしろ、種子散布にしろ、大型であると同時に移動能力を備えもつという条件がそろったからこそなし得た機能である。恐竜以前にも、確かに大型の爬虫類は生まれていた。しかし、恐竜以前の爬虫類の四肢は、基本的に体の横に向いて張り出している。前脚も後脚もガニ股になったワニのような姿勢を思い浮かべてほしい。これに対して、恐竜の脚は下に向いている。前者の体型は後者に比べて、長距離の移動には適していない。

ガラパゴス諸島では、ガラパゴスゾウガメが種子散布の機能を担っていることが知られている。もちろんカメはガニ股型爬虫類だ。そのことを考えると、恐竜以前の大型爬虫類も、ある程度は同様の機能をもっていただろう。ちなみに、ガラパゴスとは、スペイン語で「ゾウガメの」という意味だ。ガラパゴスゾウガメとは、シュールな名前だ。それはさておき、恐竜の移動能力は、それまでの爬虫類より格段に高まった。これは、植物の分布拡大戦略にも大きな影響を与えたにちがいない。それまでの長距離の移動は、動物よりも風に頼る方が効率よかったかもしれない。恐竜の出現により、植物と動物との共進化に追い風が吹き、動物に散布されやすい果実や種子が増えただろう。そして、その後の鳥や哺乳類がその関係を引き継いでいくことになる。

恐竜の出現は、地球の46億年の歴史のなかで、陸上における動物の移動能力が飛躍的に高まったことを意味している。種子散布なんて、現代から考えれば鳥や哺乳類がもつ非常に当たり前の機能である。しかし、この機能が一般化したのは、

ガラパゴスゾウガメ
1969年にペルーから上野動物園にやってきた個体の名は、「タロウ」である。

中生代に恐竜が歩き回ったことに端を発しているかもしれない。私たちがデザートに、パッションフルーツを食べられるのも恐竜のおかげなのだ。

Section 3

そして誰もいなくなった

地球の歴史上、幾度かの大量絶滅が起こっている。白亜紀末の恐竜の絶滅もその一つだ。その要因は語られることが多いが、絶滅後のニッチはどのような状態にあったのか。生物群がいなくなることとは。

恐竜の滅ぼし方教えます

今から6600万年前の白亜紀末、恐竜時代が突然に終わりを告げた。そのおかげで、山を越えても、川を下っても、ネス湖に行っても、ビキニ諸島に行っても、恐竜を見つけることができないのは、周知の事実である。

恐竜は、その存在が化石により確認されたときから、すでに絶滅生物としての輝かしい地位を築いていた。そして、恐竜がなぜ絶滅したかについては、これまでにさまざまな説が唱えられてきている。この白亜紀末には、恐竜のみでなく、被子植物やアンモナイト、翼竜、首長竜など、さまざまな分類群で絶滅が起こっている。

絶滅の原因を、火山に求める説を聞いたことのある人もいるだろう。これは、インドのデカン高原で起きたと考えられる噴火のことである。6700万年前から6400万年前の間に、デカン高原の火山が噴火したのは事実である。この火山活動の痕跡は、デカントラップと呼ばれて、現在も目にすることができる。この火山活動は、大規模な破壊的爆発が1度だけあったというものではなく、数百万年に及んで断続的に溶岩が噴出するというものだった。以前は、この噴火が恐竜絶滅の引き金として有力候補だったが、このような断続的な噴火では白亜紀末での突発的な絶滅現象は説明できず、現在は直接的な原因とは考えられていない。もちろん、亜硫酸ガスや炭酸ガスなどが噴出していたため、生態系にまったく影響がなかったというわけではないだろうが、それは絶滅とは別の話だ。

これまでの議論で、最も合理的に大量絶滅を説明しているのは、メキシコのユカタン半島にあるクレーターを生み出した巨大小天体衝突である。この説は、１９８０年にカリフォルニア大のアルバレズ父子により唱えられたものである。

白亜紀と古第三紀の境界を、Ｋ－Ｐｇ境界と呼び、このタイミングで恐竜や翼竜を含む多数の生物が絶滅している。その、Ｋ－Ｐｇ境界にあたる地層に、微量元素であるイリジウムが多量に含まれることが発見されたのだ。イリジウムは、小天体に多量に含まれていることから、ここで巨大小天体が衝突し、その影響で白亜紀末の大量絶滅が生じたと考えたわけである。そして、１９９１年には、このときの小天体の衝突によって生じたと考えられるクレーターが、ユカタン半島で見つかった。これは、直径２００キロにも及ぶ巨大クレーターで、チチュルブ・クレーターと呼ばれている。

Ｋ－Ｐｇ境界
６６００万年前。中生代と新生代の境目でもある。ここで生命史上5回目の大量絶滅が起こっている。以前は白亜紀の後の時代、第三紀（Tertiary）の頭文字からＫ－Ｔ境界と呼ばれていたが、第三紀が古第三紀（Paleogene）とされたため、最近はＫ－Ｐｇ境界が使われている。

この小天体衝突説は、恐竜の絶滅の原因としてすぐに受け入れられたわけではなかった。いきなりそんなことといわれても、小天体が降ってきて大爆発が起こって絶滅が生じたなど

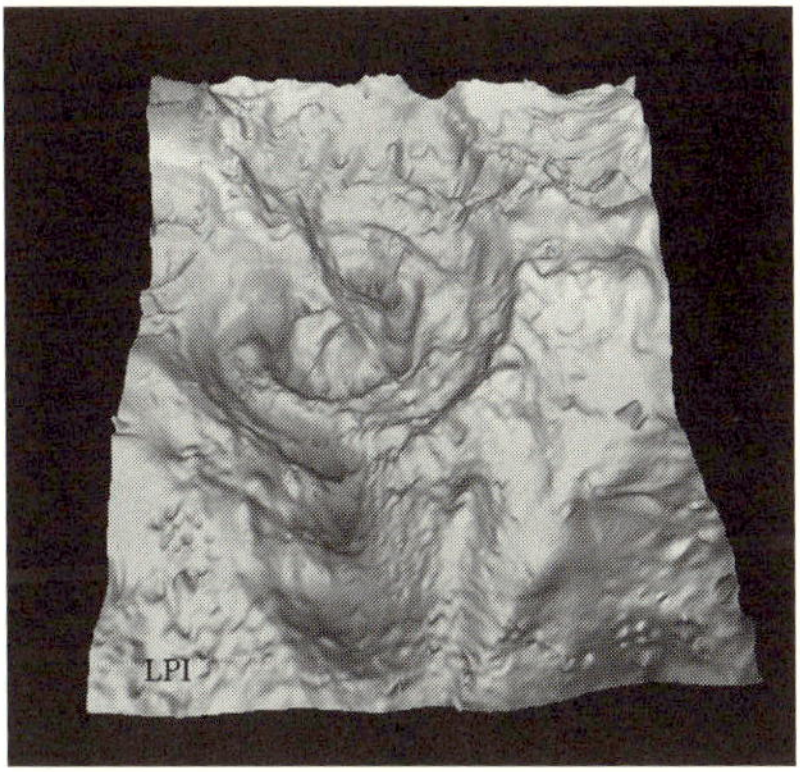

チチュルブ・クレーターの3D解析図（NASA）

というSFめいた話は、そう簡単に信じられることではない。この説は、その後30年間にわたる恐竜絶滅論争を引き起こすことになる。反論として挙げられたのは、前述の火山噴火説だけではない。白亜紀末に向けてすでに恐竜は衰退傾向にあり、小天体衝突は最後の一押しになっただけという説や、衝突はあったが各種生物の絶滅タイミングとは一致せず無関係だとする説などもあった。

小天体衝突説については、侃々《かんかん》諤々《がくがく》の議論が展開され、有名な科学雑誌『サイエンス』に２０１０年に掲載された論文で、その合理性が証明されている。この論文は、関係する41名の研究者によりまとめられた気合いの入ったものだ。この論文により、恐竜絶滅の原因に関する議論は一旦の収束を見ている。

絶滅へのプレリュード

重要なのは、小天体の衝突により、どのようなことが起こったかということだ。これについては、多くの推定がされている。小天体が衝突することにより、衝突地点周辺では壊滅的な打撃を受けたであろうことは、想像に難くない。近辺は炎に包まれ、爆風が吹き荒れ、マリリン・モンローのスカートがめくれ、一瞬にしてすべてが消し飛んだにちがいない。そして、その影響は局地的なものには終わらず、地球全体にまで及んだと考えられている。

衝突による衝撃は、大地震を引き起こした。また、衝突でできた巨大クレーターに海水が出入りすることで、大津波も発生したと考えられている。衝突による噴出物は、地球全土での気温上昇をもたらし、地表面温度は260度に達したともいわれる。この温度上昇は、数分から数時間続いたという

地表面温度は260度
オーブン・トースターの中の温度が200～250度程度といわれる。また、家庭用ホット・プレートでお好み焼きが焼ける温度である。

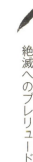

ことなので、それだけで多くの個体が死に至ったものと考えられる。

　この温度上昇が、本気で世界全土をくまなく包んで数時間続いたとしたら、鳥類も生き残れなかったにちがいない。チキンをグリルした経験のある人ならわかるだろう。200度で20分も焼けば、皮はパリッと、なかはふんわり、ほどよくおいしくできあがってしまう。地球には、山もあれば谷もある。複雑な地形は、地域による気温の変異をもたらしたことだろう。少なくと

も、鳥類や哺乳類、昆虫などは、すべての種ではないにしろ、この最初の大災害を生き延びることができた。もちろん恐竜にもこの直接的な波乱を乗り越えたものがいただろう。しかし、災厄はこれだけでは終わらなかった。

消えゆく者の協奏曲

衝突により巻き上げられた微粒子は、エアロゾルとして大気中に漂うこととなった。これにより太陽光が遮られ、世界的な寒冷化が生じる。約10年で最大10度も気温が低下したという計算もあるようだ。また、巻き上げられた硫黄分《いおうぶん》は、これを含む酸性雨をもたらした。このことにより、海洋の生物相も大打撃を受けることになる。最初の災害を乗り越えることができた生物たちも、続く環境変化の試練にさらされることになる。

長期間にわたって太陽光が遮られることで、まず光合成を

エアロゾル
気体のなかに浮遊する微細な粒子。

行う植物たちが大打撃を受けたと考えられている。植物は、植食性昆虫にとっても、植物食の恐竜にとっても、大切な資源だ。このような動物にとっては、致命的な被害だっただろう。そして、昆虫を食べる小型捕食者、小型捕食者を食べる中型捕食者、さらにその上に立つ肉食恐竜たちにも影響を与えたはずだ。

一方、鳥類や哺乳類などが生き延びることができたことは、現代の我々が証明している。ただし、すべてが生き延びることができたわけではない。鳥類でも、白亜紀末には75%の科が絶滅したといわれている。とはいえ、生き延びたものと、死に絶えたものの間には、なんらかのちがいがあったはずだ。

選ばれしもののラプソディ

一部の動物たちが生き残ることができた理由として、彼らが腐食連鎖に立脚していたことが主因とする説がある。

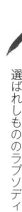

太陽光からの光合成で育つ、生きた植物を食べることから連なる食物網を、生食連鎖と呼ぶ。一方、死んだ植物を菌類などが分解し、それを無脊椎動物が食べ、小型動物が食べ……という流れを腐食連鎖と呼ぶ。太陽光遮断により、光合成植物が一気に死に絶えたことは、生食連鎖が依って立つ土台を崩壊させることになる。生きた植物が供給されないことで、その上に成立するピラミッドが崩れ、生態系の頂点をなす恐竜たちも死に絶える。1億年以上の歴史をもつ恐竜とはいえ、数か月間でも食物供給が途絶えれば、もちろん生きていくことができない。これに対して、生きた植物に依存しない腐食連鎖に頼る生物は生きていくことが可能で、哺乳類や鳥類が生き延びることができたのはそのためというわけだ。

しかし、これだけでは大量絶滅を説明することはできないだろう。恐竜が生食連鎖にのみ頼る必要は

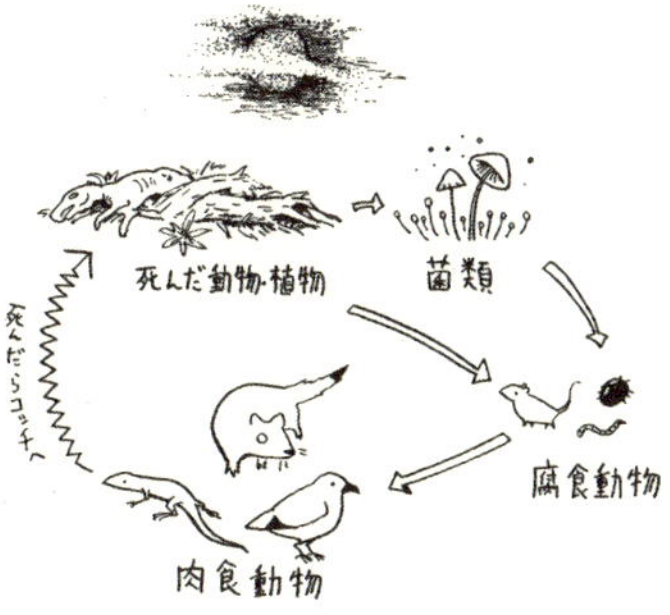

腐食連鎖
エアロゾルが晴れるまで、光合成を必要としない食物網が生物の多様性を支えた。

ない。腐食連鎖由来の動物を食べる昆虫や哺乳類、鳥類が生き延びているなら、これを食物とする恐竜も生き延びることができるはずだ。恐竜が、生食連鎖上にいる動物と、腐食連鎖上にいる動物を見分け、「こいつはミミズ臭いから食べない！」とわがままいいながら飢え死にする姿は想像できない。生食連鎖の途絶により、動植物の遺体の供給量が増え、腐食連鎖由来の動物は一時的に供給が増加した可能性もある。

また、海では広く絶滅劇が生じたが、一方で淡水域への影響は比較的少なかったといわれている。これは、両生類やワニ、カメなどが生き残ることができた理由の一つとされている。このため、淡水域の動物を食べていた恐竜は、食物が完全に絶たれたわけではないだろう。

以前は、生物間の食う・食われるの関係を、「食物連鎖」と呼んだ。最近は、「食物網」と呼ぶことが多い。生物のつながりは、一対一の関係で結ばれる鎖状のものではなく、多対多で結ばれる網状の複雑な関係をもつと理解されるようになったからだ。生食連鎖と腐食連鎖は、交わることのない別の経路ではなく、端を異にしながらも途中で結ばれる網の一部である。このため、生食連鎖の途絶が、単純に上位の捕食者を絶滅させるとは、ちょっと考えにくい。

大は小を兼ねる

しかし、恐竜や翼竜が悉《ことごと》く絶滅しきったのは事実である。そして、生食連鎖由来の動植物の減少も事実だろう。ここには、もう一つの要素として、体サイズの大型化の問題があったと考えられる。恐竜も翼竜も、その巨大な体軀を想像することが多いだろう。もちろん小型のものもいたが、分類群全体として巨大化が進んでいた。

鳥は、大型のものから小型のものまで、同所的に生息している。日本で一番小さいとされるのは、キクイタダキだ。体重は10グラムに満たない。森林で最大のものは、体重5キロ

キクイタダキ
スズメ目キクイタダキ科。頭の上に、黄色い羽毛があり、キクの花びらを頂いているという愛らしい名前の鳥。冬は町中の公園などで見られることもある。

にもなるイヌワシだろうか。もちろん、その間にはさまざまなサイズの鳥がいる。体サイズがちがえば、食べ物の大きさや種類もちがう。異なる資源を利用することで、異なるサイズの鳥が共存できると考えられる。このような資源分割は、鳥の成長が早く、巣立ち時点では基本的に親と同サイズになっていることで成立する。ある種の鳥がいたとき、そのサイズは、種内で大きな変異がないのだ。キクイタダキはみんな小さく、イヌワシはみんな大きい。キジやカルガモなど地上性の鳥では、小さなヒナの時点で巣立つものもあるが、これらは一部の一時的なものであり、数週間で親と同サイズになるので見逃してほしい。

　しかし、恐竜はちがう。彼らほど大きな動物では、鳥のように数週間で親と同じサイズに達することはできない。大型に成長するまでには年単位の時間がかかることになる。しかも、彼らの卵は体サイズを考えると決して大きくない。これまで見つかっているほとんどの卵が、長さ30センチ以下で、

イヌワシ
タカ目タカ科。全長80センチを超え、翼開長は大型のものでは2メートルを超えるワシ。山地の断崖の岩棚や樹上に巣を作る。

ダチョウの卵より小さいものも多い。体長5メートルにもなるマッソスポンディルスの卵でも、直径10センチに満たない。そうすると、1種の恐竜であってもその集団のなかには、小型から大型までさまざまなサイズの個体がいることになる。

生態系のなかに大小さまざまな資源があったとき、大きな鳥は大きな資源を、小さな鳥は小さな資源を使うことで、同所的に共存できる。しかし、大型種のなかに、小さな個体から大きな個体までが含まれていれば、小型種の入りこむ余地がなくなってしまう。このため、大型の恐竜がいると、小型種が共存しにくくなり、多様性が減り、全体として大型化に向かったと考えられる。

小能《よ》く大を制す

世界が平穏で資源が充分にあるときは、大型恐竜にとって生きやすい時代だっただろう。しかし、小天体衝突後はそうはいかない。光合成に由来する資源が一時的に激減し、世界的な食物危機が生じた。大型動物は、生存のためにより多くの食物が必要である。小型動物はより少ない食物で生きていける。体サイズは、生食連鎖由来の食物の欠乏と共に、明暗を分ける重要な鍵《かぎ》になっただろう。同じく空を飛べる鳥と翼竜で、後者が絶滅したのも、体サイズを考えると不思議ではない。

ただし、小型の恐竜もいなかったわけではない。特に、肉食恐竜では比較的小型のものがいたことはまちがいない。とはいえ、彼らも上位の捕食者であることには変わりない。生態系のピラミッド構造を想像してもらいたい。食料が少なくなるということは、ピラミッドの底辺が小さくなるということだ。そうすると、その上に支えられる大きさは小さくなり、ピラミッドの高さも低くなってしまう。つまり、食料が枯渇すると、上位にいる捕食者ほど、立場が危うくなるということだ。

鳥や哺乳類が生き延びることができたのは、体が小さく被支配階級に属していたゆえだったかもしれない。彼らが小さかった理由は、大型恐竜が世界を支配していたからにほかならない。恐竜が幅をきかせる世界で、真っ向から恐竜と競争する大型動物に進化するより、小型種として進化する方が合理的である。恐竜が存在したがゆえの体サイズの小ささが、恐竜が越えられなかったＫ－Ｐｇ境界を越えさせたとしたら、じつに皮肉な結果だ。

小天体が衝突し、恐竜は絶滅した。ただし、わかっているのはこの原因と結果だけで、絶滅のメカニズムはまだ充分に判明していない。ここで述べたことも、どのくらい真実に近いのかはわからない。これを解明するためには、まずは１００年後の完成を目処に、ドラえもんの開発に着手するのが近道である。

ドラえもんの開発
狭義にはタイムマシンの開発だが、ドラえもんを開発すれば、おのずとタイムマシンがついてくるので問題ない。

鳥もおだてりゃ恐鳥になる

恐竜が絶滅したことは、公知の事実だ。生態系のなかで、支配的であった生物がぽっかりといなくなるということは、残されたものの胸にぽっかりとうつろな穴をあけていく。そして、翼竜や首長竜も同時にいなくなった。ついでながら、魚竜は一足先に白亜紀中期に絶滅している。

残されたものにとって、彼らはいったいなんだったのだろうか。それは恐ろしい捕食者であり、とてつもなくパワフルな競争者であったはずだ。捕食者と競争者から解放された鳥類は、新たなる進化のページを開くことになる。

小天体の飛来前には、空は翼竜に支配され、地上は恐竜に支配されていた。鳥が活用できたのは、地上以上、空未満の隙間である。しかし、今や恐竜も翼竜もいない。そして、恐竜の抑圧の効果で、哺乳類もまだたいした敵ではない。つい

地上以上、空未満の隙間
友達以上、恋人未満の立場を経験したことのある読者なら、そのもどかしさがよくわかるだろう。

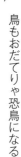

に、鳥類の天下がやってきたのだ。

　小天体衝突の時点で、多くの鳥類も恐竜とともに絶滅している。生き残った一部の鳥類は、現代の鳥類に連なる飛行に特化したグループだけだった。すでに歯のないくちばしをもち、翼に手の面影はなく、現代の鳥類に近い洗練された飛行専門形態となっていた。突然に大型捕食者を欠いた生態系のなかで、その隙間を埋めたのが、恐竜の直系である鳥類だったことは必然といってよい。飛翔適応していた鳥のなかから、恐鳥類と呼ばれる無飛翔性の大型鳥類が進化してくることになる。これは、恐竜が闊歩した時代には、あり得なかった光景だ。

飛ばない鳥は、ただの鳥かい?

　恐鳥は無飛翔性肉食鳥類の総称だ。ガストルニスはカモ目、フォルスラコスはノガンモドキ目で、いわゆる恐鳥といわれる巨大鳥類は複数のグループから進化してきたと考えられている。大型の無飛翔性鳥類というと、ダチョウを思い出すだろう。しかし、恐鳥類とダチョウのシルエットはまったくちがう。ここでは、恐鳥の有名種であるガストルニスを例に考えよう。ガストルニスは、体高2メートルにもなる巨大鳥類だ。その姿で目立つのは、巨大な頭部である。ダチョウも2メートルほどになるが、彼らの頭はとても小さく、20センチ弱だ。これに対してガストルニスでは、約40センチもある。

ダチョウは植物食に偏った雑食性だが、ガストルニスなどの恐鳥類は肉食性だった。その巨大な頭部は無敵の武器である。南米にいたアンダルガロルニスという恐鳥類の頭骨形態の分析から、彼らはその頑丈な頭部で獲物にジャブを打ちこんで仕留めていたと考えられている。タカのような鉤型のくちばしは、泣き叫ぶ犠牲者を容赦なく切り裂いたことだろう。

恐鳥のケレンケンでは、体高3メートルにもなった。中生代の大型捕食者であるスピノサウルスやギガノトサウルスの大きさにはもちろん到底及ばないが、恐竜のいなくなった世界では、彼らは最大の地上性捕食者である。哺乳類にとっては、支配者が変わっただけで、捕食者の栄養分になることに関しては変わりがない。抑圧からの解放は、哺乳類にはぬか喜びでしかなかった。

しかし、恐鳥の支配にも落日のときが来る。哺乳類によるクーデターが起こったのである。恐竜の支配下にあった時代は、哺乳類にとって絶望の時代だ。どうがんばっても、ティラノサウルスにかなうわけがない。しかし、恐鳥ならまだ勝ち目がある。いくら支配者とはいえ、せいぜい3メートル。しかも、口に牙はなく、前肢はすでに翼すら退化している。もしかしたら勝てる

新生代、恐竜がいなくなったニッチを埋めた恐鳥類

んじゃね？　牙と爪をもつ哺乳類が、己の実力に気づくまで、それほど時間はかからなかった。

暁新世《ぎょうしんせい》に繁栄した恐鳥類だったが、続く始新世《ししんせい》には大型哺乳類の登場とともに、黄昏の時代を迎える。大型肉食哺乳類の進出が遅れた南米を中心に、一部の恐鳥類が比較的最近まで生き残った。しかし、恐鳥の系統は鮮新世《せんしんせい》から更新世《こうしんせい》の頃に終わりを告げる。食物の対象だったはずの食肉目の哺乳類は競争者、あるいは逆に捕食者となった。戦国時代は新たな局面を迎え、哺乳類時代が幕を開けることになるが、この先はまた別の話だ。

それでも世界は鳥を歓迎する

肉食の恐鳥類は滅んだが、一方で地上性大型鳥類の進化は各地で生じている。16世紀に絶滅したとされるマダガスカルのエピオルニスは体高3メートルで体重450キロにもなった。オーストラリアのドロモルニスは、体重500キロ、体高3メートルともいわれる。ニュージーランドのジャイアントモアでは体高3・6メートルにも達する。この巨大化は、巨大捕食者である恐竜の支配下ではなし得なかっただろう。ちなみにバスケットゴールの高さが3・05メートルだ。桜木花道でもモアの頭にダンクはきめられまい。

翼竜の絶滅は、鳥類を真の空の支配者に仕立て上げた。地上の天下をとることのできなかった鳥類だが、制空権は完全に掌握したといってよい。中新世に南米にいた骨歯鳥《こっしちょう》のペラゴルニス・チレンシスは翼開長《よくかいちょう》5メートル、同じく中新世の南米の猛禽アルゲンタヴィス・マグニフィケンスは7メートルともいわれる。こんな大型鳥類が進化したのも、競争者がいなくなったからだ。

現生の鳥でも、ワタリアホウドリやコンドルでは、翼開長が3メートルを超える。一方で、マメハチドリは、体長5センチ体重2グラム、1円玉なら2円分。現代の鳥は小型から

桜木花道
井上雄彦作のバスケットボール漫画『SLAM DUNK』の主人公。

大型まで、1万種を超えるまでに自由気ままに種分化し、南極の海中からヒマラヤ上空まで、世界を余すことなく使い尽くしている。哺乳類との小規模な小競り合いはあるものの、鳥は私たちが日常生活のなかで最も身近に観察できる野生動物となり、現代の空で自由を謳歌しているのは御存知の通りだ。

世界から鳥がいなくなる日

恐竜を筆頭とした巨大爬虫類の絶滅は、生態系の状況を一変させるディープインパクトを世界にお見舞いしたはずだ。そのことは、なんとなく理解できるが、いかんせん古い話でいまいちピンとこない人が多いだろう。鳥が青春を謳歌しているにしても、それはあまりにも見慣れた光景で、戦後を生き抜く大変さをおばあちゃんが教えてくれても、どこか他人《ひと》事《ごと》に聞こえてしまうようなものだ。では、大型動物の消失を自分事として実感できるよう、現代にステージを移して考えてみよう。

火星人がやってきて、突然鳥をすべて消し去ってしまうとしよう。火星では鳥は有害生物で、完全駆除が基本方針、いらぬおせっかいで、地球にも世話を焼いてくれたという設定だ。

世界規模で考えるとまた他人事になってしまうので、日本規模で考えよう。まず、ケンタッキーがつぶれ、水炊きが食べられなくなり、焼き鳥屋は焼き豚屋に看板を変えていく。旭山動物園は冬の風物詩ペンギンの行進を提供できず、売り上げが下がる。日常生活への影響も気になるところだが、それはさておき生態系の変化を見ていこう。

鳥の役割の一つは、捕食者だ。タカやハヤブサ、フクロウなどがいなくなり、ネズミやウサギが増える。ただし、そこにはキツネがいるから、なんとかなるだろう。競争者のいなくなった肉食哺乳類がほくそ笑む程度の影響だ。問題は、昆

火星人
アメリカの天文学者パーシヴァル・ローウェルは、火星の地表にある模様を運河と考えたことにより、火星の知的生命体、火星人の存在を唱えた。脳は発達し頭が肥大、少ない重力下でからだは細くなる、などの想像のもとタコ型火星人というスタイルができあがった。ビジュアルとしては、H・G・ウェルズの小説『宇宙戦争』の挿絵が有名。

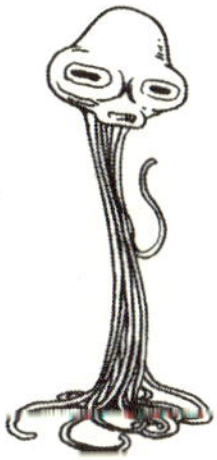

焼き鳥屋は焼き豚屋に
埼玉県東松山市は「やきとり」が名物だが、ここではなぜかやきとりを注文するとブタのカシラ肉が出てくる。

虫の捕食者が少なくなることだ。樹上の昆虫は、哺乳類では食べ尽くせない。多数の幼虫が後のことを考えないキリギリスのように葉っぱを食べ尽くす。後先考えてもらえなかった木は枯れる。木材を食べるカミキリムシがわさわさと大発生する。大発生しても、それを食べる鳥がいないから、増加はとまらない。枯れた木には、木材腐朽菌、つまりキノコがもくもくと大発生する。植物がなくなりすぎると昆虫も食物がなくなり減少するので、植物の衰退はある程度でとまり、植物vs昆虫の仁義なき世界がはじまる。

コウモリは、昼の世界に進出する。黒いと暑苦しいので、体色は茶色くなる。有視界飛行に切り替えた昼行性コウモリたちは、自在に操っていた超音波が使えなくなる。陽の光の下で色彩豊かな世界を目の当たりにした彼らは、いつの日かそのあこがれを現実のものとし、白いコウモリや青いコウモリが飛びはじめる。増えた昆虫は彼らが食べてくれるだろう。鳥が担っていた種子散布の役割は、もともと果実食であるオオコウモリがやってくれるはずだ。いずれコウモリは、ペンギンやウミウの代わりに海に潜り、魚を食べはじめる。

こうして考えると、鳥がいなくなっても、一時的に混乱が起きるだけで、哺乳類がなんとかしてくれるような気がしてきた。これじゃ生温いので、哺乳類にも絶滅してもらおう。

ネズミが転ぶと、トカゲが笑う

次は金星人がやってきて、理不尽にも哺乳類を絶滅させる。もう理由はなんでもいい。人間は哺乳類だが、世界の変化の見届け役として特別に生かしておいてもらう。とりあえず、吉野家とモスバーガーはつぶれそうになるが、焼魚丼と豆腐バーガーでなんとかやりくりしてもらおう。マクドナルドは、精進料理店として再興をはかる。ペットショップはトカゲ専門店になる。日本人の体は、もともと魚と大豆でできているので、食生活はあまり変わらない。

金星人
タコ型の火星人に対して、金星人は、地球人と似た姿の印象がある。これは、18世紀には金星に大気があることが発見されていたことが大きい。また、金星＝ヴィーナスであるためか、美女であることが多い。残念ながら金星文明は、キングギドラによって滅ぼされた。

ネズミがいなくなるから、植物の種子捕食は減るかもしれない。すでに種子食の鳥もいない。ただし、昆虫による種子の食害は増えるだろう。鳥散布もコウモリ散布もされなくなった植物の種子は、行き場を失う。風散布、海流散布の植物が卓越する世界が生じる。散布者がいないので、果実は退化しそうになる。しかし、爬虫類がいる。果実は栄養価が高い。今までは、素早く果実を食べてしまう鳥や哺乳類などがいたため果実にありつけなかった。というか、果実を食べようとしたところを逆に鳥に捕食されていた。しかし、捕食者も競争者もいなくなったわけなので、これを利用しない手はない。太平洋の島々には、果実を食べるトカゲやヤモリがいるが、そういうタイプの爬虫類が進化していく。種子散布の距離が短くなるため、各地で遺伝的な交流が途絶えて固有の植物が進化する。

　カエルやトカゲ、ヘビは、捕食者から解放された。彼らは巨大化を進めるだろう。トビトカゲのように、ジャンプ&滑空系の爬虫類が増加し、ありあまる飛翔性昆虫を食べる。カエルは、さまざまな動物を食べられるよう、進化の途中で失った歯を再び進化させるとともに、ベルゼブフォのように巨大化する。一方、増えすぎた飛翔性昆虫の最大の敵は、やはり空を飛ぶことのできる昆虫だ。捕食者の鳥とコウモリがいなくなった昆虫は、自由に大型化する。現代の酸素濃度の制約で、どこまで大型化することができるのかは知らないが、とりあえずトンボが大きくなり、空中で最強の捕食者となる。地上には、巨大カマキリが闊歩する。クモもいけるだろう。大型化したクモは、数メートルのジャンプも可能だ。巨大な巣を張り、大型トンボも捕食する。

群雄割拠の時代の後を制するのはいったいどの種だろうか。やはり、捕食性と地上性能の高さから、大型爬虫類が勝利をおさめるだろう。なんだか、三畳紀と変わらない世界が戻ってきたようだ。

ベルゼブフォ
白亜紀後期にマダガスカルに生息していたカエルの仲間。体長40センチ。名前は悪魔ベルゼブブとヒキガエルの属名Bufoを合わせたもの。

晴れ、ときどき、巨大隕石《いんせき》

生態系のなかで、大きな機能をもったグループが突然姿を消すと、その影響で種間関係のバランスが崩れ、一時的に混乱が起きるだろう。もちろん、種間相互作用の連絡を絶たれて、絶滅する種も多いはずだ。しかし、増えすぎた種に対しては新たな捕食者が反応し、使われなくなった資源は、それを利用する新たな生物の適応放散による進化を促すことになるだろう。結局のところ、生態系内で占められるべき地位は、異なる生物に置き換わり、混乱は収束し、異なる生物相をもつ安定した生態系が訪れることになる。

地球は、生命が生まれてからの長い歴史のなかで、数多くの絶滅と繁栄を繰り返してきた。絶滅の原因はさまざまだろうが、火星人や金星人が登場する確率よりは、巨大隕石が飛来する可能性の方が高そうだ。巨大隕石が原因と考えられるクレーターの跡は、チチュルブだけでなく、カナダやインドなど世界の各地でも見つかっており、いつか必ず次の一撃が地球にお見舞いされることだろう。そして、新生代は終わりを告げ、来生代に突入する。

我々人類は叡智《えいち》と楽観主義を駆使して、いずれ来たる新生代末の巨大隕石衝突による大量絶滅イベントを乗り越えよう。そして、ぜひとも次なる生物進化の様子を高みの見物と決めこもうではないか！

あとがき

鳥類学者は羽毛恐竜の夢を見たか？

Did Ornithologists Dream of Feathered Dinosaurs?

本屋で愕然《がくぜん》とした。大手出版社の図鑑で、鳥より先に恐竜の巻が出版されていたのだ。これは由々しき事態だ。なんとかしなくてはならない。

紳士淑女の皆さんは、鳥のことをずっと昔から知っているはずだ。大化改新よりも出雲国譲りよりも昔からだ。ホモサピがアフリカ生活をエンジョイしはじめた頃には、すでに旧知の御存知だったはずである。それに引き替え、恐竜なんて19世紀に出会ったばかりの未熟な関係だ。なら、先に鳥の図鑑だろ、普通。

しかし、残酷にも恐竜は不動の地位を築き、恐竜への興味は成長期の三大通過儀礼の一つとまでいわれる昨今である。残り二つはポケモンとカレーライスでまちがいない。一方、鳥は特殊な趣味のように見られがちで、鳥類学の裾野はなかなか広がらない。ならば、恐竜人気に便乗するしかないじゃあないか。

このような経緯が、本書を書き進める原動力となった。しかし、虎の威を借りて本を書くことには逡巡《しゅんじゅん》があった。もちろん、私が恐竜学者ではないからである。恐竜素人のワタシが、恐竜のマワシを借りて執筆する葛藤は大いなるハードルであり、本書冒頭に記した言い訳に結晶化している通りだ。この本には、勉強不足な門外漢ゆえの誤解や不備もあろうかと思うが、ひらにご容赦いただきたい。

ここで、もうちょっとよく考えてみよう。本書の大前提は「鳥類は恐竜だ」ということだ。もしそうであれば、私たち鳥類学者はすなわち恐竜学者ということになる。そしてその前提を作ったのは、ここ数十年の恐竜学者の努力である。恐竜学者が己の意思に基づいて鳥類学者を恐竜学者たらしめたというわけだ。さすれば鳥類学者は、恐竜学者の諸手を上げた大歓迎の下に、恐竜学者を名乗ることが許されているはずだ。私が恐竜学者でないというのは、もはや甚だしい勘ちがいである。この本は恐竜学者による恐竜本である。くれぐれも詭弁《きべん》というなかれ。

堂々たる突発的恐竜学者ゆえ、この本の作成にあたっては、非常に多くの方の世話になった。まず、この分野を支えてきた多くの研究者たちに、心の底からの感謝を述べたい。本書の基礎となった数々の研究は、多くの研究者の血と汗と涙と諸々の汁の結晶であり、先人の成果なくして本書は成立しなかった。同時に、私と議論し多くのアイデアをいっしょに育んでくれた研究仲間、原稿を執筆する私を見守ってくれた友人や家族にも大いに感謝している。そして本書には、文化的創造物を陰に陽に引用させていただいている。これはパクリではなくあくまでもオマージュである。先人達の歴史的創作に、心からの敬意を表したい。

青塚圭一氏と田中康平氏には、古生物学者の立場から原稿をチェックいただいた。両氏のおかげで、致命的な恥をかかずにすんだ部分も多く、この本の救世主といえる。ただし、未だ本書に残る致命的勘ちがいは、一重に著者の責任にほかならない。デザイナーの横山明彦氏には、エレガントな紙面を構成していただいた。華麗な衣装で馬子《まご》の印象が7割ほど上昇したことはいうまでもない。えるしまさく氏は魅力的なイラストを添えてくれた。類い稀に素敵な絵が、この本の入口となった方も少なくないことだろう。私の拙い指示とわがままと思いつきにつきあい、何度も描き直していただいた絵も数知れず、嫌われていないかどうか心配でしょうがない。そしてなにより、川嶋隆義氏と大倉誠二氏は本書を執筆するきっかけを与えてくれた。私の二転三転する要求と修正に我慢強く対応して編集していただき、ここに至ることができた。本書の完成に直接御尽力いただいたこれらの方々には、御礼の言葉もない。御礼の言葉がないのは少し申し訳ない気もするので、御礼の言葉しかない。

言い訳も、開き直りも、御礼もほぼ尽きたが、この際だから最後にもう一つ言い訳をしたい。本文では、いささか居丈高な文章が目立ち、気分を害された方もおられたことだろう。じつはこれには立派な理由がある。

虚勢である。

なにを隠そう、私は根っからの小心者だ。デスクの横に勝間和代氏の本『断る力』が置いてあることからも、推して知るべしである。原稿を編集者に渡すたび、心臓がばくばくして夜も眠れず布団のなかでぷるぷる震える夢を見るくらい、小心三昧だ。当時まだ、自分が恐竜学者であることに気づいていなかった私が、恐竜の原稿を書くためには、幾分かの虚勢が必要だったことは無理からぬことである。

小心者は批判に弱く、簡単に心が折れることも忘れないでほしい。くれぐれも、本書に関する批判的感想は、編集部への手紙はおろか個人のブログにも載せず、心の片隅にこぢんまりと収納していただきたい。ただしお世辞は大歓迎である。

そして、また別の機会にどこかの活字でお目にかかれれば、幸甚《こうじん》の至りである。

２０１２年クリスマス

川上和人

文庫版あとがき、あるいは鳥がもたらす予期せぬ奇跡

Or The Unexpected Virtue of Avian Dinosaurs

この本が出版されてから5年が経った。つまり恐竜が絶滅してから6600万5年が経過した。恐竜研究の開始から約200年ということを考えると、全研究期間の約2・5%の時間である。ショートケーキ換算（ホール）でイチゴ8つ分に相当する時間だ（川上調べ）。

経過した時間は新たな成果を歓迎した。コウモリのように皮膜で飛翔する恐竜イー・チー、水陸両用の恐竜ハルシュカラプトル、北海道の大地から出現した全長8メートルに及ぶハドロサウルス類の全身骨格、先入観を覆す発見が次々に報告された。しかし、1億5千万年に渡って進化の万華鏡を展開した恐竜世界の全容を明らかにするには5年も200年もあまりにも短い。恐竜研究に残された謎は数えきれない。

そんな恐竜研究における最大の謎は、まさに6600万5年前にある。死ぬほど多くの非鳥類型恐竜が絶滅したにもかかわらず、何故に鳥類型恐竜だけが生き残れたの

か。これこそが恐竜七不思議の頂点に燦然《さんぜん》と輝く謎の中の謎だ。

本文の最終章では、その答えを鳥と恐竜の体サイズの違いに求めている。しかし、5年も経てば気分も変わる。最近は別の要因に心が傾いているので、以前に書いたことはすっぱり忘れることにしよう。


空からティアマト小天体が降って来た時、母恐竜が娘に言った。

「心の中で三回唱えると、願いは叶うのよ」

「恐竜が絶滅しませんように。恐竜が絶滅しませんように。恐竜が……」

その流れ星は普通のものに比べてはるかに長い時間をかけて光り続け、やがて地上に達した。恐竜娘は光に飲まれて心も体も浄化されてしまったが、彼女の願いは鳥類型恐竜の生残という形で叶えられることとなる。

小天体は現在のメキシコのユカタン半島付近に巨大なクレーターを穿《うが》った。小天体衝突で巻き上げられた粉塵《ふんじん》は太陽光を遮蔽《しゃへい》し、光合成植物が沈黙する。ベジタリアン恐竜たちは食物を失い、空腹に苛《さいな》まれる。植物を食べる小動物や植食恐竜がいなくなれば肉食恐竜たちも空腹が加速する。かくして恐竜は絶滅を迎える。

一方で、鳥類はこの冬の時代を生き延びた。その理由は、動植物の遺骸から発生した小動物を食べていたからかもしれない。体サイズが小さく食物要求量が少なかったためかもしれない。飛翔力のおかげで探索能力が高かったからかもしれない。

ただし、鳥類のなかでも複数の系統が生き残ったわけではない。わずかに現生鳥類に連なる系統だけが生き残った。これを単なる幸運な偶然と片付ける御都合主義は、恐竜学者が許しても鳥類学者が許さない。他の鳥や恐竜が我も我もと極楽浄土に旅立つ中で、現生鳥類の祖先はなにゆえに現世に踏みとどまったのだろう。

1億5千万年前に登場した鳥類は、一本道で現生鳥類への階段を登ったのではない。恐竜の出現から絶滅までの期間に匹敵する時間をかけ、鳥たちは様々な系統に分岐してきた。シソチョウを筆頭に、コウシチョウの仲間やエナンティオルニス類、ヘスペロルニス類などの系統が生まれている。そして、これらのグループは全て白亜紀末までに絶滅した。

ここで気になるのは、アダムとイブが現生鳥類に到達するまでの経路だ。これがわかれば、現生鳥類につらなる祖先が持っていた性質と生き残れた要因を解き明かすことができよう。

ただし、残念なことに鳥類の進化の経路については十分な証拠が得られていない。

空を飛ぶ鳥の体は軽量化されており、骨は細く薄く脆弱《ぜいじゃく》で分解されやすい。恐竜に比べて年代的に新しいにもかかわらず、鳥類の進化を解き明かす化石証拠は充実しているとはいえないのだ。ついでに言うと、恐竜の骨に比べて人気がないことも研究進捗《しんちょく》に関わる重要な要素だろう。力石徹のせいでマンモス西は注目を浴びることができないのだ。このため、現生鳥類の祖先が一体どのような姿だったのかはよくわかっていない。

とはいえ、現生鳥類がどのような古鳥類と近縁だったのかはわかっている。それは、イクチオルニス類とヘスペロルニス類だ。イクチオルニス類は恐いカモメのような鳥、ヘスペロルニス類は恐いウのような鳥である。共に海鳥で、魚食性と考えられている。ここに現生鳥類とヘスペロ&イクチオの共通の祖先がいるとしよう。そこからまずヘスペロが分岐する。次にイクチオが分岐して、残りの系統が現生鳥類となる。では、この共通祖先はどのような鳥と考えよう。共通祖先が陸で生活する陸鳥だったなら、ヘスペロとイクチオの分岐のそれぞれのタイミングで、陸鳥から海鳥が進化しなくてはならない。つまり2回の進化が必要なのだ。しかし、祖先がすでに海鳥だったなら、ヘスペロとイクチオという2系統が出現する時に、生息地に関する進化が必要なくなる。なんとなく合理的だ。

陸域で生活している私たちにとって、陸こそ基本的な生息地である。このため、海鳥は陸鳥から進化したのだろうと無条件に思い込みがちだ。確かに、1億5千万年前に生まれた原初の鳥類は陸鳥だったろうし、その中からヘスペロルニスやイクチオルニスなどの海鳥が進化して来たことは間違いない。しかしそのことは、現在の陸鳥に至る祖先が全て陸鳥であり続けたことを保証するものではない。

もしも、大量絶滅を生き残った現生鳥類の祖先が海鳥だったなら、シナリオは大きく変わる。なぜならば、恐竜は海に進出しなかったからだ。

前述の通り、最近発見されたハルシュカラプトルという小型の獣脚類が水域に適応していることがわかり、世間を賑わせた。なにゆえに賑わったかというと、高度に潜水に適応した恐竜がこれまでに見つかっていないからだ。

爬虫類からはウミガメやウミヘビ、モササウルスにクビナガリュウ、哺乳類からはクジラやアシカ、鳥類からはペンギンやウ、いずれの分類群でも潜水のエキスパートが進化している。ハルシュカラプトルという新たな証拠は見つかったものの、全体で見ると相当なレアケースで、やはり海に向かう恐竜がほとんどいなかったという事実には変わりがない。つまり海への進出の有無は、恐竜と鳥の最大の違いの一つなのだ。

小天体は現在のメキシコのユカタン半島付近に巨大なクレーターを穿った。直後の災害とその後の間接的な影響で、恐竜は絶滅した。陸上の生態系に依存する鳥類もその影響を免れることはできず同じ運命をたどった。小天体衝突は水中にも大きな傷跡を残したが、その影響は陸上に比べれば小さかったと考えられる。

とはいえ、海に依存する生物たちにも多数の犠牲者が出た。翼竜には魚食性の種が多数含まれていたが、海の表層で採食しており潜水には適応していなかった。このような種は利用可能な食物が限られるため影響を強く受け、その魂は俗世の軛《くびき》から解放されたことだろう。

小天体が衝突した白亜紀末にはすでに潜水性の海鳥が進化していた。その代表格は飛翔性と引き換えに高度な潜水能力を手に入れたヘスペロルニスである。だが、残念ながらヘスペロルニスも小天体衝突の影響を免れることはできなかった。飛翔性のない彼らは資源が豊富な時代が産んだ白亜紀の寵児《ちょうじ》である。しかし、飛翔移動による効率よい探索ができないことは、食物の減少した海では文字通り致命傷となったのだ。表層採食をしていたイクチオルニスももちろん運命を共にした。

現生鳥類がいる以上、いずこかで鳥類が生き残ったことに間違いはない。それが壊滅的な打撃を受けた陸上生態系で生きる鳥ではなく、海域を利用する潜水性海鳥だったとしたら、実に合理的である。もちろん飛翔性を失った種では分が悪い。飛翔性を維持したまま潜水に適応していた種だ。

粉塵の霧が晴れ、太陽の光が再び大地に降り注いだ時、そこにはもう陸の支配者はいない。冬の時代を生き残ったわずかな種子が芽吹き、世界が再び緑に包まれた時、海鳥たちは気づいた。

「俺たちでもなんとかなるのではないか?」

マッドマックスのごとく、緑の大地を求めて海鳥が内陸に向かう。恐竜や陸鳥がいれば、陸域に適応していない彼らの凱旋《がいせん》はかなわなかったろう。しかし、そこはイモータン・ジョーのいない自由の世界だ。何者にも邪魔されることなく未知の世界に踏み出した海鳥たちは、後の陸域の覇者に進化するのである。そういえば、現生鳥類の中でもカモやカモメ、カイツブリやミズナギドリなど水辺に適応した鳥は比較的古い系統に属している。彼らは陸域から水域に適応して進化したのではなく、祖先たる海鳥の系統を現在まで維持しているのかもしれない。

ふむふむ、新たなシナリオに個人的には満足だ。しかし、これはまだ夢物語である。

いくつかの証拠から、陸鳥も含んだ現生鳥類の系統は、恐竜絶滅前の白亜紀にはすでに出現していたとも言われる。もしそうなら今回の話題は紙面の無駄だ。とはいえ、前述の通り鳥の骨は保存されにくいので、信用に足る骨格がザクザク出ているわけではない（多分）。これまでに提示されている証拠はあくまでも断片的なもので、現生鳥類の各グループがいつどのような姿で進化してきたのかは、まだ正確にはわかっていない（多分）。

次々に新発見があるとはいえ、恐竜も古鳥類もまだ多くの謎に満ちている。そこにつけこむ想像の余地とシナリオは無限である。この点を一緒に楽しんでいただけたなら著者冥利《みょうり》に尽きる。そして今後化石証拠がそろい、恐竜と鳥類の2億3千万年の物語が解明されることを心待ちにしている。

5年という時間は、恐竜と鳥類の関係を一般社会に深く浸透させてきた。この本を書くまでは恐竜学者とほとんど口を聞いたことのなかった私だが、5年の間に彼らと新たな親交が得られたことは嬉しい誤算だ。ただし、無責任な見解を述べる時に彼らの顔がちらついて若干萎縮《いしゅく》してしまうのは悲しい誤算である。

中途半端に知識がつくと無責任に振る舞いづらくなるので、やはり門外漢はきちんと門外漢らしく勝手気ままに振る舞った方が楽ちんだということも、この5年間で学んだ教訓である。

さて、文庫版を出版するにあたっては、新潮社の青木大輔氏に骨折りいただいた。彼の熱意なくして文庫版は成立しなかった。単行本出版時のチームには、今回もお世話になった。特にデザイナーの横山明彦氏には、単行本の雰囲気を崩さぬよう紙面のデザインをやり直していただき、著者の私よりよほど忙しく仕事をしていただいた。そして、日本を代表する恐竜学者として活躍する小林快次氏に、発掘の合間を縫って解説を寄稿いただいたことは望外の幸せである。そのほか出版にあたりご助力いただいた全ての方に、心からのお礼を申し上げたい。

なお、冒頭に書いた通り恐竜学の世界は日進月歩である。この本には、新たな真実が明るみに出れば出るほど、内容に間違いが増えるという構造的な弱点がある。今回の文庫版出版にあたっては、単行本出版時の臨場感を重視して加筆は行っていない。もちろん、めんどくさかったわけではない。このため、今となっては情報が古びた点もあるかもしれない。しかし、それは恐竜学研究が進んだことの裏返しであり、むしろ喜ぶべきことと受け止めてほしい。大切なことなのでもう一度書くが、決してめんどくさかったわけではない。
他者の悪いところを探すことは簡単だが、良いところを探すのは存外に労を要することである。紳士淑女の皆さんには、高邁《こうまい》な精神をより高みに持ち上げるべく、読後にはぜひこの難易度の高い課題に挑戦いただきたい。そして、あとがきを先に読んでいる方がおられるなら、内容の賞味期限が切れる前に本文を読んでいただければ幸いである。

さて、残す恐竜六不思議の筆頭は、先に記した恐竜カナヅチ物語だ。なぜ恐竜では潜水適応が低いのか。この謎に迫るシナリオは既に私の灰色の脳細胞の中に描かれている。ただ残念なことに、ここではあまりにも紙面が足りない。将来に永久保存用愛蔵版が出版される機会があらば、この件をあとがきにて披露させていただくことにしよう。
そして、また別の機会にどこかの活字でお目にかかれれば、幸甚の至りである。

2018年春

川上和人

解説

小林快《よし》次《つぐ》

私は、1年のうち少なくとも3ヶ月は、海外で恐竜化石調査を行っている。主な調査地は、モンゴル・アラスカ・カナダ・中国、そして日本である。2017年4月には、北海道むかわ町穂別から発見された日本で最初の大型恐竜の全身骨格について、発表をした。全長8メートルのハドロサウルス科という恐竜で、全身の8割以上が揃っている、世紀の大発見だ。私の研究は、それだけではない。恐竜から鳥類への進化の過程についても研究をしている。爬虫類的な恐竜から、鳥型の恐竜へと進化していくそのプロセスに注目しているのだ。脳の進化、消化器官の進化、翼の進化など、「恐竜の鳥化」というものをキャリアのテーマとしている。私だけではなく、世界中の恐竜研究者の成果によって、最近では「鳥は恐竜である」ということが定着してきた。つまり、世界中の鳥類研究者は、〝恐竜研究者〟ということになる。

＊

最初に『鳥類学者 無謀にも恐竜を語る』が出版されたと聞いた時、また「恐竜ビジネス」に風代わりな奴が乗り込んできたのかと思った。本を手にするまではしばらくかかった。こっちは真剣に恐竜の研究をしているのに、鳥類学者と自ら名乗る者が恐竜を語るなんて。正直、読むのは時間の無駄だとさえ思った。

ある日、出版社から、「小林先生の本がネットの通販で上位に入っていますよ！」と言われたので早速チェックしてみると、私の本は2位。1位は、『鳥類学者 無謀にも恐竜を語る』だった。挑戦状を叩きつけられたように感じた。私はその〝ケンカ〟を買うことにし、注文ボタンをクリックした。

数日経って、本は届いたが封を開くにも時間がかかった。日々少しずつ、他の書類に埋もれていく。しまいには、どこに置いたか忘れてしまうほど埋もれていた。そしてとうとう、このケンカは受けなければならぬと、自身を奮起させ封を開けた。

まずタイトルが気に入らない。「無謀にも」と逃げの姿勢を取っている。またどうせいい加減なことが書いてあるんだろうと本を開いた。あれ？　読みやすい。しかも、読み始めてすぐに「恐竜学に対する挑戦状ではなく、ラブレター」と記されているではないか。それだったら話は違うと気持ちが収まり、臨戦態勢を解いて本を読み進めた。

恐竜本は多々あれど、そのほとんどが堅苦しい説明文が多い。「恐竜の定義とは」「恐竜の分類とは」「恐竜の種類は」「それぞれの恐竜の特徴は」「時代ごとにどのような恐竜が繁栄していたか」「恐竜の絶滅の原因は」という王道のストーリー展開で、できるだけ嚙み砕いた文章が展開される。恐竜に興味のある子供たちは、図鑑による基礎知識があり、そのような本でも難なくスラスラ読んでしまう。コアな恐竜ファンの親御《おやご》さんは子供に負けじと暗号が羅列しているような恐竜本に立ち向かう。

現在出版されている恐竜の図鑑は、そこらへんの恐竜本より最新研究の情報が詰め込まれており、自然と子供の方が大人より恐竜に詳しくなる。そんな子供たちに大人が勝てるわけがない。

しかし、この本は違うのだ。非常に読みやすい軽快な語り口。恐竜に興味のない人にも拒否反応が起きないような話の運びには感心した。知識の広さと表現力の豊かさ、それに加えて昭和生まれが好きそうな小ネタが詰まっており、ふき出しながらページが進んでいく。いわゆる一気読みできるタイプの本だ。これは読者の皆が感じることだろう。

読み進めていくにつれ、それでもケチをつけたくなってくる。恐竜の初心者を騙すような文章がないか、日本人特有の重箱の隅をつつくような悪意のある読み方が始まった。〝本物の恐竜研究者〟としてのプライドをかけ、〝突っ込みどころ〟を探してページをめくった。

「恐竜は実際に生きている姿を見ることがないということが障壁となり、生物学のほかの分野に比べると、不確実性が高いことは確かだ。ちょっとかっこよく、『恐竜学的不確実性』と名づけよう」という。生物学者としてのおごりだと思った。この本はラブレターじゃなかったのかと。サイエンスは、どの分野も不確実性に満ちている。確かに、現在生きている生物を研究している生物学者にとって、絶滅した恐竜を研究している古生物学はそう見えるかもしれない。しかし、他の分野の専門家からは、鳥類の生態学は非常に原始的で「不確実性」満載に見えるかもしれない。いや、きっとそうだろう。

このような評価は相対的であり、自らの分野の素晴らしさを誇示するのは、恐竜に対する嫉妬心からに違いないと確信した。まあ、「愛」と「憎悪」はもともと表裏一体なのかもしれない。

さらにページを進めていくと、「恐竜化石を研究して何の役に立つのだろうか」と問いかけてきた。それは言いっこなしでしょうと思わず声を出してしまった。科学の多くは、すぐに活用できない。興味の探求による将来への投資であると感じるべきだし、医学のように、私たちに直接関係する学問は非常に少ない。「すぐに役立たないんだから、必要ない」という考えを持っている者が、ノーベル賞を取るのは難しいだろう。ま、恐竜をどんなに研究してもノーベル賞は取れないが。

仕舞いには、「鳥は恐竜ではなく、恐竜は鳥である」ときたもんだ。これには、怒りというよりも完全にラブレターの「ラブ」を感じた。愛情そのものであると。まさに、彼が抱いてきた恐竜に対する憧れが、この言葉を生み出したのだろう。

私たち恐竜を研究している者は、決して鳥類だけを見ているわけではない。絶滅した恐竜の祖先系がワニ類で、末裔が鳥類なので、恐竜の姿形や行動を推測するために、ワニ類と鳥類の両方を見比べる。

私たち人間に置き換えて、話をしてみよう。「祖先系」の親が黒髪で、「末裔」の子も黒髪なら、その間に挟まれている「私」も黒髪であろう。同じように、「祖先系」の親が長身で、「末裔」の子も長身なら、その間に挟まれている「私」が長身の可能性は高い。もちろん、遺伝のいたずらや育つ生活環境によって、「黒髪」でも「長身」でもない「私」が存在するかもしれないが、多くの場合、その間に挟まれる「私」の姿は、「親」と「子」の共通部分を共有している。

一方、「祖先系」の親が黒髪で、「末裔」の子が茶髪なら、その間にいる私の髪の色は何色だろうか。ちなみに、子供は髪を染めていたなんてつまらない回答はやめてほしい。そう言った類《たぐい》のナゾナゾではない。この場合の髪の色は、染めた色ではなく、生まれ持った色のことだ。

皆さんもご存知の通り、ワニ類は気温に体温が左右される「外温動物」で、鳥類は左右されない「内温動物」である。では、ワニ類と鳥類の間に挟まれている恐竜は、どちらなのだろうか。それを考えはじめただけでワクワクしないだろうか。

つまり、恐竜はワニ類（爬虫類）から鳥類への大進化の途中にいるというところが、恐竜研究の醍醐味《だいごみ》なのだ。この醍醐味は、恐竜研究者だけではなく、ワニ類の研究者も鳥類の研究者も感じているはずだ。それを著者は、「恐竜は鳥である」という一言によって、ワニ類の研究者から恐竜を奪われないように、「恐竜は私たちのものよ！」と主張しているように感じた。

そう、ワニ類と鳥類の間をフラフラと行ったり来たりしているアイドル的な存在である恐竜を、ワニ類学者と鳥類学者の間で必死に取り合っているというのが現状と言わざるを得ない。これまでワニ類から特別なラブコールはないから、この「ラブレター」で、ワニ類の研究者よりも一歩リードといったところだろう。

著者のラブコールの極みが、「白い恐竜」「ティラノサウルス100頭で、日本全土の害虫駆除は完了」「恐竜の獣道」だ。鳥類学者の、恐竜への妄想が始まったのだ。鳥類は、ワニ類よりもコミュニケーション能力が高いためか、鳥類学者である著者のラブコールや求愛ダンスに恐竜研究者の私の心が揺らいでいく。妄想という名の、説得力のある推測で、ラブコールを畳みかけてくる。私たち恐竜研究者にはできない技である。ページを読み重ねるごとに、まるで洗脳されていくかのように、私の心が奪われていく。

最初は恐竜人気に便乗した「恐竜ビジネス」で乗り込んできた輩の本だと思っていたのに、「鳥は恐竜」ではなく、「恐竜は鳥」なのではないかという錯覚に陥っていく。著者の着眼点には驚かされつつ、ここから革命的な研究が生まれるのではないかとさえ思ってしまう。恐竜学者である私は、そもそもワニが大好きなのだが、少しずつ鳥類の方がいいのではないかとさえ感じ始める。その衝動を抑えるために、タイトルの「無謀にも」という言葉を思い出す。この著者は恐ろしい人だ。こうやって恐竜学者の心を奪っていくのだ。

本も終わりに近づき、「ネズミが転ぶと、トカゲが笑う」を読み始めた時、ああ、これはあくまでも鳥類学者が恐竜について無謀に語っている本だったのだと、目が覚める。金星人がやってきて哺乳類が滅ぶ。そして、カエルやトカゲ、ヘビ、昆虫といった動物が巨大化するというところで、どこかで味わったことのある「胡散臭さ《うさんくさ》」を感じ、一気に現実に引き戻される。

本当に危なかった。巧みな文章によって、「川上ワールド」にどっぷりとハマり、まるで一緒にダンスを踊っているように、軽快なステップを踏んでいた。危うくそのまま私は、「恐竜は鳥なのだ！」と叫び出すところだった。あともう一歩というところで踏みとどまり、正気に戻ることができた。

本書は、恐竜へのラブレターとしては完成度が高かった。しかし、残念ながら私を落とすことはできなかった。最初のラブレターとしては悪くない。あと、２、３冊ほどラブレターを書いていただこう。そして、ロマンチックなプロポーズを待つこととしよう。

追伸　ワニ業界の方、ラブレターお待ちしております。

（二〇一八年四月　北海道大学総合博物館准教授）

主な参考文献

アラン・フェドゥーシア 著『鳥の起源と進化』平凡社、2004 年
犬塚則久 著『恐竜ホネホネ学』（NHK ブックス No.1061）NHK 出版、2006 年
後藤和久 著『決着！恐竜絶滅論争』（岩波科学ライブラリー No.186）岩波書店、2011 年
小林快次・真鍋真 監修『講談社の動く図鑑 MOVE 恐竜』講談社、2011 年
小林快次・平山廉・真鍋真 監修『恐竜の復元』学習研究社、2008 年
コリン・タッジ 著『鳥　優美と神秘、鳥類の多様な形態と習性』シーエムシー出版、2012 年
佐藤克文 著『巨大翼竜は飛べたのか　スケールと行動の動物学』（平凡社新書 No. 568）平凡社、2011 年
ダレン・ネイシュ 著『世界恐竜発見史―恐竜像の変遷そして最前線―』ネコ・パブリッシング、2010 年
トーマス・R・ホルツ Jr. 著『ホルツ博士の最新恐竜事典』朝倉書店、2010 年
フランク・B・ギル 著『鳥類学』新樹社、2009 年
マイケル・J・ベントン ほか監修『生物の進化　大図鑑』河出書房新社、2010 年
シルヴィア・J・ツェルカス、エヴァレット・C・オルソン編『恐竜　過去と現在 I、II』河出書房新社、1995 年
Darwin, Charles "The origin of species" Gramercy Books, 1995 年
Paul, Gregory S. "The Princeton Field Guide to Dinosaurs" Princeton Univ Press, 2010

恐竜博図録

『世界最大 恐竜王国 2012』汎企画 21、2012 年
『翼竜の謎　恐竜が見あげた「竜」』福井県立恐竜博物館、2012 年
『恐竜博 2011』朝日新聞社、2011 年
『世界最古の恐竜展』NHK・NHK プロモーション、2010 年
『恐竜 2009―砂漠の奇跡』日本経済新聞社・テレビ東京・日経ナショナル ジオグラフィック社、2009 年
『世界の巨大恐竜博 2006　生命と環境―進化のふしぎ』日本経済新聞社 日経ナショナル ジオグラフィック社、2006 年
『恐竜博 2005―恐竜から鳥への進化』朝日新聞社、2005 年
『世界最大の恐竜博 2002』朝日新聞社、2002 年
『重慶自然博物館所蔵　掘りたて恐竜展』RKB 毎日放送、2001 年

Megrosenia apaloptera

企画・編集　川嶋隆義　寒竹孝子（STUDIO PORCUPINE）
イラスト　えるしまさく
写　真　川嶋隆義　川上和人　青山夕貴子　私市一康
協　力　青塚圭一　田中康平
資料協力　ミュージアムパーク茨城県自然博物館
国立研究開発法人 森林研究・整備機構 森林総合研究所
本文デザイン・組版　横山明彦（WSB inc）

この作品は二〇一三年四月技術評論社より刊行された。

糸井重里監修
ほぼ日刊イトイ新聞編

オトナ語の謎。

なるはや？ ごごいち？ カイシャ社会で密かに増殖していた未確認言語群を大発見！ 誰も教えてくれなかった社会人の新常識。

いとうせいこう著

ボタニカル・ライフ
—植物生活—
講談社エッセイ賞受賞

都会暮らしを選び、ベランダで花を育てる「ベランダー」。熱心かついい加減な、「ガーデナー」とはひと味違う「植物生活」全記録。

岩中祥史著

博多学

「転勤したい街」全国第一位の都市——博多。独特の屋台文化、美味しい郷土料理、そして商売成功のツボ……博多の魅力を徹底解剖！

池田清彦著

ナマケモノはなぜ「怠け者」なのか
—最新生物学の「ウソ」と「ホント」—

不老不死は可能なの？ クジラは昔陸にいた？ 生態系のメカニズムからホモ・サピエンスの未来まで、愉快に学ぶ超生物学講座。

伊丹十三著

日本世間噺大系

夫必読の生理座談会から八瀬童子の座談会まで、思わず膝を乗り出す世間噺を集大成。リアルで身につまされるエッセイも多数収録。

入江敦彦著

怖いこわい京都

「そないに怖がらんと、ねき（近く）にお寄りやす」——微笑みに隠された得体のしれぬ怖さ。京の別の顔が見えてくる現代「百物語」。

磯田道史著 殿様の通信簿

水戸の黄門様は酒色に溺れていた？　江戸時代の極秘文書「土芥寇讎記」に描かれた大名たちの生々しい姿を史学界の俊秀が読み解く。

池谷裕二著 脳はなにかと言い訳する
—人は幸せになるようにできていた!?—

「脳」のしくみを知れば仕事や恋のストレスも氷解。「海馬」の研究者が身近な具体例で分りやすく解説した脳科学エッセイ決定版。

井上理津子著 葬送の仕事師たち

「死」の現場に立ち続けるプロたちの思いとは。光があたることのなかった仕事を描破し読者の感動を呼んだルポルタージュの傑作。

井上理津子著 さいごの色街　飛田

今なお遊郭の名残りを留める大阪・飛田。この街で生きる人々を十二年の長きに亘り取材したルポルタージュの傑作。待望の文庫化。

上原善広著 発掘狂騒史
—「岩宿」から「神の手」まで—

歴史を変えた「岩宿遺跡発見」から日本中が震撼した「神の手」騒動まで。石に憑かれた男たちの人生を追う考古学ノンフィクション。

NHKスペシャル取材班著 超常現象
—科学者たちの挑戦—

幽霊、生まれ変わり、幽体離脱、ユリ・ゲラー……。人類はどこまで超常現象の正体に迫れるか。最先端の科学で徹底的に検証する。

NHKスペシャル取材班著
日本海軍400時間の証言
―軍令部・参謀たちが語った敗戦―
開戦の真相、特攻への道、戦犯裁判。「海軍反省会」録音に刻まれた肉声から、海軍、そして日本組織の本質的な問題点が浮かび上がる。

小澤征爾著
ボクの音楽武者修行
〝世界のオザワ〟の音楽的出発はスクーターでのヨーロッパ一人旅だった。国際コンクール入賞から名指揮者となるまでの青春の自伝。

岡本太郎著
美の世界旅行
幻の名著、初の文庫化!! インド、スペイン、メキシコ、韓国……。各国の建築と美術を独自の視点で語り尽くす。太郎全開の全記録。

太田和彦著
ひとり飲む、京都
鱧《はも》、きずし、おばんざい。この町には旬の肴と味わい深い店がある。夏と冬一週間ずつの京都暮らし。居酒屋の達人による美酒滞在記。

大崎善生編
棋士という人生
―傑作将棋アンソロジー―
彼らの人生は、一手で変わる――将棋指しという職業の哀歓、将棋という遊戯の深遠さを鮮明に写し出す名エッセイ二十六篇を精選！

奥田英朗著
港町食堂
土佐清水、五島列島、礼文、釜山。作家の行く手には、事件と肴と美女が待ち受けていた。笑い、毒舌、しみじみの寄港エッセイ。

小倉美恵子著
オオカミの護符
「オイヌさま」に導かれて、謎解きの旅へ――川崎市の農家で目にした一枚の護符を手がかりに、山岳信仰の世界に触れる名著！

茂木健一郎
河合隼雄著
こころと脳の対話
人間の不思議を、心と脳で考える……魂の専門家である臨床心理学者と脳科学の申し子が、箱庭を囲んで、深く真摯に語り合った――。

河江肖剰著
ピラミッド
―最新科学で古代遺跡の謎を解く―
「誰が」「なぜ」「どのように」巨大建築を作ったのか？　気鋭の考古学者が発掘資料、科学技術を元に古代エジプトの秘密を明かす！

加藤陽子著
それでも、日本人は「戦争」を選んだ
小林秀雄賞受賞
日清戦争から太平洋戦争まで多大な犠牲を払い列強に挑んだ日本。開戦の論理を繰り返し正当化したものは何か。白熱の近現代史講義。

久保田　修著
ひと目で見分ける287種 野鳥ポケット図鑑
この本を持って野鳥観察に行きませんか。精密なイラスト、鳴き声の分類、生息地域を記した分布図。実用性を重視した画期的な一冊。

久住昌之著
食い意地クン
カレーライスに野蛮人と化し、一杯のラーメンに完結したドラマを感じる。『孤独のグルメ』原作者が描く半径50メートルのグルメ。

小泉武夫著
猟師の肉は腐らない
燻した猪肉、獲れたての川魚、虫や蛙などの珍味、滋味溢れるドジョウ汁……山奥で猟師が営む、美味しく豊かな自給自足生活。

佐木隆三著
わたしが出会った殺人者たち
昭和・平成を震撼させた18人の殺人鬼たち。半世紀にわたる取材活動から、凶悪事件の真相を明かした著者の集大成的な犯罪回顧録。

さくらももこ著
そういうふうにできている
ちびまる子ちゃん妊娠!? お腹の中には宇宙生命体=コジコジが!?期待に違わぬスッタモンダの産前産後を完全実況、大笑い保証付!

佐渡裕著
僕はいかにして指揮者になったのか
小学生の時から憧れた巨匠バーンスタインとの出会いと別れ——いま最も注目される世界的指揮者の型破りな音楽人生。

清水潔著
殺人犯はそこにいる
—隠蔽された北関東連続幼女誘拐殺人事件—
新潮ドキュメント賞・日本推理作家協会賞受賞
5人の少女が姿を消した。冤罪「足利事件」の背後に潜む司法の闇。「調査報道のバイブル」と絶賛された事件ノンフィクション。

西岡常一
小川三夫
塩野米松 著
木のいのち木のこころ
〈天・地・人〉
〝個性〟を殺さず〝癖〟を生かす——人も木も、育て方、生かし方は同じだ。最後の宮大工とその弟子たちが充実した毎日を語り尽す。

杉浦日向子監修

お江戸でござる

お茶の間に江戸を運んだＮＨＫの人気番組・名物コーナーの文庫化。幽霊と生き、娯楽を愛す、かかあ天下の世界都市・お江戸が満載。

妹尾河童著

河童が覗いたインド

スケッチブックと巻き尺を携えて、〝覗きの河童〟が見てきた知られざるインド。空前絶後、全編〝手描き〟のインド読本決定版。

瀬名秀明
太田成男著

ミトコンドリアのちから

メタボ・がん・老化に認知症やダイエットまで！　最新研究の精華を織り込みながら、壮大な生命の歴史をも一望する決定版科学入門。

千松信也著

ぼくは猟師になった

山をまわり、シカ、イノシシの気配を探る。ワナにかける。捌いて、食う。33歳のワナ猟師が京都の山から見つめた生と自然の記録。

高田　宏著

言葉の海へ

大佛次郎賞・亀井勝一郎賞受賞

日本初の国語辞典『言海』を十七年かけて完成させ、明治の近代国家確立に献身した大槻文彦の生涯を感動的に描く評伝文学を復刊。

髙橋秀実著

「弱くても勝てます」
―開成高校野球部のセオリー―
ミズノスポーツライター賞優秀賞受賞

独創的な監督と下手でも生真面目に野球に取り組む、超進学校の選手たち。思わず爆笑、読んで納得の傑作ノンフィクション！

外山滋比古著

日本語の作法

『思考の整理学』で大人気の外山先生が、あいさつから手紙の書き方に至るまで、正しい大人の日本語を読み解く痛快エッセイ。

徳川夢声著

話術

会議、プレゼン、雑談、スピーチ……。人生のあらゆる場面で役に立つ話し方の教科書。〝話術の神様〟が書き残した歴史的名著。

仲村清司著

ほんとうは怖い沖縄

南国の太陽が燦々と輝く沖縄は、実のところ怖〜い闇の世界が支配する島だった。現地在住の著者が実体験を元に明かす、楽園の裏側。

中島岳志著

「リベラル保守」宣言

ナショナリズム、原発、貧困……。俗流保守にも教条的左翼にも馴染めないあなたへ。「リベラル保守」こそが共生の新たな鍵だ。

西村　淳著

面白南極料理人

第38次越冬隊として8人の仲間と暮した抱腹絶倒の毎日を、詳細に、いい加減に報告する南極日記。日本でも役立つ南極料理レシピ付。

野々村　馨著

食う寝る坐る
永平寺修行記

その日、僕は出家した。彼女と社会を捨てて。曹洞宗の大本山・永平寺で、雲水として修行した一年を描く体験的ノンフィクション。

野地秩嘉著

サービスの達人たち

伝説のゲイバーのママからヘップバーンを感嘆させた靴磨きまで、サービスのプロの姿に迫った9つのノンフィクションストーリー。

畠山清行著
保阪正康編

秘録　陸軍中野学校

日本諜報の原点がここにある――昭和十三年、秘密裏に誕生した工作員養成機関の実態とは。その全貌と情報戦の真実に迫った傑作実録。

早川いくを著

へんないきもの

地球上から集めた、愛すべき珍妙生物たち。軽妙な語り口と精緻なイラストで抱腹絶倒。普通の図鑑とはひと味もふた味も違います。

原口　泉著

西郷隆盛はどう語られてきたか

維新の三傑にして賊軍の首魁、軍略家にして温情の人、思想家にして詩人。いったい西郷とは何者か。数多の西郷論を総ざらいする。

平松洋子著

焼き餃子と名画座
―わたしの東京　味歩き―

どじょう鍋、ハイボール、カレー、それと……。あの老舗から町の小さな実力店まで。山の手も下町も笑顔で歩く「読む味散歩」。

藤原正彦著

若き数学者のアメリカ

一九七二年の夏、ミシガン大学に研究員として招かれた青年数学者が、自分のすべてをアメリカにぶつけた、躍動感あふれる体験記。

福岡伸一著
せいめいのはなし
常に入れ替わりながらバランスをとる生物の「動的平衡」の不思議。内田樹、川上弘美、朝吹真理子、養老孟司との会話が、深部に迫る！

星野道夫著
ノーザンライツ
ノーザンライツとは、アラスカの空に輝くオーロラのことである。その光を愛し続けて逝った著者の渾身の遺作。カラー写真多数収録。

保阪正康著
崩御と即位
—天皇の家族史—
天皇には時代が凝縮されている——〝代替り〟の場面から、個としての天皇、一家族としての天皇家を捉え直したノンフィクション大作。

松本　修著
全国アホ・バカ分布考
—はるかなる言葉の旅路—
アホとバカの境界は？　素朴な疑問に端を発し、全国市町村への取材、古辞書類の渉猟を経て方言地図完成までを描くドキュメント。

増村征夫著
ひと目で見分ける250種
高山植物ポケット図鑑
この花はチングルマ？　チョウノスケソウ？見分けるポイントを、イラストと写真でズバリ例示。国内初、花好き待望の携帯図鑑！

増田俊也著
木村政彦はなぜ力道山を
殺さなかったのか（上・下）
大宅壮一ノンフィクション賞・
新潮ドキュメント賞受賞
柔道史上最強と謳われた木村政彦は力道山との一戦で表舞台から姿を消す。木村は本当に負けたのか。戦後スポーツ史最大の謎に迫る。

松山巖著
須賀敦子の方へ

静かな孤独をたたえ、忘れ得ぬ作品を遺した文筆家須賀敦子。親交の深かった著者が、追想とともにその文学と生涯を丹念にたどる書。

宮脇俊三著
最長片道切符の旅

北海道・広尾から九州・枕崎まで、最短経路のほぼ五倍、文字通り紆余曲折一万三千余キロを乗り切った真剣でユーモラスな大旅行。

養老孟司
宮崎駿著
虫眼とアニ眼

「一緒にいるだけで分かり合っている」間柄の二人が、作品を通して自然と人間を考え、若者への思いを語る。カラーイラスト多数。

南直哉著
老師と少年

生きることが尊いのではない。生きることを引き受けるのが尊いのだ――老師と少年の問答で語られる、現代人必読の物語。

六車由実著
介護民俗学という希望
―「すまいるほーむ」の物語―

ケア施設で高齢者と向き合い、人生の先輩として話を聞く。恋バナあり、涙あり笑いありの時が流れる奇跡の現場のノンフィクション。

姫野カオルコ著
謎の毒親

投稿します、私の両親の不可解な言動について――。理解不能な罵倒、無視、接触。親という難題を抱えるすべての人へ贈る衝撃作！

森見登美彦著

森見登美彦の京都ぐるぐる案内

傑作はこの町から誕生した。森見作品の名場面と叙情的な写真の競演。旅情溢れる随筆二篇。ファンに捧げる、新感覚京都ガイド！

山口　瞳
開高　健　著

やってみなはれ　みとくんなはれ

創業者の口癖は「やってみなはれ」。ベンチャー精神溢れるサントリーの歴史を、同社宣伝部出身の作家コンビが綴った「幻の社史」。

矢野健太郎著

すばらしい数学者たち

ピタゴラス、ガロア、関孝和――。古今東西の数学者たちの奇想天外でユーモラスな素顔。エピソードを通して知る数学の魅力。

山本博文ほか著

こんなに変わった歴史教科書

昔、お札で見慣れたあの人が聖徳太子ではない？　昭和生れの歴史知識は、平成の世では通用しない。教科書の変化から知る歴史学。

山極寿一著

父という余分なもの
―サルに探る文明の起源―

人類の起源とは何か、家族とは何か――コンゴの森で野生のゴリラと暮らし、その生態を追う霊長類学者による刺激に満ちた文明論！

養老孟司著

身体巡礼
―ドイツ・オーストリア・チェコ編―

心臓を別にわけるハプスブルク家の埋葬、骸骨で装飾された納骨堂、旧ゲットーのユダヤ人墓。解剖学者が明かすヨーロッパの死生観。

S・シン
青木薫訳
フェルマーの最終定理
数学界最大の超難問はどうやって解かれたのか？ 3世紀にわたって苦闘を続けた数学者たちの挫折と栄光、証明に至る感動のドラマ。

M・デュ・ソートイ
冨永星訳
素数の音楽
神秘的で謎めいた存在であり続ける素数。世紀を越えた難問「リーマン予想」に挑んだ天才数学者たちを描く傑作ノンフィクション。

R・ウィルソン
茂木健一郎訳
四色問題
四色あればどんな地図でも塗り分けられるか？ 天才達の苦悩のドラマを通じ、世紀の難問の解決までを描く数学ノンフィクション。

D・オシア
糸川洋訳
ポアンカレ予想
「宇宙の形はほぼ球体」!? 百年の難問ポアンカレ予想を解いた天才の閃きを、数学の歴史ドラマで読み解ける入門書、待望の文庫化。

J・B・テイラー
竹内薫訳
奇跡の脳
—脳科学者の脳が壊れたとき—
ハーバードで脳科学研究を行っていた女性科学者を襲った脳卒中——8年を経て「再生」を遂げた著者が贈る驚異と感動のメッセージ。

T・トウェイツ
村井理子訳
人間をお休みしてヤギになってみた結果
よい子は真似しちゃダメぜったい！ イグノーベル賞を受賞した馬鹿野郎が体を張って実験した爆笑サイエンス・ドキュメント！

新潮文庫最新刊

佐伯泰英著
日の昇る国へ
新・古着屋総兵衛 第十八巻
川端と坊城を加えた六族と忠吉、陰吉、平十郎等。一族と和国の夢を乗せてカイト号は全速発進する。希望に満ちた感涙感動の最終巻。

辻原登著
籠の鸚鵡
強請り、公金横領、ハニートラップ……。バブルと暴力団抗争に揺れる紀州の地に、ワルどもと妖艶な女の欲望が交錯する犯罪巨編！

芦沢央著
許されようとは思いません
入社三年目、いつも最下位だった営業成績が大きく上がった修哉。だが、何かがおかしい。どんでん返し100％のミステリー短編集。

花房観音著
ゆびさきたどり
そのままもっと、奥まで触れて——。「坊っちゃん」「友情」「山月記」など誰もが知る名作を欲情で彩る、文庫オリジナル官能短編集。

福田和代著
BUG
広域警察極秘捜査班
冤罪で死刑判決を受けた天才ハッカーは今、超域的犯罪捜査機構・広域警察の極秘捜査班〈BUG〉となり、自らを陥れた巨悪に挑む！

七河迦南著
夢と魔法の国のリドル
楽しい遊園地デートは魔王退治と密室殺人の謎解きに？　パズルと魔法の秘密を暴き、二人は再会できるのか。異色の新感覚ミステリ。

新潮文庫最新刊

佐江衆一著
黄落
ドゥマゴ文学賞受賞

「黄落」それは葉が黄色く色づいて落ちること。父92歳、母87歳。老親と過ごす還暦夫婦の凄絶な介護の日々を見つめた平成の名作。

北方謙三著
寂滅の剣
—日向景一郎シリーズ5—

日向景一郎と森之助。宿命の兄弟対決の刻は目前に迫っていた！ 滅びゆく必殺剣を継ぐふたりの男を描く——剣豪小説の最高峰。

山本周五郎著
五瓣の椿

連続する不審死。胸には銀の釵が打ち込まれ、傍らには赤い椿の花びら。おしのの復讐は完遂するのか。ミステリー仕立ての傑作長編。

坂口安吾著
不良少年とキリスト

圧巻の追悼太宰治論「不良少年とキリスト」、織田作之助の喪われた才能を惜しむ「大阪の反逆」他、戦後の著者絶頂期の評論9編。

佐藤優著
君たちが知っておくべきこと
—未来のエリートとの対話—

受講生は偏差値上位0.1%を生きる超難関校の若者たち。彼らの未来への真摯な問いかけに、知の神髄と社会の真実を説く超・教養講義。

毎日新聞大阪社会部取材班著
介護殺人
—追いつめられた家族の告白—

どうしてこうなったのか——。裁判官も泣いた、在宅介護の厳しい現実。家族を殺めてしまった当事者に取材した、衝撃のレポート。

新潮文庫最新刊

小泉武夫著
幻の料亭「百川」ものがたり
—絢爛の江戸料理—
旬の魚介や珍味、粋なもてなしで江戸の文人にも愛され、黒船も饗応した料理茶屋の数奇な運命とは。江戸料理の真髄を解き明かす！

野地秩嘉著
サービスの達人たち
—おもてなしの神—
銀座の寿司屋を切り盛りする女子親方、癒しのレクサスオペレーター、大繁盛の立ち食いそば屋の店主……。10人のプロ、感動の接客。

M・グリーニー
田村源二訳
イスラム最終戦争（3・4）
全米を「イスラム国」聖戦士《ジハーディ》のテロが襲う。機密情報の出所を突き止めた〈ザ・キャンパス〉は陰謀阻止のため驚くべき奇策に出る！

M・グリーニー
田村源二訳
イスラム最終戦争（1・2）
機密漏洩を示唆する不可解な事件続発。全米テロ、中東の戦場とサイバー空間がシンクロするジャック・ライアン・シリーズ新展開！

上橋菜穂子著
精霊の木
環境破壊で地球が滅び、人類が移住した星で、過去と現在が交叉し浮かび上がる真実とは——「守り人」シリーズ著者のデビュー作！

佐藤多佳子著
明るい夜に出かけて
山本周五郎賞受賞
深夜ラジオ、コンビニバイト、人に言えないトラブル……夜の中で彷徨う若者たちの孤独と繋がりを暖かく描いた、青春小説の傑作！

鳥類学者《ちょうるいがくしゃ》 無謀《むぼう》にも恐竜《きょうりゅう》を語《かた》る

新潮文庫　か－84－1

平成三十年七月一日発行
令和元年五月二十五日四刷

著者　川《かわ》上《かみ》和《かず》人《と》
発行者　佐藤隆信
発行所　株式会社新潮社

郵便番号　一六二―八七一一
東京都新宿区矢来町七一
電話　編集部(〇三)三二六六―五四四〇
読者係(〇三)三二六六―五一一一
http://www.shinchosha.co.jp

価格はカバーに表示してあります。

乱丁・落丁本は、ご面倒ですが小社読者係宛ご送付ください。送料小社負担にてお取替えいたします。

印刷・株式会社光邦　製本・株式会社大進堂

© Kazuto Kawakami
Takayoshi Kawashima 2013 Printed in Japan

ISBN978-4-10-121511-2 C0145